国家科学技术学术著作出版基金资助出版

自然景观的真实感模拟

◎彭群生 王长波 刘世光 著

ZHEJIANG UNIVERSITY PRESS
浙江大学出版社

图书在版编目(CIP)数据

自然景观的真实感模拟/彭群生,王长波,刘世光著.
—杭州:浙江大学出版社,2013.12
ISBN 978-7-308-12646-5

Ⅰ.①自… Ⅱ.①彭…②王…③刘… Ⅲ.①自然景观
—计算机模拟 Ⅳ.①P901-39

中国版本图书馆 CIP 数据核字(2013)第 296875 号

自然景观的真实感模拟

彭群生 王长波 刘世光 著

策 划	许佳颖 陈晓嘉	
责任编辑	张凌静	
封面设计	十木米	
出版发行	浙江大学出版社	
	(杭州市天目山路 148 号 邮政编码 310007)	
	(网址:http://www.zjupress.com)	
排 版	杭州大漠照排印刷有限公司	
印 刷	浙江海虹彩色印务有限公司	
开 本	710mm×1000mm 1/16	
印 张	19	
字 数	327 千	
版印次	2013 年 12 月第 1 版 2013 年 12 月第 1 次印刷	
书 号	ISBN 978-7-308-12646-5	
定 价	99.00 元(含光盘)	

PREFACE 前言

大自然是人类的栖息之地，日出日落、风花雪月……各种各样的自然景观陪伴着人们的喜怒哀乐，见证着历史的荣辱兴衰。许多表现大自然景观的诗词名画或磅礴大气，或意境深远而被世代传颂、珍藏，成为人类文明的瑰宝。

自然景观也是计算机真实感图形绘制的重要内容。无论在影视特效、游戏娱乐，还是虚拟现实、训练仿真中，都可以见到由计算机生成的自然景观。它们在构建特定的场景、营造特定的气氛方面，发挥了不可替代的作用。

长期以来，国内外学者一直在努力探索自然景观的模拟方法，包括对自然景物外形的模拟和对自然景物动态变化过程的模拟。考虑到自然景物形状细节的随机性和自相似性，许多研究者基于随机过程理论，提出了一系列有效的模型来生成各种特定的自然景物。目前，常用的自然景物模拟方法包括：基于分形迭代的算法、基于语法规则的算法、基于动态随机生长原理的算法、基于纹理的算法、大气光学传输模型、基于特殊几何实例的算法、基于交互的建模方法等。

随着计算机图形学的发展，人们不仅追求表现自然景观的静态真实感，而且希望能逼真地再现其动态真实感。动态自然景观难以采用一些简单的过程来模拟，必须依据客观世界的物理规律生成。物理规律描述了物体如何运动、如何演变以及如何相互作用。基于物理模型的真实感绘制已成为当前自然景观模拟中的热门研究方向。

本书是一本关于自然景观真实感模拟理论、算法和应用的专著，书中介绍了自然景观造型、绘制的各种方法，着重介绍了笔者在国家"973"项目支持下，围绕天空景观、植被景观、气象景观和其他奇特自然景观的真实感模拟所开展的系统性研究工作及最新成果。作为入门的向导，本书最后一章还介绍了常用的自然景观模拟软件系统。本书附有算法演示实例光盘。

全书共分为7章。第1章介绍了自然景观模拟的意义、难点及其在虚拟仿真、游戏、影视特效、建筑漫游等方面的应用；随后，分别对天空、水面、植被、气象及其他奇特自然景观的模拟技术展开综述。第2章介绍了天空光照和大气散射、折射的基本原理及典型云场景的真实感模拟技术，包括考虑大气折射的日出景观绘制、基于速度场漂移纹理的动态云生成方法等。第 3 章介绍了水面的波浪、涟漪的生成模型及不同水质条件下水面颜色的绘制技术。第 4 章综述了植物建模与绘制的相关技术，详细介绍了基于 Billboard 的树木交互建模技术、基于动力学简化的树木实时运动模拟、基于骨架的草地动态建模新方法、基于生物学原理的交互式花卉建模和花开模拟算法。第 5 章介绍了基于物理模型的不同气象景观的模拟技术，详细阐述了基于雨线模型及雨雾散射机理的雨景模拟、基于 Boltzmann 三维风场的飘雪实时仿真、基于二相流模型的龙卷风真实感模拟、考虑风场和沙粒交互作用机制的沙尘暴真实感生成方法等。第 6 章介绍了蜃景、宝光等奇特自然景观的模拟技术。第 7 章介绍了几种常用的自然景观模拟软件系统，包括图形绘制引擎 OGRE 和 OSG、树木仿真软件 Speed-Tree、粒子系统特效软件 ParticleIllusion、3DS MAX 的 DreamScape 插件等。

本书可作为高等学校计算机、应用数学、电子工程、数字媒体等专业高年级学生或研究生的教学参考书，对广大从事计算机动画、电脑游戏、影视特技、军事仿真、建筑景观设计、虚拟现实等技术的研究、应用和开发的科技人员也有较大的参考价值。

国内外尚无针对自然景观模拟的书著出版，本书是该领域的第一本学术专著。本书的特点是内容全面、技术领先、图文并茂、深入浅出，且每章前插入勾勒风景的诗词和国画，使文学意境、计算机模拟图像和算法设计融为一体。

本书由彭群生制订编写大纲，初稿的第 1 章由王长波撰写，第 2～6 章由王长波、刘世光合作撰写，第 7 章由刘世光撰写。秦学英参与了第 3 章 3.3 节、第 4 章 4.2 节的撰写，宋成芳参与了第 4 章 4.4 节的撰写。全书由彭群生修改定稿。

本书由国家科学技术学术著作出版基金资助出版。在本书的编写过程中，得到了澳门大学吴恩华教授、东京大学 Tomoyuki Nishita 教授等专家学者的大力支持和指导。王章野、陈为、张龙、宋成芳、延诃等参与了相关课题的研究，并作出了重要贡献。浙江大学 CAD&CG 国家重点实验室为作者开展自然景观模拟研究提供了良好的平台，在此一并表示衷心的感谢！

由于作者水平有限，书中错误与疏漏之处在所难免，恳请读者批评指正。

作者
2014 年 5 月

目录 CONTENTS

第1章　自然景观模拟的基础

"大漠孤烟直,长河落日圆""天苍苍,野茫茫,风吹草低见牛羊"……辽阔雄浑的大自然景色令人赞叹。峨嵋宝光、海市蜃楼……神奇莫测的大自然景观引发人们无限的遐想。高山流水、风花雪月……常被人们用以寄托美好的情感。古往今来,大自然景观一直是诗词书画表现的主题。

自然景观也是计算机真实感图形绘制的重要对象。在飞行训练和战场仿真中,逼真地重构仿真环境中各种静态和动态景象,可以促使训练人员产生很强的沉浸感,增强仿真训练效果。在电影和电视广告中,各类自然景观的特效制作已经成为渲染特定气氛、降低制作成本不可或缺的方式。科幻电影《后天》中:巨大冰雹重袭东京,飓风席卷夏威夷,暴风雪覆盖印度新德里,洛杉矶更是刮起史无前例的龙卷风……这一幕幕画面给人们留下了极具震撼力的视觉效果。在大型建筑设计中,利用计算机生成周边自然景观可实现围绕建筑物的虚拟漫游,从而能更准确地评价尚在设计中的建筑物建成后对周围景观的影响。在电子游戏中,目前流行的电脑游戏大多选景于户外,显然,真实感的自然场景有利于吸引更多的玩家。

1.1　自然景物造型与绘制难点

自然景物主要包括天空、大地、山脉、湖泊、河流、海洋、树木、花草、云、烟、雾等,这些景物的几何形貌具有不规则特性。此外,大多数自然景物受大自然中风、雨的作用及不同时刻光照的影响,其外观多变且具有很大的随机性。一些有生命的自然景物,如树木、花草,其生长过程还随季节变化而变化。所有这些,都给自然景观的真实感模拟带来了很大的挑战。

1.1.1　几何外形不规则

不论是雪花、云朵、山脉、草地,还是烟雾、瀑布、火焰等,都不具有规则的几何形状,其表面往往还包含丰富的细节,因此难以用经典的欧几里得几何进行刻画,而采用传统的计算机图形造型和绘制方法不仅计算量大,而且生成速度慢,真实性和实时性都很差。

1.1.2 时刻动态变化

自然景观大多时时变化,如熊熊燃烧的火焰,轻盈飘动的雪花,虚无缥缈、瞬息万变的海市蜃楼等。要表达蕴含于自然景物中的无穷多的随机纹理细节,即使择要造型,亦需要构建一个庞大的数据结构。不仅如此,这些数据还可以是瞬息不变的,如当自然景物离观察者足够远时,由于上述纹理细节并不一定全部呈现在画面上,而当观察者欲深入观察自然景物的某一局部细节时,已存储在数据结构中的细节资源却可能很快变化了。因此,采用传统的静态数据结构很难准确刻画自然景物。

1.1.3 物理机制复杂

要准确模拟自然景观,就必须考虑其蕴含的物理机制。然而,自然景观形成的物理机制都比较复杂,如火焰忽隐忽现、烟气袅袅上升、云则时聚时散,同时,在火焰燃烧、烟雾扩散以及烟云飘动的过程中,火焰、烟雾及烟云还会受到风力的作用。蓝天白云、雨后彩虹这些景观都和复杂的大气折射、散射机理相关,海市蜃楼的产生、变化及消失过程背后蕴含着复杂的物理作用。

1.1.4 与其他景物互相作用

自然景观的复杂性还在于自然界任一景物都不是孤立的,而是与周围环境中的其他自然景物时刻相互影响、相互作用的,如大雨场景中雨点溅落于水面,激起涟漪;树木受风力作用而产生摇曳;火焰升腾时映照在周围景物上产生变化的光照效果等。因此,绘制某一自然景物时,还必须考虑周围环境的影响,进行整体绘制。

1.2 自然景物建模的基本方法

由于自然景观的特殊性,基于光滑曲面或网格曲面的景物造型方法不再适用,需要探索适合于自然景物的新的建模方法,包括对自然景物外形的建模和对自然景物动态变化过程的建模。考虑到自然景物形状细节的随机性和自相似性,许多研究者将目光转向随机过程理论,提出了一系列有效的模型来生成各种特定的自然景物。

目前常用的自然景物建模方法主要有基于分形迭代的算法、基于语法规则的算法、基于动态随机生长原理的算法、基于纹理的算法、基于特殊几何实例的算法、基于交互建模的方法等(彭群生等,2002)。

1.2.1 基于分形迭代的算法

分形算法是较早用于模拟自然景物的算法,它可基于少量的数据生成复杂的具有较强真实感的自然景物的外形,常用来模拟树木、花草、山、水、云、地形等。

1.2.1.1 分形几何

自然界中的一些景物呈现出不规则的几何外形,如海岸线和山川,远距离观察,其形状甚不规则,而近距离观察,其局部形状又和整体形态相似。分形几何所描述的正是这样一类几何形体,它们是自相似的,每一个局部都可以被看作其整体形状的一个缩小的复本,在任意尺度上都具有复杂且精细的结构。下面列出的是分形形态的一系列特性(Mandelbrot,1977):

(1) 分形集具有任意小尺度下的细节,具有精细的结构。

(2) 分形集不能用传统的几何语言来描述,它既不是满足某些条件的点的轨迹,也不是某些简单方程的解集。

(3) 分形集具有某种自相似形式,属于近似的自相似或者统计意义下的自相似。

(4) 分形集的"分形维数"严格大于它相应的拓扑维数。

(5) 在大多数令人感兴趣的情形下,分形集可由非常简单的方法定义,经由迭代和随机变换产生。

利用分形来模拟自然景物的研究成果比较多,如:Fourier 等(Fourier *et al.*,1982)利用简化的分形模型成功模拟了地貌表面的纹理。Stachniak 和 Stuerzlinger(Stachniak and Stuerzlinger,2005)提出了一种基于分形的地形自动生成算法。Peitgen 等(Peitgen *et al.*,2004)采用随机层次分形技术生成峡谷地形。Musgrave 和 Mandelbrot(Musgrave and Mandelbrot,1991)采用分形算法生成了花、植物、二维云和山谷。由 Pandromeda 公司开发的建模软件 MojoWorld 是最受欢迎的三维景观制作软件(Rosenberg,2004),其中的许多图形插件都基于分形算法而制作。图 1-1 即为借助 MojoWorld 软件,利用分形生成的地形。

1.2.1.2 迭代函数系统 IFS

迭代函数系统 IFS(iteration function system)最早由 Hutchinson 于 1981年提出(Hutchinson,1981)。它以仿射变换为框架,模拟几何对象整体与局部的自相似结构。仿射变换包括形体细节绕原点旋转、比例放大、平移等。给定 IFS 码后,利用随机迭代,用极少量的代码即可生成非常复杂的形体,这也是其他建

图 1 - 1　MojoWorld 软件中利用分形生成的地形

模方法难以实现的。

　　Barnsley(Barnsley,1988)通过若干仿射变换,应用 IFS 生成了自相似性极强的蕨类植物叶片并发展了回归迭代函数系统(recurrent IFS),更为灵活地体现了植物局部之间的不同自相似性。Prusinkiewicz 等(Prusinkiewicz *et al.*,1993)通过加入变换顺序的约束条件,综合各类不同的 IFS 方法,提出了一种称为语言约束式迭代函数系统(language-restricted IFS)的方法,使局部枝节得以再现整体的形态特征,较好地模拟了迭代性较强的各类植物。

1.2.2　基于语法规则的算法

　　基于语法规则的算法主要包括 L-系统方法、A-系统方法和植物生成模型。

1.2.2.1　L-系统方法

　　树木是自然界中最常见的景物,其形状复杂,结构特征强。1968 年,Lindenmayer(Lindenmayer,1968)基于植物生长的拓扑规则,提出了一种描述植物形态与生长的方法,命名为 L-系统,并与加拿大学者 Prusinkiewicz 率先将其用于树木及其他植物的造型。L-系统源于自动机理论,它用符号空间的一个符号序列来表示细胞的状态,通过符号序列的生成规则来描述人工生命形态的生成过程。如将 L-系统应用于植物造型时,先对某类植物的生长过程进行经验式概括和抽象,构建描述规则;然后从表示植物初始状态的字符串开始,进行有限次迭代,生成一个字符序列;再对产生的字符串进行几何解释,就生成了非常复杂的植物形态结构。

　　为建立完整有效的植物模型,L-系统的功能不断被扩展。Prusinkiewicz 等

(Prusinkiewicz et al.,1990)提出的随机 L-系统可构建随机的植物拓扑结构。Mech 和 Prusinkiewicz(Mech and Prusinkiewicz,1996)发展了"开放式(open)L-系统"。该系统在形式化公理与产生式规则中引入了交流单元(communication modules),用于传送、调整"环境—植物"两方面的相互信息,以模拟植物与环境的交互作用。为了模拟植物的连续生长过程,Prusinkiewicz 等相继提出了时变 L-系统(Prusinkiewicz et al.,1993)和微分 L-系统(Prusinkiewicz,1998),较好地模拟了植物的叶序、花朵以及植物群落中的生长竞争等。Deussen 等(Deussen et al.,1998)采用 L-系统绘制出了逼真的户外森林场景。

1.2.2.2　A-系统方法

Honda 提出了仿真植物形态的 A-系统(Honda,1971),该模型针对早期 L-系统不能生成复杂三维枝条结构的缺点,根据植物诸如单轴分枝结构、合轴分枝结构等特征,允许分枝角度按照一定的统计规律随机变化,并采用吸引子(attractor)算法模拟光照,逼真地模拟了多种植物。

在 A-系统中,植物的生长由五个基本参数控制:① 子枝与母枝的夹角;② 子枝相对母枝长度的收缩比例;③ 子枝的半径收缩比例;④ 子枝相对母枝的旋转角;⑤ 母枝上生长的子枝数目。通过这些参数,A-系统递归地生成新的子枝。为了使生成的植物不至于过分规则,在植物的每一个新的子枝生长点处对子枝生长参数进行随机扰动。

1.2.2.3　植物生成模型

自然界中植物的结构大多具有自相似性,由此不难推出植物生长的一般模型(Prusinkiewicz,1998):① 一根茎杆破土而出,茎杆向四周长出一些小枝,长出的地方称为节;② 大多数小枝上又长出一些更小的嫩枝,如此反复;③ 植物的各节点有相似的枝节性质。分形理论认为,每个特定的植物都有其基本串,植物生长的过程可用特定的分枝模型替代基本串的各变量,如此反复直到指定的迭代层次。这个过程既保证了植物的高大茂盛,又保证了每个迭代阶段植物形态的自相似性。

1985 年,Bloomenthal(Bloomenthal,1985)引入了枝条的弯曲参数、树皮纹理等,可绘制真实感较强的植物图形。1989 年,Vammenus 和 Viennot(Vammenus and Viennot,1989)提出的分枝矩阵模型(ramification matrix)模拟了植物的结构。该方法用矩阵描述植物分枝节点的个数和节点之间的关系,加上自定义的结构参数,通过迭代生成植物的分形结构。

1998 年,Oppenheimer(Oppenheimer,1998)通过定义各级枝条的偏转角度、锥度、旋转状扭曲、子枝与母干之间的尺寸比例等植物形态参数来构造树木模型。

1999 年,Wobus 和 Weber(Wobus and Weber,1999)提出了基于用户交互的三维植物生长模型。该模型定义了许多参数,并引入随机偏转量来模拟枝条弯曲的随机性。用户不需要太多的植物学及数学知识,就可构造出与样本十分类似的几何模型。同时,该模型还给出了多分辨率下模拟的简化方法,实现了大片森林背景的实时绘制。

Reffye 和 Houllier(Reffye and Houllier,1997)提出了基于有限自动机(finite automation)的植物形态生长建模方法。该模型运用随机过程的马尔可夫链理论以及"状态转换图"描述植物发育、生长、休眠、死亡等过程,非常适于模拟植物的生长,但该模型不易理解和使用。Godin 和 Caraglio(Godin and Caraglio,1998)在此基础上提出了多尺度意义下的植物拓扑结构(MTG),能够以不同时间尺度描述植物的拓扑结构。赵星等(赵星等,2001)从植物学原理出发,提出了微状态和宏状态的双尺度概念,建立了虚拟植物生长的双尺度自动机模型。该模型考虑了植物的生长机理,参数物理意义明确,并且应用了符合植物顶芽和腋芽发育过程的概率模型,更适合模拟真实植物的生长过程。

随着基于语法规则的建模理论日趋成熟、计算机硬件的飞速发展和数据采集能力的提高,国际上已涌现出一些优秀的植物建模商业软件(Reffye and Houllier,1997)。如:美国 Onxy 公司利用其开发的 TREE CLASSIC 软件以及 TREE PROFESSIONAL 软件,生成了含有 200 多种常见植物的三维植物图形库;澳大利亚研究机构 Centre for Plant Architecture Informatics 基于 L-系统建模方法开发了 Virtual Plants 软件,能模拟棉花、大豆、玉米等农作物根系的生长和病虫害对植物生长的影响;德国 Kurtz-Fernhout 公司基于图形学的方法开发了 PlantStudio 软件(见图 1-2);加拿大 Calgary 大学基于 L-系统建模方法和植物学知识开发了 CPEG,L-Studio,Virtual Laboratory 软件,能再现灭绝的树种,可应用于计算机辅助景观设计和植物学教学;法国 CIRAD 开发的 AMAP

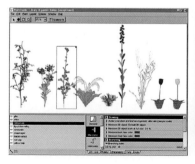

图 1-2　PlantStudio 软件中利用 L-系统生成的花和树

系列软件在植物生长机理模型与可视化模型结合方面取得了卓有成效的进展，该软件包括若干个子系统软件，能对数据库中的数据进行提炼，能验证和调整模型参数，并用多尺度方法来定义和描述被测量植物体的拓扑结构和几何结构，最终建立基于实际测量数据的植物生长模型。

1.2.3　基于动态随机生长原理的算法

基于动态随机生长原理的算法包括粒子系统、元胞自动机、格子气自动机和基于扩散过程的方法，主要用于模拟自然景观的动态变化过程。

1.2.3.1　粒子系统

Reeves 于 1983 年提出的粒子系统方法（Reeves，1983）是一种经典的模拟不规则形态物体的方法。该方法可充分表现不规则模糊物体的动态性和随机性，从而能够很好地模拟火、云、水、森林和原野等许多自然景观。

粒子系统的基本思想是采用许多形状简单的微小粒子作为基本元素来表示不规则模糊物体，这些粒子都有各自的生命周期，在系统中都要经历"产生"、"运动和生长"及"消亡"三个阶段。粒子系统是一个有"生命"的系统，因此不像传统方法那样只能生成瞬时静态的景物画面，而可产生一系列运动进化的画面，这使得模拟动态的自然景观成为可能。

系统生成某瞬间画面的基本步骤是：① 分析物体的静态特性，定义粒子的初始属性；② 分析物体的运动规律，建立反映粒子属性变化的动态特性模型；③ 在系统中生成具有一定初始属性的新粒子；④ 根据粒子属性的动态特性更新现有粒子的属性值；⑤ 删除系统中已死亡的粒子；⑥ 绘制现存的所有粒子。其中，步骤③～⑥反复循环，形成了物体形态的动态变化。

粒子系统采用随机过程来控制粒子的产生数量和新产生粒子的初始属性，如初始运动方向、初始大小、初始颜色、初始透明度、初始形状、生存期等，并在粒子的运动和生长过程中随机地改变这些属性。

粒子系统的随机性使得模拟不规则模糊物体变得十分简便，这使粒子系统成为迄今为止用于描述不规则景物最成熟的方法之一。同其他描述不规则景物的方法相比，它具有以下三个显著特点：

（1）对物体的描述不是基于具有边界的面片（如多边形）集合，而是通过一组定义在空间的原始粒子来描述。

（2）粒子系统不是一个静态实体，每个粒子的属性均为时间的函数。

（3）由粒子系统描述的物体不是预先定义好的，其形状和位置等属性均通过随机过程来描述。

这方面的研究成果很多。Reeves 和 Blau(Reeves and Blau,1985)最早将该方法用于模拟森林、草地等复杂场景。虽然该方法不适合表现植物个体的形态结构,但可有效地勾勒出大片植物场景的宏观画面。Reeves(Revees,1983)还模拟了烟雾、流水、火花、爆炸等动态景观。Unbescheiden 和 Trembilski(Unbescheiden and Trembilski,1998)则用粒子系统模拟云,为了能实时显示,他们控制粒子的数量,并用附有纹理的多面体顶点集代替粒子群。Sims(Sims,1990)用粒子系统绘制了瀑布;Forcade(Forcade,1992)设计了粒子系统来生成爆炸动画;等等。

1.2.3.2 元胞自动机

元胞自动机是在时间和空间上离散、物理参数取有限数值集的动力系统模型,它对于模拟复杂系统(特别是存在复杂边界条件时)非常有效。元胞自动机理论在 20 世纪 60 年代由 Neumann(Neumann,1967)首先提出,旨在通过一个局部推演的简单逻辑规则来生成离散系统的动态变化。元胞自动机的基本模型可以描述如下:给定一个均匀网格空间,每个格点包含一些数据,称之为"元胞",这些数据决定了格点当前的状态;每个格点的状态随着(离散的)时间的推进而改变,下一时刻某格点的状态由它邻域内其他格点在该时刻的状态决定。元胞自动机的演化规则可以是确定性的,也可以是随机的。一般的动态模型的演化规则由物理方程严格确定,而复杂系统的模拟则通过构造一系列的模型规则来实现。

1991 年,Pakeshi 等(Pakeshi *et al.*,1991)提出了基于元胞自动机的火焰模型,认为火焰等气体现象可由简单的组元构成,基于一些简单的初始值和状态转换规则即可描述火焰的动态变化。

1999 年,Dobashi 等(Dobashi *et al.*,2000)用元胞自动机构建了云的模型,并实现了实时模拟(见图 1-3)。他们采用一套较为简单的转换规则来控制云的生长、消失、飘动等过程。由于状态的值仅仅取 0 和 1,所以规则很容易用布尔语言来描述。

杨怀平等(杨怀平等,2002)基于小振幅波理论和细胞自动

图 1-3 基于元胞自动机的云模拟(Dobashi *et al.*, 2000)(经 ACM 授权使用)

机模型,采用邻域传播的思想对水波进行了动态造型。

1.2.3.3 格子气自动机

格子气自动机(lattice-gas automata)(Frish *et al.*,1986)由元胞自动机发展而来。它利用元胞自动机的动态特性模拟流体粒子的运动,但是在时间和空间上均具有独特之处:① 由于流体粒子不会从模型空间中消失,因此要求格子气自动机是一个可逆元胞自动机模型;② 格子气自动机的邻域采用 Margolus 模型(Frish *et al.*,1986)定义,即由 4 个元胞组成的一个四方块;③ 依照演化规则和邻域模型计算一次后,需要将这个 2×2 的模板沿对角方向滑动,再计算一次。格子气自动机已成为动力学现象模拟的一个重要研究领域,几乎独立于元胞自动机研究之外。

近年来,格子气自动机模型被 Kaufman 等人(Wei *et al.*,2002;2003a)引入图形学中,他们采用一种动态变化的风力和移动的边界来模拟火和烟。Wei 等(Wei *et al.*,2003b)采用格子气自动机模拟了羽毛的飘动。

1.2.3.4 基于扩散过程的方法

基于扩散过程这一方法主要面向气体,特别是火焰气体的扩散过程。火焰气体的物理特征与时间和空间有关,其相关物理量包括气体粒子密度、扩散速度、温度、辐射性能等,各物理量之间的关系满足 Navier-Stokes 方程。火焰的分布和运动的改变可通过改变燃烧物体的温度和燃料密度获得。为求解复杂非线性方程需要耗费大量计算时间,采用扩散方程和传播方程计算气体密度和温度。

Perry 和 Picard(Perry and Picard,1994)从燃烧学原理出发,提出了用速度传播模型生成火焰的方法,而 Chiba 等(Chiba *et al.*,1994)计算了燃烧物体的热交换。Stam 和 Fiume(Stam and Fiume,1994)在此基础上,从热力学定律出发,提出了用扩散过程描述火和其他气体现象及其传播的方法(见图 1 - 4)。童若锋等(童若锋等,1999)根据烟雾的扩散过程,生成了飘升的烟雾。

图 1 - 4 基于扩散模型的火焰模拟(Stam and Fiume,1995)(经 ACM 授权使用)

1.2.4 基于纹理的算法

基于纹理的算法是采用纹理映射

来表现景观表面的细节,包括纹元、体纹理、过程纹理、视频纹理等。

1.2.4.1 纹 元

纹元最初由 Kajiya 和 Kay(Kajiya and Kay,1989)提出,是指由多个微面近似表示的一个体元。纹元的属性由一个三维参数数组描述。每一数组元素都包含三部分内容:第一部分为密度标量,表示该体元内所有微面的近似投影面积;第二部分是标架,表示该体元中各微面的局部法向;第三部分是光照属性,它决定多少光线从微面散射出去。复杂自然场景中的许多物体,如短皮毛、草地、松针等,在结构上都可采用纹元描述。Kajiya 和 Kay(Kajiya and Kay,1989)最早采用纹元来构造和绘制短皮毛;陈彦云等(陈彦云等,2000)曾采用纹元绘制草地(见图 1-5)。

图 1-5 基于纹元的森林模拟(陈彦云等,2000)(经《计算机学报》授权使用)

1.2.4.2 体纹理

体纹理(volumetric texture)也是构造复杂自然场景的重要工具。自然界中,同样的物种通常在形态和结构上比较相似,比如同一种类的树木、杂草等,可对每一品种的植物构造有限个体纹理样本,再将这些体纹理映射到自然场景中。在映射中,通过对体纹理的大小、形状和方向引入一定的随机性,可以避免单一,使其在视觉效果上更接近真实场景。上面介绍的纹元亦可看作一种结构特殊的体纹理。陈彦云等(陈彦云等,2000)采用此方法绘制出较逼真的针叶林,并采用位移纹理和体纹理模拟了积雪场景。Neyret(Neyret,1995)和 Bakay 等(Bakay *et al*.,2002)利用纹元和体纹理构造和绘制草地,并采用多分辨率层次结构,提高了绘制效率。

当然,利用体纹理构造和绘制高真实感自然场景也存在许多困难,主要表现在如下三个方面:① 如何获取所需的体纹理样本;② 体纹理通常以三维数据阵列存储,如何解决分辨率和存储量之间的矛盾;③ 体纹理绘制计算量非常庞大,如何减少运算量使得体纹理技术得到广泛应用。

1.2.4.3 过程纹理

过程纹理函数均为解析表达的数学模型,采用一些简单的参数来描述复杂的自然纹理细节。就其本质来说,它们均是经验模型。常用的过程纹理函数有木纹理函数、三维噪音函数、Fourier 合成函数等(彭群生等,2002)。

1985 年,Peackey (Peackey,1985)用一种简单的规则三维纹理函数首次成功模拟了木制品的纹理效果。其基本思想是采用一组共轴圆柱面来定义体纹理函数,即把位于相邻圆柱面之间点的纹理函数值交替地取为"明"或"暗"。这样,木制品内任一点的纹理函数值可根据它到圆柱轴线所经过的圆柱面个数的奇偶性而取为"明"或"暗",还可以生成木纹的扰动、扭曲和倾斜等效果。

三维噪音函数是另一种常用来模拟自然纹理的过程纹理函数。Perlin (Perlin,1989)曾应用该函数生成了许多逼真的自然纹理。三维噪音函数是以三维空间点位置作为输入,而以一标量作为输出的函数。从理论上来说,一个良好的噪音函数应满足以下三个性质:① 旋转统计不变性;② 平移统计不变性;③ 其频率域上带宽很窄。满足上述条件的噪音函数可由多种方法生成。一种常用的方法是利用 Fourier 变换,但该方法的缺点是计算量较大。1985 年,Perlin(Perlin,1985)提出了一个快速实用的生成方法,该方法采用三维整数网格来定义噪音函数,可以对水波、大理石纹理等进行很好的模拟。

Fourier 合成技术是一种非常有效的过程纹理生成技术,已成功地用来模拟水波、云彩、山脉和森林等自然景观。它通过将一系列不同频率、相位的正弦(或余弦)波叠加起来产生所需的纹理模式,既可以在空间域中合成所需纹理,又可在频率域中合成纹理。

1985 年,Gardner (Gardner,1985)提出了一个有效的云彩纹理函数。首先用云层平面和一系列椭球面分别表示层状云彩和团状云彩所具有的空间形状,然后用体纹理函数来描述这些云彩的光亮度和透明度变化。该纹理函数被定义为"三维纹理函数的合成"。

Worley(Worley,1996)对噪音函数进行改进,提出了 Cellular 噪音函数,用来模拟水波、宝石。Neyret 和 Cani (Neyret and Cani,1999)提出了一种新的方法生成少量的三角片,实现纹理拼接。Witkin 和 Kass(Witkin and Kass,1991)

采用一个基本的扩散方程,模拟了多种纹理,如毛发、云雾等。Marcelo 和 Fournier(Marcelo and Fournier,1998)采用细胞分裂的方法模拟了许多动物的纹理。

1.2.4.4 视频纹理

视频纹理合成即取一段视频作为素材源,从中提取信息,生成连续变化的动态场景画面。首先,通过对视频样本图像的分割处理,截取给定景物的视频纹理样本,以视点、光照、景物类别、运动参数为依据对纹理样本进行分类,然后运用学习、模式识别等方法,提取景物的运动参数,对景物运动进行克隆和拼接,从而合成连续的运动,甚至可以产生视频纹理驱动的虚拟景物的约束变形等。

Schodl 等(Schodl *et al.*,2000)首先提出视频纹理合成的概念,通过在样本前后帧中寻找相似帧的方法,用一小段视频合成了任意长度和看上去连续的动画。Kwatra 等(Kwatra *et al.*,2003)运用一种"Graph Cut"的方法进行视频纹理的合成,对于不同的视频输入采用优化方法合成出浮萍、烟等。Bhat 等(Bhat *et al.*,2004)对连续流动的自然景物提出了一种自然的视频纹理合成和编辑方法,通过分析输入视频中纹理粒子的运动,交互地画出其运动流线,进而无缝地合成出连续的动画。该方法对瀑布、火、水流等合成的效果很好。Doretto 和 Soatto(Doretto and Soatto,2003;Soatto *et al.*,2003)通过对视频纹理的学习,按照最大相似度和最小误差进行优化,合成了连续的喷泉和流水动画(见图 1-6)。

鉴于视频信息易获取,而且包含比单张图片更多的信息,视频纹理有望在自然景观模拟中发挥更大的作用。

图 1-6　基于视频纹理的喷泉模拟(Agarwala,2005)(经 ACM 授权使用)

1.2.5 基于特殊几何实例的算法

由于自然景物大多具有动态变化的几何外形,因此对于某些特定的景物,可根据它们的具体形态特征,采用一些特殊几何模型来建模。

元球模型是一种隐函数模型。元球为一个具有势函数的球,元球系统的势函数为系统中所有元球势函数之和。元球的外表面实际上是一张等势面。当元球与别的元球相互靠近到一定距离时产生变形,再进一步靠近时则融合成光滑曲面。由于元球的特殊势函数分布,多个元球可融合成一张连续光滑的面。通过对它们的位置、朝向、大小和密度的巧妙控制,可生成许多复杂的形体。由于其生成的曲面永远是光滑的,且采用元球造型,所以物体的变形能以一种自然的方式进行,所需的数据量与用多边形造型相比,大为减少。Nishita 等(Nishita *et al*.,1997;Dobashi *et al*.,1999)采用元球模型模拟积雪和云彩(见图 1-7);范自柱和檀结庆(范自柱和檀结庆,2002)利用元球模型模拟海浪,并采用曲线变形的方法模拟波浪向前推进、相互碰撞等运动情形;Stam 和 Fiume(Stam and Fiume,1993;1995)采用湍流函数结合元球模型来生成烟和火。

图 1-7　基于元球模型的积雪模拟和云彩模拟(Dobashi *et al*.,
　　　　2001)(经 IEEE 授权使用)

Stokes 和 Airy 模型是常见的海浪预测和传播模型。在这个模型中,海浪被分解成若干个不同波幅、不同相位和不同频率的正弦波组合,并沿着小波幅正弦波传播。针对草及树的外形特征,Deussen 等(Deussen *et al*.,2002)采用点和线来模拟植物;Bakay 等(Bakay *et al*.,2002)采用细圆柱体来构造草;

Reche等(Reche *et al.*,2004)采用层次 BillBord 的方法绘制出逼真的树；Reed 和 Wyvi(Reed and Wyvi,1994)采用经验模型生成闪电(见图 1-8)。

图 1-8　基于链式模型的闪电模拟(Reed and Wyvi,1994)(经 ACM 授权使用)

1.2.6　基于交互建模的方法

由于自然景物比较复杂,因此也可以采用交互建模的方法。参数化交互建模的方法是先把某一景物表示成参数化模型,然后用户通过交互输入相关参数的值,并进行即时反馈修改,即可建立符合要求的模型。

基于交互的植物建模方法由一系列包含几何形状信息和植物结构体系的组件组成,其中几何体组件用来生成树枝的几何形状,结构组件用来确定树枝的结构,几何变换组件用于植物的几何变换操作和树枝的变形处理。

SpeedTree 就是一个典型的树的交互建模系统(SpeedTree[①],2005;Congdon *et al.*,2003)。该系统将树的结构分为树干、树枝和树叶三级,每一级由一些参数控制,可生成不同层次的细节(见图 1-9)。建模时,只需输入相关参数以及环境条件(光照、风力等),即可模拟生成不同种类的树,且系统允许用户在画面上交互实时修改,效果较好。

Ijiri 等(Ijiri *et al.*,2005)提出了一种花的交互建模方法。该方法采用"花图"和"花序"来表征花的结构信息,"花图"表示花瓣在一朵花中的排列顺序,"花序"指不同的花在整株花上的生长顺序。通过交互编辑的方式可一步步生成花瓣、花朵、花茎等,最后构成一整株较逼真的花(见图 1-10)。

---

① http://www.speedtree.com/.

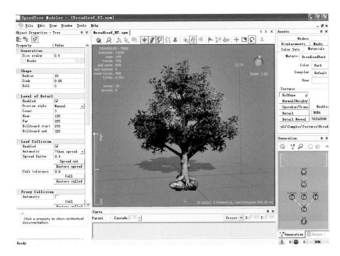

图 1 - 9   SpeedTree 进行树的建模

图 1 - 10   交互花朵模拟效果(**Ijiri** *et al.*,2005)(经 **ACM** 授权使用)

1.2.7   现有方法的优缺点及适用范围

1.2.7.1   基于分形迭代的算法

分形几何方法针对自然景物的随机性、自相似性和复杂性,采用递归算法生成复杂的景物。它通过分形集对景物进行建模,利用分形参数的变化来模拟物体多变的形态,能够较好地解决自然场景中的树木、花草、山、水、云、地形等的仿真建模问题,绘制出较逼真的静态效果,在早期的自然景物模拟中应用较多。

但是对较复杂的自然景物,如何选择合适的自相似集及分形维数,如何进行快速的分形建模计算和绘制,都是有待解决的问题;而自然景物的动态变化较难采用分形算法模拟,也限制了其进一步的应用。

1.2.7.2　基于语法规则的算法

L-系统和 A-系统所含规则反映了植物的结构特征,能够较准确地表达每一类植物的形态,适合于对静态植物场景的模拟。

但是一般用户不具备丰富的植物学知识,很难获得所需建造的场景中各种植物的相关经验参数。如何选取更加简单易懂并兼顾植物学特性的参数进行建模,是该方法要解决的问题。

1.2.7.3　基于动态随机生长原理的算法

这类模型多用于自然景物的动态建模,其建模方式考虑了自然景物既遵循一定规律又随机变化的特性,模型简单,计算方便,广泛用于烟雾、爆炸、云、雨雪、火焰、波浪等的模拟。

该方法建模的难点在于如何根据不同的景观选取合适的物理模型,如何设置动态参数,以及如何实现实时绘制。如采用粒子系统建模时需考虑如何从动态变化的景观中抽取出合适的粒子参数和运动模型。粒子系统在绘制近景时存在走样的情况,因此,大多用于对图像真实感要求不高的场合。

1.2.7.4　基于纹理的算法

基于纹理的方法绘制的效果一般较为逼真,涉及几何数据少,较易绘制,适于表现静止图像的精细结构,因此,常用来模拟草、水波、木纹、云彩等。但是该方法一般只适用于某一种环境参数或某一种形态,由于缺乏足够的几何信息的支持,对动态场景的绘制往往无能为力。运用视频纹理虽然可以模拟某些动态场景,但条件比较苛刻,受视频样本采集时环境光照参数、视点位置的限制,该方法难以实现场景漫游。体纹理方法需要存储大量的纹理数据,绘制速度比较慢。

1.2.7.5　基于特殊几何实例的算法

基于特殊几何实例的算法是根据某类景物的具体特点,采用适合该类景物的特殊几何模型来进行建模和绘制,一般可以得到比较逼真的效果,特别适合于海浪、积雪、云彩、草等的建模。但是该方法只适用于特定种类的自然景物,且其实例模型多从物理模型而来,计算量较大,绘制速度较慢。

1.2.7.6　基于交互建模的方法

基于交互建模的方法的优点是建模过程比较直观,允许用户交互修改直至获得满意的效果,因此,适用于树、花等较易参数化的自然景物。

1.3　大规模自然场景模拟的相关技术

大规模自然场景模拟的复杂性不仅在于其包含的景物数量多,造型和绘制工作量大,而且还在于大规模自然场景中景物的运动和变形具有宏观性,这给它的真实感和实时绘制带来了巨大的挑战。本节将简要综述适用于大规模自然场景绘制的种种技术,包括基于物理的模拟技术、基于图像的绘制技术、层次细节技术、GPU 加速绘制技术等。

1.3.1 基于物理的建模与绘制

基于物理模型的绘制是 20 世纪 90 年代后期发展起来的一种动态景观绘制技术。尽管该技术比传统绘制技术的计算复杂度要高得多,但它能逼真地模拟各种自然物理现象。著名绘制软件 Softimage 在基于动力学的绘制功能方面已相当成熟,能处理包括重力、风、碰撞检测等在内的复杂动力学模型。

传统绘制技术要求预先描述物体在某一时刻的瞬时位置、方向和形状,因而,欲模拟一段逼真、自然的运动,需要绘制者细致、耐心地调整景物在各个瞬间的运动姿态和相关参数,一般来说难以生成令人满意的动态效果。基于物理模型的绘制技术则考虑了物体在真实世界中的属性,如质量、转动惯矩、弹性、摩擦力等,并基于动力学原理自动生成物体的运动。当场景中的物体受到外力作用时,可采用牛顿力学中的标准动力学方程来确定景物在各个时刻的位置、方向及其形状。因此绘制者不必关心物体运动过程的细节,只需确定物体运动所需的一些物理属性及约束关系,如质量、外力等。

当然,大多数自然景物并非刚体,其运动也不同于普通的刚体运动。1986年,Weil(Weil,1986)首次讨论了基于物理模型的柔性物体的变形问题,当时仅仅是用来模拟布料悬挂在钉子上的形态。后来,许多研究者相继采用物理模型对自然景物进行运动变形模拟。Tu 和 Terzopoulos(Tu and Terzopoulos,1994)提出了一种模拟鱼的行为的动画,可在动画师较少参与的情况下生成真实的个体和群体运动。Terzopoulos 等(Terzopoulos *et al*.,1987)采用连续弹性理论来模拟物体的形变和运动。通过考虑物体的分布式物理属性,如质量、弹性等,他们成功模拟了柔性物体对外力的动力学响应。尽管该模型对大变形物体具有很好的效果,但当物体的刚性较强时,该模型会出现数值不稳定(病态)的现象。该技术后来有了进一步发展,物体的变形被分解为参考分量和平移分量。参考分量用来表示物体的任一形状,而平移分量则控制物体的形变量,且完全由一线性弹性变形模型所控制。Terzopoulos 等(Terzopoulos *et al*.,1988)的另一个研究成果进一步完善了其变形模型,使之能够模拟各种变形效果,包括完全弹性变形、非完全弹性变形、塑性变形、断裂等。采用 Lagrangian 方程和热方程,Terzopoulos 等(Terzopoulos *et al*.,1989)还模拟了变形物体的融化过程。

在模拟户外云、雾、霭、彩虹、晕轮等自然现象时,需要考虑光线与大气的交互作用规律,即基于大气传输模型进行绘制。早期模拟大气现象并未考虑光线传输的物理机制,因此绘制效果欠佳。1986 年,Nishita 和 Nakamae(Nishita and Nakamae,1986)采用一种天空光照函数的经验公式来计算多云和晴朗天气下的天空光照。其后,Nishita 等逐步发展了更加精确的大气光学物理模型,先后于 1987 年提出了考虑光照强度分布的大气单次散射模型(Nishita *et al.*,1987)、1993 年提出了针对不同大小的粒子的 Rayleigh 和 Mie 散射模型(Nishita *et al.*,1993)、1996 年提出了考虑多次散射(二次散射)情况的天空光模型(Nishita *et al.*,1996a)。这些模型对光线在大气中的散射进行了比较精细的模拟,可表现天空的蓝色及彩霞的颜色(见图 1-11)。针对悬浮在空气中的较大的介质粒子,1989 年,Musgrave(Musgrave,1989)提出了一个后向散射模型来模拟两层彩虹;1991 年,Inakage(Inakage,1991)探讨了包括彩虹等大粒子色散问题在内的各种大气成分粒子和光的交互过程;1997 年,Jackel 和 Walter(Jackel and Walter,1997)详细分析了大气中各种成分对光传输的影响,并对 Mie 散射进行了较准确的模拟。2004 年,吴春明等(吴春明等,2004)提出了一个扩展的路径跟踪算法来处理大气介质的散射,对大气退化现象进行了模拟。2003 年,Narasimhan 和 Nayar(Narasimhan and Nayar,2003)基于光线在大气中的传输衰减机制,模拟了不同雨量下的雨雾效果。2005 年,Sun 等(Sun *et al.*,2005)提出了一个大气散射的实用解析模型,模拟了大气中的雾化现象,与采用 OpenGL 直接绘制的雾相比,效果明显改进;在绘制云时,模拟其中的光线传播效果可以使云更逼真。Dobashi 等(Dobashi *et al.*,2000)采用元胞自动机模拟了云的形态,并采用分层球壳计算了光线在云中的传播及地面上的云影效

图 1-11　大气参与介质的模拟(Yue,2010)(经 ACM 授权使用)

果；Harris and Lastra(Harris and Lastra,2001)采用动态 Billboard 叠加的方法模拟不同光线条件下的云。另外,Hong 和 Baranoski(Hong and Baranoski,2003)采用冰晶的理论解释了晕轮的形成,并采用蒙特卡罗算法绘制了太阳等周围的晕轮。Baranoski 等(Baranoski et al.,2000)基于电子碰撞的极光产生原理,绘制出逼真的极光。Dobashi 等(Dobashi et al.,2001)采用链线模型模拟了下雨时的闪电。

但是,由于自然场景的物理模型比较复杂,这类基于物理模型的方法绘制速度较慢。在游戏、动画中,绘制户外场景需要快速而低耗的算法,因此需要对现有模型进行合理的简化,以便加快绘制速度。另一方面,影视特效强调的是完美的真实感效果,在模拟自然场景的交互作用时,需要引入更精确的物理模型,以准确模拟不同环境下自然场景的动态变化过程,绘制出更逼真的画面。

1.3.2 大规模自然场景的快速模拟

由于模拟大规模自然场景的计算量较大,所以基于图像的建模技术等轻量化建模方法应运而生,继而场景层次细节(LOD)建模和 GPU 加速技术也逐渐用于大规模自然场景的快速模拟。

1.3.2.1 基于图像的绘制技术

由于自然界景物极为复杂,计算机生成的图形与真实景物所展现的复杂几何细节和细微的光照效果相比仍有巨大的差距。如果能从真实图片中直接提取景物的几何细节和材质属性,并以此为基础进行绘制,就可以避开细节建模而获得逼真度更高的图形,这也是生成照片真实感的一种最自然的方式。采用基于图像的建模和绘制(IBMR)技术,可使建模变得更快、更方便,从而获得很高的绘制速度和高度的真实感。

应用图像来加速景物的建模和绘制,可追溯至早期的纹理映射工作。1996年,Debevec(Debevec,1996)利用几张同一建筑物的照片,对该建筑物进行建模和绘制。该方法同时采用基于几何和基于图像两种建模方法,包括利用摄影测量学原理提取照片中建筑物的基本几何模型,利用基于模型的立体视图方法提取建筑立面的细节,利用视点无关的纹理映射方法绘制建筑的多方向视图。该方法较其他基于几何或基于图像的建模和绘制方法更方便、更精确,可生成更具真实感的景物图像。

基于图像的绘制本质上是一种应用全视函数(plenoptic function)的绘制技术。全视函数 P 是取空间任意一点(V_x,V_y,V_z)为视点,沿任意视线方向(θ,φ),在任一时刻(t),对所看到的场景中位于某一波长范围(λ)的可见光线的描述。

我们通常所拍的照片可以看作全视函数的一个样本。对于静止对象,在固定照明条件下,可忽略参数 t 和 λ,则全视函数 P 为一个五维(5D)函数。如果已知某一对象的全视函数 P,则只要给出某一视点 (V_x, V_y, V_z) 和某一视角 (θ, φ),将它们代入 P,就可以得到一个视图。基于全视函数的图像绘制问题可定义为:已知某全视函数的一组离散样本,求该全视函数的连续表示,即根据某全视函数的一组样本值重构该全视函数。

1.3.2.2 层次细节技术(LOD)

1976 年,Clark(Clark,1976)指出同一景物可采用不同细节层次(levels of detail,LOD)模型描述。当物体在屏幕上的投影区域较小时,可使用该物体的较低层次细节模型进行绘制,而不致引起视觉上的差异。这种基于场景 LOD 表示的可见面算法,在不影响画面视觉效果的条件下,通过逐次简化景物的表面细节来降低场景的几何复杂性,从而提高了绘制效率。该技术通常对每一原始多面体模型建立几个不同逼近精度的几何模型,每个模型保留原模型一定层次的细节。

恰当地选择细节层次模型能在不损失图形细节的条件下加速场景显示。选择的方法可以分为如下几类:一类是与视点无关的选择方法,如基于简化模型的几何误差绘制细节;另一类是根据当前的视点位置,去掉那些人类视觉觉察不到的细节,如判定该细节在屏幕上投影区域的大小、驻留的时间等。此外,还有一类方法考虑的是所选用的简化模型应能确保场景恒定的显示帧率。

LOD 模型的实现方式包括下面三种:① 光照模型。这种方法利用光照技术表现物体的不同细节层次。例如,可以用较少的多边形和改进的光照算法得到与采用较多多边形表示相似的效果。② 纹理映射。该方法采用纹理来表示不同的细节层次,即从某特定的视点和距离观察某一区域得到一幅图像。具有精细几何细节的区域均可用一个含纹理的多边形来代替。③ 多边形简化,即对由很多多边形构成的精细模型进行简化,在保持其重要视觉特征的前提下,生成一个跟原模型相似但包含较少数目的多边形的简化模型。大多数的细节层次简化算法都属于此类。

从生成方式看,LOD 模型又可分为:① 静态 LOD。在预处理过程中构建物体一系列具有不同层次细节的模型。实时绘制时根据特定的需求选择合适的细节层次模型。② 动态 LOD。由动态 LOD 算法生成一个数据结构,在实时绘制时可以从这个数据结构中抽取出所需的细节层次模型,其细节分辨率甚至可以连续变化。

1.3.2.3　GPU 加速绘制技术

20 世纪六七十年代,受硬件条件的限制,图形显示器只是供计算机输出的装置。20 世纪 80 年代初期,出现几何引擎(geometry engine,GE)为标志的图形处理器。GE 芯片的出现使得计算机图形学的发展进入了由图形处理器引导其发展的年代。GE 的核心是四位向量的浮点运算。它可由一个寄存器定制码定制出不同功能,分别用于图形渲染流水线中,实现矩阵、裁剪、投影等运算。12 个这样的 GE 单元可以完整地实现三维图形流水线的功能。到了 20 世纪八九十年代,GE 及其图形处理器功能不断增强和完善,这使图形处理功能逐渐从 CPU 向 GPU 转移。现代图形处理的流水线主要功能分为顺序处理的两个部分:第一部分对图元实施几何变化以及对图元属性进行处理(含部分光照计算);第二部分则是扫描转换光栅化以后完成一系列的图形绘制处理,包含各种光照效果和合成、纹理映射、遮挡处理、反混淆处理等。此后 GPU 进入高速发展时期,平均每隔 6 个月就出现性能翻番的新的 GPU。同时,对图形处理器计算能力的需求不断增长,出现了可编程的图形处理器,以 NVIDIA 和 ATI 为代表的 GPU 技术正顺应了这种趋势。

而到目前为止,GPU 已经发展了 11 代,每一代都拥有比前一代更强的性能和更完善的可编程架构。

第一代 GPU(到 1998 年为止)包括 NVIDIA 的 TNT2、ATI 的 Rage 和 3dfx 的 Voodoo3。这些 GPU 拥有硬件三角形处理引擎,能处理具有 1 个或 2 个纹理的像素,能够大大地提高 CPU 处理 3D 图形的速度。但这一代图形硬件没有硬件 T&L 引擎,更多只是起到 3D 加速的作用,而且没有被冠以"GPU"的名字。

第二代 GPU(1999—2000)包括 NVIDIA 的 Geforce256 和 Geforce2、ATI 的 Radeon7500、S3 的 Savage3D。它们将 T&L 功能从 CPU 分离出来,实现了高速的顶点变换。相应的图形 API 如 OpenGL 和 DirectX7 都开始支持硬件顶点变换功能。这一代 GPU 的可配置性得到了加强,但不具备真正的可编程能力。

第三代 GPU(2001)包括 NVIDIA 的 Geforce3 和 Geforce4 Ti、微软的 Xbox 及 ATI 的 Radeon8500。这一代 GPU 首次引入了可编程性,即顶点级数据的可操作性,允许应用程序调用一组自定义指令序列来处理顶点数据,并可以将图形硬件的流水线作为流处理器来解释。也正是这个时候,基于 GPU 的通用计算开始出现。但是片段操作阶段仍然不具备可编程架构,只提供了更多的配置选项。开发人员可以利用 DirectX8 以及 OpenGL 扩展(ARB-vertex-program,NV-textureshader 和 NV-register-combiner)来开发简单的顶点及片段着色程序。

第四代 GPU(2003)包括 NVIDIA 的 GeforceFX(具有 CineFX 架构)、ATI 的 Radeon9700。相比上一代 GPU,它们的像素级和顶点级操作的可编程性得到了大大的扩展,可以包含上千条指令,访问纹理的方式更为灵活,可以用作索引查找;最重要的是具备了对浮点格式的纹理的支持,不再限制在[0,1]范围内,从而可以作任意数组使用,这对于通用计算而言是一个重要突破。DirectX9 和各种 OpenGL 扩展(ARB-vertex-program、ARB-fragment-program、NV-vertex-program2、NV-fragment-program)可以帮助开发人员利用这种特性来完成原本只能在 GPU 上进行的复杂顶点像素操作。Cg(C for Graphics)语言等其他高级语言在这一代 GPU 上开始得到应用。

第五代 GPU(2004)主要以 NVIDIA GeForce 6800 为代表。NVIDIA GeForce 6800 集成了 22200 万晶体管,具有超标量的 16 条管线架构,功能相对以前更加丰富、灵活。顶点程序可以直接访问纹理,支持动态分支;像素着色器开始支持分支操作,包括循环和子函数调用,TMU 支持 64 位浮点纹理的过滤和混合,ROP(像素输出单元)支持 MRT(多目标渲染)等。

第六代 GPU(2006)主要以 NVIDIA GeForce 7800 为代表。GPU 内建的 CineFX 4.0 引擎,作了许多架构上的改良,提高了许多常见可视化运算作业的速度,借此支持更复杂的着色效果,且仍能维持很高的影像质量。新方案在每个管线层面运用了如下创新技术:

(1)重新设计的顶点着色单元,缩短几何坐标处理的设定与执行流程;

(2)新开发的像素着色单元提供高出 2 倍的浮点运算效率,大幅度提升其他数学运算的速度,提高处理流量;

(3)先进的材质运算单元结合许多新型硬件算法以及更优异的快取机制,加快过滤与混色等运算作业。

NVIDIA CineFX 4.0 引擎将许多突破性绘图技术融入顶点着色器、像素着色器以及材质引擎的核心,借此加快三角形模型元素设定、像素着色器的关键数学元素以及材质处理等方面的作业。最新引擎使得 3D 渲染达到了更上一层楼的效能与视觉质量。

2007 年初 NVIDIA 发布的 GeForce 8800 引领了下一代 GPU 的疾速风暴。G80 核心拥有空前规模的 6.81 亿晶体管,是 G71 的 2.5 倍,而且依然采用90nm 工艺制造,再加上高频率的 12 颗显存,使 8800GTX 拥有了超强的性能。

图 1-12 就是 NVIDIA 为 GeForce 8800 所设计的三大演示 Demo 之一的

Water World,它必须在 Vista 系统 DX10 模式下才能运行。这个 Demo 主要展示了 G80 完美的纹理渲染效果。岩石表面采用了多种变幻的高精度纹理贴图,这些贴图还可以被流水润湿,即便是将镜头放大 n 倍,层次感强烈的贴图也不会出现失真的情况。这个 Demo 结合了 G80 强大的纹理渲染能力以及高效的各向异性过滤技术。

图 1-12　GPU 绘制的真实感效果

图 1-13 为 GPU 绘制流水线,其中包括两大部分:Vertex Shader 和 Pixel Shader,分别在顶点级别和像素级别进行加速。

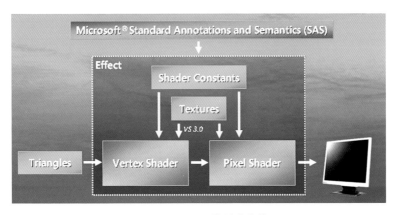

图 1-13　GPU 绘制流水线

采用 GPU 技术的主要优势体现为下列三点:① 不需要在 CPU 与 GPU 之间进行数据交换,可以提高速度 10 倍以上;② 利用 SIMD 的并行处理,多管道流处理器,同时图形卡内部的内存位宽达 75GB;③ 在顶点级和像素级提供了灵活的可编程特性,可以生成若干景观特效。

目前 GPU 的编程语言主要包括 Cg、OpenGL Shader language、D3D HLSL、FX、CUDA 等。

1.3.3　3D 绘制软件包介绍

随着真实感图形技术的发展,各种图形绘制软件工具和系统相继被开发,它们为自然景观的绘制提供了必要的平台支持。目前的 3D 绘制主要有两种方式:一种是利用 Visuall C++调用底层图形 API 绘制,另一种是直接调用一些高级图形开发库。

1.3.3.1　底层渲染 3D API

尽管有 NVIDIA 的 GL、SGI 的 OpenGL Shading Language 等专门的图形语言出现,但是对普通程序员而言,OpenGL 和 Direct3D 仍然是最底层渲染 API,大部分 3D 应用是在它们的基础上开发的。

1. OpenGL

OpenGL 是早先在 SGI 等多家计算机公司的倡导下,以 SGI 的 GL 三维图形库为基础制定的通用共享的开放式三维图形标准,其当前版本为 2.0,性能卓越。许多软件厂商也纷纷以 OpenGL 为基础开发出自己的产品,其中比较著名的产品包括动画制作软件 Soft Image 和 3D Studio MAX、仿真软件 Open Inventor、VR 软件 World Tool Kit、CAM 软件 ProEngineer、GIS 软件 ARC/INFO 等,涉及建筑、产品设计、医学、地球科学、计算流体力学等领域。OpenGL 作为一个开放的三维图形软件包,独立于窗口系统和操作系统,以它为基础所开发的应用程序可以十分方便地在各种平台间移植,并有使用简便、效率高的优点。OpenGL 在微机中也得到了广泛的应用。

2. Direct3D (DirectX Graphics)

Direct3D 是 Microsoft DirectX 9.0 的一个组件,主要用于游戏开发,但是由于 Microsoft 的巨大投入,目前已经成为足以与 OpenGL 相抗衡的 3D 标准。DirectX 9.0 基于 COM (Component Object Model)技术,由 DirectX Graphics、DirectInput、DirectPlay、DirectSound、DirectMusic、DirectShow、DirectX Media 等组件组成,可以实现 2D 和 3D 的图形编程接口,同时还提供了对输入输出设备、音频、视频等的支持。

如果直接用 OpenGL 或 Direct3D 来开发 3D 应用,开发效率低,对开发人员素质要求高,经验欠丰富者很难开发出像样的 3D 产品,为此人们作了很多努力,1998 年以后已有很多商业的或免费的图形工具包可供使用。因此,在掌握 OpenGL 和 Direct3D 基本使用方法后,再去学习使用这些高层的工具包,就可以使 3D 开发人员一开始就站在高手们的肩膀上,迅速进入 3D 开发这个陌生的领域。

1.3.3.2　高级 3D 开发库介绍

目前,国内外已经有很多款 3D 开发库。下面介绍几种最常用的 3D 开发库。

1. GLUT—OpenGL Utility Toolkit

GLUT 是一个与操作系统无关的 OpenGL 程序工具库,它实现了可移植的 OpenGL 窗口编程接口,支持 C/C++、FORTRAN、ADA。工具包当前版本号为 3.7,支持 OpenGL 多窗口渲染、回调事件处理、复杂的输入设备控制、计时器、层叠菜单、常见物体绘制函数、各种窗口管理函数等。GLUT 不是一个全功能的开发包,并不适合大型应用的开发,它只为中小型应用而设计,特别适合初学者学习和应用 OpenGL,初学者由此入门相对容易。

2. SGI OpenGL Performer

SGI 公司是业界的领导厂商之一,在实时可视化仿真或其他对显示性能要求高的专业 3D 图形应用领域里,OpenGL Performer 为创建此类应用提供了强大而容易理解的编程接口。Performer 可以大幅度减轻 3D 开发人员的编程工作,并可以容易地提高 3D 应用程序的性能。它的软件模块对数据的组织和显示作了广泛的优化。

OpenGL Performer 是 SGI 可视化仿真系统的一部分。它提供了访问 Onyx4 UltimateVision、SGI Octane、SGI VPro 图形子系统等 SGI 视景显示高级特性的接口。Performer 和 SGI 图形硬件一起提供了一套强大、灵活、可扩展的专业图形生成系统。Performer 已经被移植到多种图形平台,在使用过程中,用户不需要考虑各种平台的硬件差异。

OpenGL Performer 并不是专门为某一种视景仿真而设计,通用性非常好,API 功能强大,所提供的 C 和 C++接口相当复杂。除了可以满足各种视景显示需要,它还提供了美观的 GUI 开发支持。

3. Quamtum3D OpenGVS

OpenGVS 是 Quantum3D 公司早期的成功产品,用于场景图形视景仿真的实时开发,易用性和重用性较好,有良好的模块性、巨大的编程灵活性和可移植性。OpenGVS 提供了各种软件资源,利用资源自身提供的 API,可以很好地以接近自然和面向对象的方式组织视景诸元并进行编程,模拟视景仿真的各个要素。目前,OpenGVS 的最新版本为 4.6,支持 Windows 和 Linux 等操作系统。

4. Quamtum3D Mantis

Mantis 系统是 Quamtum3D 推出的一整套视景仿真解决方案。Mantis 合并了 CG2 公司的 VTree 开发包和可扩展图形生成器架构,从而创造了强大的、可伸缩的、可配置的图形生成器。其重要特征包括:① 跨平台。Mantis 可以在包括 Win32 和 Linux 等多种操作系统上运行。② 公共接口。Mantis 支持分布式交互仿真(DIS),也支持更现代的公共图形生成接口(CIGI)。③ Mantis 支持许多高级特性,包括同步的多通道,各种特效如仪表、天气、灯光、地形碰撞检测等。④ 可伸缩性。多线程可视化仿真应用可能有多种多样的显示需求,Mantis 可以根据需要进行器件的裁减。⑤ 灵活性和可配置性。Mantis 作为一个开放的系统硬件平台,可以利用最新的硬件和图形卡,而基于客户端/服务器端的架构,又可以使 Mantis 的配置通过网络在客户端上进行,可配置功能极为丰富。⑥ 可扩展性。不像传统的硬件图形生成器,Mantis 系统的扩展和修改并不昂贵,软件模块可以通过插件的形式增强其功能;Mantis 支持地形数据库,支持场景管理。

5. MultiGen-Paradigm Vega

Vega 是 MultiGen-Paradigm 公司应用于实时视景仿真、声音仿真、虚拟现实等领域的世界领先的软件环境。使用 Vega 可以迅速地创建各种实时交互的三维环境,以满足各行各业的需求。它还拥有一些特定的功能模块,可以满足特定的仿真要求,例如船舶、红外、雷达、照明系统、人体、大面积地理信息和分布式交互仿真,等等。附带的 Lynx 程序,是一个用来组织管理 Vega 场景的 GUI 工具。

此外,MultiGen Creator 系列产品是功能极为强大的实时三维数据库生成系统,它可以用来对战场仿真、娱乐、城市仿真、计算可视化等领域的视景数据库进行创建、编辑和查看。其功能由包括自动化的大型地形和三维人文景观产生器、道路产生器等强有力的集成选项来支撑。

6. OpenSceneGraph(OSG)

OSG 是一个可移植的、高层图形工具箱,为战斗机仿真、游戏、虚拟现实或科学可视化等高性能图形应用而设计。它提供了基于 OpenGL 的面向对象的框架,使开发者不需要实现、优化低层次图形功能,并提供了许多附加的功能模块来加速图形应用开发。

OSG 通过动态加载插件的技术,广泛支持目前流行的 2D、3D 数据格式,还可通过 freetype 插件支持一整套高品质、反走样字体(英文)。OSG 内含 LADBM 模块,加载大地形速度较快,帧速率高,在运行过程中占用计算机资源少。另外,OSG 是自由软件,公开源码,完全免费。用户可自由修改,进一步完善功能。目前已经有很多成功的基于 OSG 的 3D 应用,效果不亚于商业视景渲染软件。如果要自主开发视景渲染软件,OSG 是最佳的基础架构选择。

7. CG2 VTree

CG2 VTree 是一个面向对象、基于便携平台的图像开发软件包(SDK)。VTree SDK 包括大量的 C++类和压缩抽象 OpenGL 图形库、数组类型及操作的方法。CG2 设计并优化了代码,可在同一硬件上得到更快的实时显示速度。Vtree 能用于多平台的三维可视化应用,既可用在高端的 SGI 工作站上,又可用在普通的 PC 上。VTree 包含一系列的配套 C++类库,适用于开发高品质、高效的 VTree 应用。VTree 提供的扩展功能成功地兼容并融合了复杂的 OpenGL-API 接口。

Vtree 显示效率非常高,针对仿真视景显示中可能用到的技术和效果,如仪表、平显、雷达显示、红外显示、雨雪天气、多视口、大地形数据库管理、3D 声音、游戏杆、数据手套等,均有相应的支持模块。

1.4 自然景观模拟的应用

自然景物的绘制在计算机动画、电脑游戏、影视特技、军事仿真、建筑景观设计、虚拟现实等领域都有非常广泛的应用。在虚拟现实中,自然景物是不可或缺的场景组成内容。在飞行训练和战场仿真中,逼真地重构和仿真环境中各种静态和动态景观,包括云雾、水流、海面、波浪、花草、地形、树木及各种飞机、舰船、车辆的运动和交战情况,以及烟尘、火光和综合音响效果(见图1-14),可以使飞行员或训练人员产生很强的沉浸感,增强仿真训练效果(石教英,2002)。

图 1-14 船舶航行虚拟仿真

　　自然景观真实感模拟的另一重要应用领域是电子游戏。游戏的大众化使人们对屏幕显示画面的真实感要求越来越高。由于现在流行的电脑游戏的场景大多在户外，因此绘制逼真的户外场景显得至关重要（见图1-15），没有真实感的周围背景，游戏软件显然难以赢得太多的玩家。

图1-15　电脑游戏特效

　　在电影和电视广告中，某些特定的效果会涉及危险场面、破坏性场面和需要动物配合的场面，这些场景若进行实景拍摄不仅会提高电影的制作成本，而且还可能对人员造成伤害。另外，有些景观可能是在现实世界中无法见到的，比如科幻片或者灾难片中的部分场景。采用计算机生成高度真实感的虚拟自然场景，上述难题即可迎刃而解。目前，各类自然景观的特效制作已经成为影视制作不可或缺的方式，如电影中《阿凡达》的特效（见图1-16），相关的应用也包括4D影院等。

图1-16　影视特效

在建筑景观设计中,往往要花费很大的精力绘制效果图,如在设计的建筑物周边添加树木花草。目前主要采用纹理映射技术合成静态平面效果图(见图1-17)。若采用自然景物三维绘制技术,则不仅可以生成变化光照、不同视点情况下的效果图,而且可以实现含背景的建筑物的虚拟漫游。这样,建筑师和用户在建筑物处于设计阶段时就可以直观地了解建成后的整体景观及采光效果等。

(a)

(b)

图 1-17 建筑景观设计仿真。(a) 古建筑虚拟仿真;(b) 现代建筑模拟

1.5 小 结

自然景观的真实感模拟是近年来计算机图形学研究的热点和难点之一。本章首先介绍了自然景物模拟的意义、自然景物建模的基本方法,然后介绍了大规

模自然场景模拟所涉及的一些关键技术,包括基于物理的绘制技术、场景的层次细节表示、基于图像的绘制技术、GPU 加速技术等,并讨论了自然景观模拟的发展趋势,最后列举了自然景观模拟的一些热点应用领域。

【参考文献】

[1] Agarwala A,Zheng C,Pal C,Agrawala M,Cohen M,Curless B,Salesin D, Szeliski R. 2005. Panoramic video textures[C]// ACM Transactions on Graphics (Proceedings of SIGGRAPH' 2005).

[2] Bakay B, Lalonde P, Heidrich W. Real time animated grass[C] // 2002. Proceedings of Eurographics' 2002. Saarbrucken, Germany:The Eurographics Association:52-60.

[3] Baranoski G,Rokne J,Shirley P,Trondsen T,Bastos R. 2000. Simulating the aurora borealis[R]. Technical Report,Department of Computer Science,The University of Calgary.

[4] Barnsley M F. 1988. Fractals Everywhere[M]. Boston:Academic Press.

[5] Berger M, Trout T, Levit N. 1990. Raytracing mirages [J]. IEEE Computer Graphics and Applications,10(3):36-41.

[6] Bhat K S, Seitz S M, Hodgins J K, Khosla P K. 2004. Flow-based video synthesis and editing[J]. ACM Transactions on Graphics,23(3):360-363.

[7] Bloomenthal J. 1985. Modeling the mighty maple[J]. Computer Graphics (Proceedings of SIGGRAPH' 1985),19(3):305-311.

[8] Chiba N, Muraoka K, Takahashi H,Miura M. 1994. Two dimensional visual simulation of flames, smoke and the spread of fire[J]. The Journal of Visualization and Cmputer Animation,5(1):37-53.

[9] Clark J H. 1976. Hierarchical geometric models for visible surface algorithms[J]. Communications of the ACM,19(10):547-554.

[10] Congdon C B, Mazza R H. 2003. GenTree:An interactive genetic algorithms system for designing 3D polygonal tree models[J]. Lecture Notes in Computer Science,2724:2034-2045.

[11] Debevec P. 1996. Modeling and rendering architecture from photographs:A hybrid geometry-based and image-based approach [C] // SIGGRAPH' 1996:273-279.

[12] Deussen O, Colditz C, Stamminger M, Drettakis G. 2002. Interactive

visualization of complex plant ecosystems［C］// Proceedings of IEEE Visualization 2002，IEEE Computer Society，Boston，MA，USA：120 – 128.

[13] Deussen O，Hanrahan P，Lintermann B，Mech R，Pharr M，Prusinkiewicz P. 1998. Realistic modeling and rendering of plant ecosystems［C］// Proceedings of SIGGRAPH' 1998，Orlando. Florida：ACM Press：275 – 286.

[14] Dobashi Y，Nishita T，Yamashita H，Okita T. 1999. Using metaballs to modeling and animate clouds from setellite images［J］. The Visual Computer，15(9)：471 – 482.

[15] Dobashi Y，Kaneda K，Yamashita H，Okita T，Nishita T. 2000. A simple，efficient method for realistic animation of clouds［C］// Proceedings of SIGGRAPH' 2000，7：18 – 28.

[16] Dobashi Y，Yamamoto T，Nishita T. 2001. Efficient rendering of lightning taking into account scattering effects due to clouds and atmospheric particles ［C］// Proceedings of Pacific Graphics' 2001：390 – 399.

[17] Doretto G，Soatto S. 2003. Editable dynamic textures［C］// Proceedings of the 2003 IEEE Computer Society Conference on Computer Vision and Pattern Recognition (CVPR' 2003)，2(2)：137 – 142.

[18] Forcade T. 1992. Engineering visualization ［J］. Computer Graphics World，15(11)：37 – 45.

[19] Fourier A，Fussell D，Carpenter L. 1982. Computer rendering of stochastic models［J］. Communications of the ACM，25(6)：581 – 583.

[20] Frish U，Hasslacher B，Pomeau Y. 1986. Lattice-gas automata for the Navier-Stokes equation［J］. Physical Review Letters，56(14)：1505 – 1508.

[21] Gardner G Y. 1985. Visual simulation of clouds［J］. Computer Graphics，19(3)：297 – 304.

[22] Godin C，Caraglio Y. 1998. A multiscale model of plant topological structures［J］. Journal of Theoretical Biology，191(1)：1 – 46.

[23] Harris M，Lastra A. 2001. Real-time cloud rendering［J］. Computer Graphics Forum (Eurographics' 2001)，20(3)：76 – 84.

[24] Honda H. 1971. Description of the form of trees by the parameters of the tree-like body：Effects of the branching angle and the branch length on the shape of the tree-like body［J］. Journal of Theoretical Biology，31：

331 – 338.

[25] Hong S M，Baranoski G. 2003. A study on atmospheric halo visualization technical report[R]. CS – 2003 – 26.

[26] Hutchinson J. 1981. Fractals and self-similarity[J]. Indiana University Journal of Mathematics，30(5)：713 – 747.

[27] Ijiri T，Okabe M，Owada S，Igarashi T. 2005. Floral diagrams and inflorescences：Interactive flower modeling using botanical structural constraints [J]. ACM Transactions on Computer Graphics，24(3)：720 – 726.

[28] Inakage M. 1991. Volume tracing of atmospheric environments[J]. The Visual Computer，7(2 – 3)：104 – 113.

[29] Jackel D，Walter B. 1997. Modeling and rendering of the atmosphere using Mie-scattering[J]. Computer Graphics Forum，16(4)：201 – 210.

[30] Kajiya J T，Kay T L. 1989. Rendering fur with three dimensional textures[J]. ACM SIGGRAPH Computer Graphics，23(3)：271 – 280.

[31] Kwatra V，Schödl A，Essa I，Turk G，Bobick A. 2003. Graphcut textures：Image and video synthesis using graph cuts [J]. ACM Transactions on Graphics (SIGGRAPH' 2003)，22(3)：277 – 286.

[32] Lindenmayer A. 1968. Mathematical models for cellular interactions in development，Parts Ⅰ and Ⅱ [J]. Journal of Theoretical Biology，18：280 – 315.

[33] Mandelbrot B B. 1977. Fractals：Form，Chance andDimension[M]. San Francisco：Freeman.

[34] Marcelo W，Fournier A. 1998. Clonal mosaic model for the synthesis of mammalian coat patterns [C] // Proceedings of Graphics Interface，Vancouver，BC，Canada，82 – 91.

[35] Mech R，Prusinkiewicz P. 1996. Visual models of plants interacting with their environment[J]. Proceedings of SIGGRAH' 1996，30(4)：397 – 410.

[36] Musgrave F K. 1989. Prisms and rainbows：A dispersion model for computer graphics[C] // Proceedings of Graphics Interface' 1989：227 – 234.

[37] Musgrave F K，Mandelbrot B B. 1991. The art of fractal landscapes[J]. IBM Journal of Research and Development，35(4)：535 – 536.

[38] Narasimhan S G，Nayar S K. 2003. Interactive (De) weathering of an

image using physical models[C] // Proceedings of ICCV Workshop on Color and Photometric Methods in Computer Vision (CPMCV): 1 - 8.

[39] Neumann J V. 1967. Theory of Self-Reproducting Automata[M]. Urbana, Illinois: University of Illinois Press.

[40] Neyret F. 1995. A general and multiscale model for volumetric textures [C] // Proceedings of Graphics Interface, 83 - 91.

[41] Neyret F, Cani M P. 1999. Pattern-based texturing revisited[C] // Proceedings of ACM SIGGRAPH' 1999. Los Angeles: ACM Press: 235 - 242.

[42] Nishita T, Nakamae E. 1986. Continuous tone representation of three-dimensional objects illuminated by sky light[J]. Computer Graphics, 20 (3): 125 - 132.

[43] Nishita T, Miyawaki Y, Nakamae E. 1987. A shading model for atmospheric scattering considering luminous intensity distribution of light sources[J]. Computer Graphics (ACM SIGGRAPH' 1987), 21(4): 303 - 310.

[44] Nishita T, Takao S, Tadamura K, Nakamae E. 1993. Display of the earth taking into account atmospheric scattering[J]. Computer Graphics (ACM SIGRAPH' 1993), 27(4): 175 - 182.

[45] Nishita T, Dobashi Y, Nakamae E. 1996a. Display of clouds taking into account multiple anisotropic scattering and sky[J]. Computer Graphics (ACM SIGGRAPH' 1996), 30(4): 379 - 386.

[46] Nishita T, Dobashi Y, Kaneda K, Yamashita H. 1996b. Display method of the sky color taking into account multiple scattering[C] // Pacific Graphics' 1996: 66 - 79.

[47] Nishita T, Iwasaki H, Dobashi Y, Nakamae E. 1997. A modeling and rendering method for snow by using metaballs[J]. Computer Graphics Forum, 16(3): 357 - 364.

[48] Oppenheimer D G. 1998. Genetics of plant cell shape[J]. Current Opinion in Plant Biology, 1: 520 - 524.

[49] Pakeshi A, Yuzo K, Nakajima M. 1991. Generating 2Dimensional flame images in computer graphics[J]. IEICE Transactions, 74 (2): 457 - 462.

[50] Peackey D R. 1985. Solid texturing of complex surfaces[J]. Computer Graphics, 19(3): 279 - 286.

［51］Peitgen H O，Jurgens H，Saupe D. 2004. Chaos and fractals：New frontiers of Science［M］. 2nd Edition. New York：Springer-Verlag Press.

［52］Perlin K. 1985. An image synthesizer［J］. Computer Graphics，19（3）：287 – 296.

［53］Perlin K. 1989. Hypertexture［J］. Computer Graphics，23（3）：253 – 262.

［54］Perry C H，Picard R W. 1994. Synthesizing flames and their spread［C］// SIGGRAPH' 1994 Technical Sketches Notes.

［55］Prusinkiewicz P. 1998. Modeling of spatial structure and development of planta review［J］. Scientia Horticulturae，74：113 – 149.

［56］Prusinkiewicz P，Hanan J. 1990. Lindenmayer Systems，Fractals，and Plants［M］. New York：Springer-Verlag.

［57］Prusinkiewicz P，Hammel M，Mjolsness E. 1993. Animation of plant development［J］. Computer Graphics，27（3）：351 – 360.

［58］Reche A，Martin I，Drettakis G. 2004. Volumetric reconstruction and interactive rendering of trees from photographs［J］. ACM Transactions on Graphics (SIGGRAPH Conference Proceedings)，23（3）：720 – 727.

［59］Reed T，Wyvi B. 1994. Visual simulation of lightning［C］// Computer Graphics (SIGGRAPH'1994). New York：ACM Press，359 – 364.

［60］Reffye D P，Houllier F. 1997. Modelling plant growth and architecture：Some recent advances and applications to agronomy and forestry［J］. Current Science，73（11）：984 – 992.

［61］Revees W T. 1983. Particle systems—a technique for modeling a class of fuzzy objects［J］. ACM Computer Graphics (SIGGRAPH' 1983)，17（3）：359 – 376.

［62］Reeves W T，Blau R. 1985. Approximate and probabilistic algorithms for shading and rendering structured particle systems ［J］. Computer Graphics，19（3）：313 – 322.

［63］Rosenberg J. 2004. Landscape Tutorial for Mojoworld 3. 0［P］. Pandromeda Inc.

［64］Schodl A，Szeliski R，Salesin D H，Essa I. 2000. Video textures［C］// Proceedings of SIGGRAPH' 2000，489 – 498.

［65］Sims K. 1990. Particle animation and rendering using data parallel

computation[J]. Computer Graphics (SIGGRAPH' 1990 Proceedings),
24(4): 405 – 413.

[66] Soatto S, Doretto G, Ying N W. 2003. Dynamic textures [J].
International Journal of Computer Vision, 51(2): 91 – 109.

[67] SpeedTree[P/OL]. 2005. Interactive Data Visualization Inc. http://
www. speedtree. com/.

[68] Stachniak S, Stuerzlinger W. 2005. An algorithm for automated fractal
terrain deformation[J]. Proceedings of Computer Graphics and Artificial
Intelligence,1: 64 – 76.

[69] Stam J, Fiume E. 1993. Turbulent wind fields for gaseous phenomena
[J]. ACM Computer Graphics, 27(4): 369 – 376.

[70] Stam J, Fiume E. 1994. Depicting fire and other gaseous phenomena
using diffusion processes[J]. ACM Computer Graphics (SIGGRAPH'
1994), 29 (4): 129 – 135.

[71] Stam J, Fiume E. 1995. Depicting fire and other gaseous phenomena using
diffusion processes[C]//Proceedings of SIGGRAPH' 1995:129 – 136.

[72] Sun B, Ramamoorthi R, Narasimhan S G, Nayar S K. 2005. A practical
analytic single scattering model for real time rendering [J]. ACM
Transaction on Graphics, 24(3): 1040 – 1049.

[73] Terzopoulos D, Platt J, Barr A, Fleischer K. 1987. Elastically
deformable models [J]. Proceedings of SIGGRAPH' 1987, ACM
Computer Graphics, 21(4): 205 – 214.

[74] Terzopoulos D, Fleischer K W. 1988. Modeling inelastic deformation:
Viscolelasticity, plasticity, fracture[C]//SIGGRAPH' 1988: 269 – 278.

[75] Terzopoulos D, Platt J, Fleischer K. 1989. Heating and melting
deformable models (from Goop to Glop)[C]//Graphics Interface' 1989:
219 – 226.

[76] Tu X, Terzopoulos D. 1994. Artificial fishes: Physics, locomotion,
perception, behavior[C]//Proceedings of SIGGRAPH' 1994: 42 – 48.

[77] Unbescheiden M, Trembilski A. 1998. Cloud simulation in virtual
environments[C]//Proceedings of IEEE Visualization: 98 – 104.

[78] Vannimenus J, Viennot X G. 1989. Combinatorial analysis of physical

ramified patterns[J]. Journal of Statistical Physics，54：1529 – 1538.

[79] Wei X，Li W，Mueller K，Kaufman A. 2002. Simulating fire with textured splats[C]// Proceedings of IEEE Visualization：227 – 234.

[80] Wei X，Li W，Mueller K，Kaufman A. 2003a. The lattice Boltzmann method for gaseous phenomena[J]. IEEE Transaction on Visualization and Computer Graphics，10(2)：164 – 176.

[81] Wei X，Zhao Y，Fan Z，Li W，Yoakum S，Kaufman A. 2003b. Blowing in the wind[C]// Breen D，Lin M (eds.)，Proceedings of Eurographics/ SIGGRAPH Symposium on Computer Animation' 2003. San Diego, California：Eurographics Association，75 – 85.

[82] Weil J. 1986. The synthesis of cloth objects[J]. Computer Graphics，20 (4)：18 – 2.

[83] Witkin A，Kass M. 1991. Reaction – diffusion textures[C]// Proceedings of ACM SIGGRAPH. Los Angeles：ACM Press：299 – 308.

[84] Wobus U，Weber H. 1999. Sugars as signal molecules in plant seed development[J]. Biological Chemistry，380：937 – 944.

[85] Wolfram S. 1983. Statical mechanics of cellular automata[J]. Review of Modern Physics，55(3)：601 – 644.

[86] Worley S P. 1996. A cellular texture basis function[C]// Proceedings of ACM SIGGRAPH：291 – 294.

[87] Yue Y，Iwasaki K，Chen B-Y，Dobashi Y，Nishita T. 2010. Unbiased, adaptive stochastic sampling for rendering inhomogeneous participating media[C]// ACM Trans. on Graphics，Vd29，No. 5.

[88] 陈彦云，林珲，孙汉秋，吴恩华. 2000. 高度复杂植物场景的构造和真实感绘制[J]. 计算机学报，23(9)：917 – 924.

[89] 陈彦云，孙汉秋，郭百宁，等. 2002. 自然雪景的构造和绘制[J]. 计算机学报，25(9)：916 – 922.

[90] 范自柱，檀结庆. 2002. 一种基于元球模型的波浪模拟[J]. 合肥工业大学学报(自然科学版)，25(6)：1125 – 1129.

[91] 彭群生，鲍虎军，金小刚. 2002. 计算机真实感图形的算法基础[M]. 北京：科学出版社.

[92] 石教英. 2002. 虚拟现实基础及实用算法[M]. 北京：科学出版社.

[93] 童若锋，陈凌钧，汪国昭. 1999. 烟雾的快速模拟[J]. 软件学报，10(6)：102 - 106.

[94] 吴春明，钱徽，朱淼良. 2004. 一个绘制大气介质效果的软件框架[J]. 电子学报，32(5)：735 - 739.

[95] 杨怀平，胡事民，孙家广. 2002. 一种实现水波动画的新算法[J]. 计算机学报，25(6)：613 - 617.

[96] 赵星，Reffye D P，熊范纶，胡包钢，展志岗. 2001. 虚拟植物生长的双尺度自动机模型[J]. 计算机学报，24(6)：608 - 615.

大漠孤烟直，长河落日圆

——《使至塞上》唐代·王维

天空
景观

第2章　天空场景的真实感模拟

　　利用计算机图形学方法模拟天空场景已有近二十年的历史,至今天空场景的真实感模拟仍是图形学研究的热点和难点之一。天空场景在不同气象条件下变化很大,会受大气成分和大气中漂浮的尘埃粒子的影响而呈现不同的景观。图 2-1 是不同情况下的天空场景。天空场景绘制包括以下两个方面:① 不同大气条件下的天空光和太阳光的建模和绘制;② 不同时刻的天空场景,包括有月亮和星星的夜晚天空场景的绘制。天空场景绘制涉及对云、雾、霭、晕轮等许多大气现象的仿真,涉及复杂的大气散射、折射、衍射、反射、衰减等机理,因此采用常规绘制方法模拟很难得到逼真的效果。

　　本章首先介绍天空光照和大气散射的基本原理;然后提出一种新的考虑大气折射的天空光模型,即通过考虑并计算光线在大气中的传播路径,计算天空光强度分布,从而绘制出不同情况下更具真实感的太阳、月亮和星星的天空场景;最后介绍云的真实感模拟方法,提出一种基于速度场漂移纹理的动态云的快速绘制方法,较好地兼顾了绘制速度和绘制效果的逼真性。

（a）

（b）

图 2-1　不同情况下的天空场景。(a) 场景一;(b) 场景二

2.1 天空绘制的基本原理

本小节将从大气的基本属性和天空光照模型两方面介绍天空绘制的基本原理。

2.1.1 大气的基本属性

天空场景中的主要物质是大气,光线穿越大气层时与空气微粒子等的交互作用是形成不同天空景观的主要原因。因此本节首先介绍大气的属性,包括大气空间结构、大气的成分等。

根据温度、成分、气压和其他物理性质,大气沿垂直方向由下而上可以分成五层:对流层、平流层、中间层、热成层和逸散层。在对流层和平流层之间是温度变化很小的对流层顶,臭氧层在平流层和中间层之间。大气分层及各层的温度、压强分布如图 2-2 所示(Neda and Volkan,2002)。

大气成分对天空景观的形成有非常重要的作用,这主要是由于大气中各种成分对光有吸收和散射作用。大气成分包括各种气体、气溶胶和各种微小粒子,气体的主要组分有氮、氧、氩、二氧化碳等,分布于从地面到 80km 的高空。大气密度分布如图 2-3 所示。

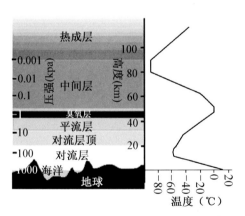

图 2-2 大气分层及各层的温度压强分布　　图 2-3 大气分层密度随高度的变化

2.1.2 天空光照模型

在天空场景中,太阳是唯一的光源,天空光主要来源于太阳对大气的照射。由于地球与太阳相距甚远,对于地面上任一点,太阳光是一个具有微小立体角的面光源,太阳光的入射方向由太阳的位置决定。太阳位置一般采用高度角和方位角表示,任意地理位置在任一时刻下的太阳高度角和方位角都可以通过所在地经纬度和时刻计算得到。

太阳光经粒子散射后在地球上空形成天空光,因此天空光是一个面光源。天空上各点的天空光亮度与其距太阳远近有关,最亮处在太阳附近,离太阳越远,亮度越低。具体来说,天空光的亮度分布同采样点的高度角和方向角有关,对给定观测点,某方向的天空光亮度定义为从观测点沿该方向直至大气顶、单位立体角内的大气对观测点上垂直于该方向的平面上单位面积的照度。

最早的图形学系统中天空光模型用均匀的蓝色来表示天空的颜色,或者简单地设置两种颜色,例如天顶的蓝色和地平线的白色,中间部分由插值计算得到。这种天空光模型过于简单。

模拟天空光的另一个直接方法是使用测量到的数据,如使用国际照明委员会(CIE)组织国际日照测量委员会收集到的世界各地天空光的观测数据对天空光进行建模。与此同时,许多图形学研究工作者采用基本的物理学理论对天空光进行模拟。Klassen(Klassen,1987)采用一个平面层大气模型和单次散射来模拟天空的颜色;Kaneda 等(Kaneda *et al*.,1991)采用大气密度随高度角成指数变化的球面大气模型来模拟天空光,得到更加逼真的不同天气条件下任意天空位置的光照度。这些方法的优点是可处理复杂情形;缺点是缺乏统一的天空光模型,当模拟一个特定的天气条件时,过程过于繁琐。

为了简单而有效地模拟天空,人们提出了天空光的解析模型。Pokrowski(Pokrowski,1929)根据理论和实际测量结果提出了一个计算天空光亮度值的公式;Kittler(Kittler,1985)改进了这个公式,他提出的模型被国际 CIE 采用为标准天空光模型。CIE 天空光模型包括晴天和全阴天这两个典型天气(CIE,1994)。在晴朗的天气下,天空上各点的亮度与其所在位置的高度角以及与太阳位置的夹角有关,用公式(2-1)表示,天空上一个位置点 V 处的亮度 Y_C 为:

$$Y_C = Y_z \frac{(0.91 + 10e^{-3\gamma} + 0.45\cos^2\gamma)(1 - e^{-0.32/\cos\theta})}{(0.91 + 10e^{-3\theta_s} + 0.45\cos^2\theta_s)(1 - e^{-0.32})} \qquad (2-1)$$

这里取观察者垂直向上的方向为天顶(见图 2-4)。式中,Y_z 为天顶处的天空光亮度,可以通过查 CIE 表得到,θ_s 和 θ 分别为给定时刻太阳和天空采样方向与竖直方向的夹角,γ 为太阳光和天空光入射方向之间的夹角。

在全阴天气下,CIE 天空模型中

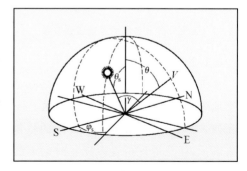

图 2-4 太阳及天空光中的角度参数

天空光亮度只与天空采样点 V 的高度角 θ 有关：

$$Y_C = Y_z \frac{1 + 2\cos\theta}{3} \qquad (2-2)$$

2.1.3 大气辐射传输

大气介质和太阳光的交互作用贯穿于大气辐射传输的整个过程，这个过程包括散射（介质粒子接收能量后再辐射出去）和吸收（辐射能可以转变成热能等其他能量）两个方面。

光路上任一点的光强也包含两个部分：一部分是来自光源的入射光，还有一部分是该点所接受的来自周围粒子的散射光。Perez 等（Perez *et al.*,1997）据此给出了辐射传输方程的基本形式：

$$L(x) = \tau(x_0, x)L(x_0) + \int_{x_0}^{x} \tau(u, x)k_t(u)J(u)\mathrm{d}u \qquad (2-3)$$

$$J(u) = I_s\omega p(\alpha)\tau(x_0, u) + I_a \qquad (2-4)$$

式中：$\tau(x_0, x) = \mathrm{e}^{-\int_{x_0}^{x} k_t(u)\mathrm{d}u}$ 称为传输系数，x 表示光路最远点到视点的距离；$k_t(u)$ 为消光系数；ω 是一个反射系数；I_s 是光源的光强；I_a 表示由于多散射带来的能量；$L(x)$ 表示某点 x 处接收到的总能量；$L(x_0)$ 表示光源 x_0 处的入射能量；$P(\alpha)$ 为相位函数，α 为散射角。

以上大气光线传输方程形式复杂不易解析，其求解一般有两类方法。一是采用直接求解积分方程的方法，包括球面调和函数方法、Rushmeier、Zonal 算法（Rushmeier and Torrance,1987）以及三维滤波方法（Nishita *et al.*,1996a）；二是采用随机采样的方法，通常是先计算场景中发出光的分布 $J(u)$，然后再根据射出光的光强来计算 $L(x)$。

太阳光经过上面的辐射传输过程后到达地面上的视点，人眼接收到这些光强，形成我们看到的天空场景。[①]

2.2 大气散射效果模拟

本小节将从大气散射的模型、大气散射的绘制等方面介绍大气散射效果的模拟。

---

① 人眼能接收到的可见光波长范围是 380～780nm，当各个波段光线的光强几乎相同时形成白光，当光线在各个波段的光强分布不等时形成其他颜色的光。

2.2.1 大气散射模型

由于大气的吸收和散射，太阳光穿过大气层时会发生衰减。可见光的吸收在臭氧层比较明显，在其他层可忽略不计。由于臭氧层以上的空气稀薄，所以只需考虑臭氧层以下的大气层对太阳光线的作用。对于以水汽为主的大气微粒，主要以散射为主。

2.2.1.1 大气分子的散射模型

不同波长的光线散射强度与介质微粒的大小有关。根据大气粒子的半径不同，其散射方式可分为 Rayleigh 散射、Mie 散射和无选择散射。影响散射效果的主要因素包括光线散射后的偏转角度(用相函数 $\beta_\lambda(\theta)$ 表示)和介质粒子对光的吸收(用散射系数 β_R 表示)，一般采用相函数 $\beta_\lambda(\theta)$ 和散射系数 β_R 来表现大气分子的散射。

1. Rayleigh 散射(Irwin,1996)

Rayleigh 散射又称为分子散射，发生在介质粒子的粒度远远小于入射光的波长时。其特点是散射截面积小，散射强度与入射光波长的四次方成反比。Rayleigh 散射的相位函数 $\beta_\lambda(\theta)$ 为(见图 2-5)：

$$\beta_\lambda(\theta) = \frac{\pi^2 [n^2 - 1]}{2 N_s \lambda^4} [1 + \cos^2\theta] \qquad (2-5)$$

式中：n 是折射系数；N_s 是标准大气分子密度，取 $2.687 \times 10^{19}\ \mathrm{cm}^{-3}$；$\theta$ 为散射角。

由式(2-5)可知，波长越短，散射越强烈。一般情况下，蓝色光的散射比红色光的散射高几倍，这可以解释为什么晴朗的天空是蓝色的。

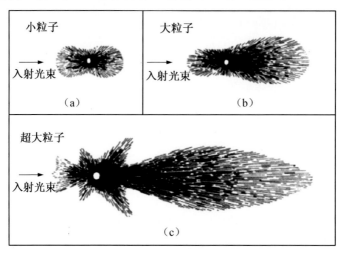

图 2-5　不同大小粒子的散射。(a) 散射粒子的粒度小于光波波长的 1/10，散射光强对称分布；(b) 散射粒子的粒度约为光波波长的 1/4，散射集中在前向；(c) 散射粒子的粒度比光波波长大，散射在前向极为集中，并在较宽的角度内出现极大值和极小值

在某些大气模型中,为了计算方便,可取简化的 Rayleigh 散射相位函数:

$$\beta(\alpha) = \frac{3}{4}(1 + \cos^2\theta) \qquad (2-6)$$

式中:θ 是粒子的半径。

Rayleigh 散射系数(单位长度上的衰减系数)β_R 可以由相位函数在全角上积分得到,即:

$$\beta_R = \int_0^{4\pi} \beta(\theta) \mathrm{d}\Omega = \frac{8\pi^3}{3} \frac{(n^2-1)^2}{N_s \lambda^4} \qquad (2-7)$$

式中:λ 为光波波长。

设 $K = \frac{2\pi^2 (n^2-1)^2}{3N_s}$,则 $\beta_R = \frac{4\pi K}{\lambda^4}$。用 ρ 表示大气中的分子密度分布,则 ρ 在高度为 h 的某点的近似表达式为 $\rho(s) = \rho_0 \exp(-h/H_0)$,$H_0$ 为高程(约为 8000 m)。

2. Mie 散射(Nishita $et\ al.$,1996a)

当介质粒子的粒度与光波长相近时,Rayleigh 散射规则将不再适用,其主要散射方式为 Mie 散射。Nishita 采用两个方程来逼近 Mie 散射的相函数:一个是薄雾的散射 $(1 + 9\cos^{16}\theta/2)$,另一个是黑暗的大气 $(1 + 50\cos^{64}\theta/2)$。Mie 散射也可以表示为(Jackel and Walter,1997):

$$I(\lambda) = I_0(\lambda) \frac{i_1 + i_2}{2k^2 r^2} \qquad (2-8)$$

式中:i_1 和 i_2 是与粒子半径相关的函数。

由于上面散射的表达式比较复杂,可以采用 Henyey-Greenstein 方程的改进形式来模拟,即可用一个简化的统一模型近似表示 Rayleigh 散射和 Mie 散射的相位变化(Nishita $et\ al.$,1993):

$$F(\theta, g) = \frac{3(1-g^2)}{2(2+g^2)} \frac{(1+\cos^2\theta)}{(1+g^2-2g\cos\theta)^{3/2}} \qquad (2-9)$$

其中

$$g = \frac{5}{9}u - \left(\frac{4}{3} - \frac{25}{81}u^2\right)x^{-1/3} + x^{1/3}$$

$$x = \frac{5}{9}u + \frac{125}{729}u^3 + \left(\frac{64}{27} - \frac{325}{243}u^2 + \frac{1250}{218}u^4\right)^{1/2}$$

当 $g=0$ 时上式表示 Rayleigh 散射,u 与大气条件有关,一般在 $[0.7, 0.85]$ 间变化。

3. 无选择散射(Jackel and Walter,1997)

无选择散射是相对于 Rayleigh 和 Mie 散射对波长的选择性而言的,适用于介质粒子较大的情况,一般认为密度很大的云属于无选择散射。

2.2.1.2 光穿过大气层的衰减和散射

计算大气散射的关键是计算光线经过大气介质发生折射、反射、吸收后到达观察者的强度。图 2-6 是光线经过大气后透射的示意图。

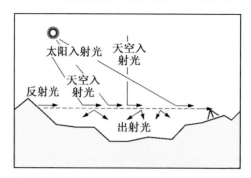

图 2-6 光线经过大气后透射

假设天空某点的入射光强度为 L_0，经过一段距离 s 后到达人眼，L_{in} 为这段距离上的入射散射光强度，则人眼所接受来自该方位的天空光的强度为：

$$L(s) = L_0 \tau + L_{in} \tag{2-10}$$

式中：L_{in} 可采用 2.1.2 节的方法计算，τ 为散射衰减因子。

粒子由于对不同波长的光线衰减吸收不一样，最后呈现出不同的颜色。图 2-7 为不同波长光线经过大气后的散射强度。从图 2-7 中可以看出，蓝色光的散射强度较大，这也是我们看到"蓝"天的原因。

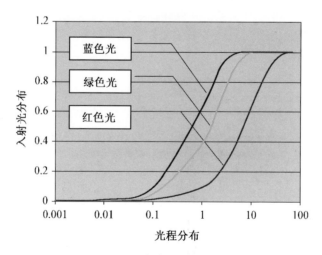

图 2-7 不同颜色光线的大气散射

2.2.2 大气散射效果的模拟

下面将从大气散射效果的绘制方法、原理和绘制过程简化来简单展开。

2.2.2.1 大气散射效果的绘制方法

天空由大气层组成,天空绘制的核心是大气光照效果。大气散射的绘制方法较多,总体上可分成全局光照方法和非全局光照方法两类。下面主要讨论天空绘制的光线跟踪和辐射度方法。

1. 光线跟踪方法

在天空绘制技术中,光线投射方法被广泛采用,其主要原因是大气介质并非传统意义上的形体,无法用表面来表现,只能通过光路上的光强变化来反映。基于光线投射的计算方法又可以分成两大类:一类不对大气空间进行离散化,大气密度等数据都用函数隐含表示,直接在光路上进行线积分。这类方法多见于对天空和地表景物的大气穿透效果的计算(Nishita and Nakamae,1986;Nishita *et al*.,1987;Inakage,1989)。另外一类方法对介质空间进行三维网格化,然后计算各三维网格的相关量,在光线跟踪的过程中,进行采样累积。这一类方法多见于云的计算(Kajiya and Kay,1989)。

天空光线投射方法是一个典型的两步法。首先,定义一个密度数组 $p(x,y,z)$ 和一个光强数组 $I_i(x,y,z)$。密度数组存储三维空间中点 (x,y,z) 上的介质密度,光强数组 $I_i(x,y,z)$ 中存储第 i 个光源对点 (x,y,z) 的光强贡献。先利用类似朗伯-布给定理的形式计算 $I_i(x,y,z)$,然后计算穿过这一空间的光线的亮度。

为了模拟光线在介质粒子间的多散射问题,可采用蒙特卡洛光线跟踪方法在环境中随机地投射光线(Blasi *et al*.,1993)。Inakage(Inakage,1991)提出体跟踪方法,即将大气空间离散成三维网格,然后沿视线方向累计采样点上的散射光强。

2. 辐射度方法

光线跟踪方法能有效地表现光线穿过大气时与分布在光路上的介质粒子之间的交互作用,但是不能很好地表现具有较大密度的介质粒子之间的相互光照影响,如飘浮在空气中的水汽、烟雾等。此时,采用辐射度方法比采用光线跟踪方法更有优势。Rushmeier 和 Torrance 最早提出了光和大气介质交互的辐射度算法(Rushmeier and Torrance,1987),他们采用扩展的形状因子,即将形状因子由原来的面—面扩展为面—面、体—面、体—体三种。所谓体就是介质空间离散后得到的小的体元。如计算体—面的形状因子时,取光经体元散射后投向另一个表面的光强替代原形状因子计算中光经一个表面反射后投向另一个表面的光强。

2.2.2.2　大气散射的绘制原理

图 2-8 为大气散射的示意图,其中 S 是视线方向 PO 上的任一大气微粒分子,光线经过 P_sS 到达 S 点,被 S 点散射后经过 SO 到达人眼 O,而到达人眼的总光线强度为视线方向 PO 上所有点的散射光强的累加。

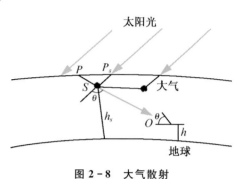

图 2-8　大气散射

光线穿过整个路径 PO 后到达人眼的光线强度按式(2-13)计算:

$$I_o(\lambda) = I_s(\lambda)\frac{K}{\lambda^4}\int_{PO} F(\theta,g)\rho(s)\exp[-t(P_sS,\lambda)-t(SO,\lambda)]\mathrm{d}s \qquad (2-11)$$

式中:$I_s(\lambda)$ 为大气层外的光线光谱强度分布,一般取太阳常数 $1367\mathrm{W/m^2}$。本质上说,太阳是唯一的光源,可以看作一个直径为 $1.4\times10^6\mathrm{km}$、离地面 $1.5\times10^8\mathrm{km}$ 的球形光源。入射到地球表面的太阳光可以看成以 $\pm0.25°$ 入射的平行光束,则光线在路径 P_sS(或 SO)上总的衰减可用光路 $t(P_sS,\lambda)$ 来表示。

光路是一个在大气物理中广泛使用的名词,表示光线随路径指数衰减的速度。假设入射光的光强为 I_0,且光线经过介质散射后的光强可表示为 $I = I_0\exp(-t)$,则 t 就是该介质的光路。其表达式为(Nishita *et al.*,1993):$t = \int_S\beta(s)\mathrm{d}s$,$\beta(s)$ 是散射系数。光线在路径 P_sS(或 SO)上总的衰减可用光路 $t(P_sS,\lambda)$ 表示为:

$$t(P_sS,\lambda) = \int_{P_sS}\beta(s)\rho(s)\mathrm{d}s = \frac{4\pi K}{\lambda^4}\int_{P_sS}\rho(s)\mathrm{d}s \qquad (2-12)$$

从式(2-14)来看,当光路 t 较小时,散射光强主要受光波长影响,其中蓝光散射占主要成分;而当光路较大时,它对散射光强的影响逐渐明显,波长小的衰减更快,而波长大的红光穿透能力要强一些。在日常生活中,早上和晚上太阳光经过大气层的路程较长,我们见到的天空常显红色;在中午见到的天空主要是太阳散射的蓝光。

一般认为,人眼的视网膜上存在三种不同的视觉细胞,分别对不同波段的光强敏感,并将光强信号传给大脑,从而产生了颜色的感觉(实际上相当于一个滤波器),可以用三维颜色向量表示人眼能够看到的任何颜色。进入人眼的太阳及天空光包含不同波长的光,是一个光谱,为此需要建立一个从光谱到颜色向量的转换函数,目前常采用 CIE-XYZ 至 RGB 的转换方程将算得的光强光谱分布转化为 RGB 颜色向量。

已知光谱亮度为 $I(\lambda)$,设 $\bar{x}(\lambda)$,$\bar{y}(\lambda)$ 及 $\bar{z}(\lambda)$ 是 CIE-XYZ 颜色系统的光谱三刺激函数,积分得到光谱对应的 X,Y,Z 三刺激值为(Peercy $et\ al.$,1996):

$$X = \int_{380}^{780} I(\lambda)\bar{x}(\lambda)\mathrm{d}\lambda, Y = \int_{380}^{780} I(\lambda)\bar{y}(\lambda)\mathrm{d}\lambda, Z = \int_{380}^{780} I(\lambda)\bar{z}(\lambda)\mathrm{d}\lambda \quad (2-13)$$

然后,再把该颜色向量表示从 XYZ 系统转换到 RGB 系统:

$$\begin{bmatrix} X \\ Y \\ Z \end{bmatrix} = \begin{bmatrix} X_r & X_g & X_b \\ Y_r & Y_g & Y_b \\ Z_r & Z_g & Z_b \end{bmatrix} \begin{bmatrix} R \\ G \\ B \end{bmatrix} \quad (2-14)$$

R,G,B 三刺激波长分别取 700.0nm,546.1nm 和 435.8nm。由式(2-16)算出来的颜色值超出了人眼的可接受范围,可对颜色进行归一化,即相当于用一个滤镜来观察太阳。

2.2.2.3 大气绘制的加速

大气散射计算复杂,绘制开销较大。为了解决绘制速度问题,研究者提出了一系列简化方法来绘制天空。Dobashi 等(Dobashi $et\ al.$,1995)提出了一个基于预计算的快速天空绘制方法。该方法预先计算太阳在不同位置时的天空光亮度分布,并采样存储成基函数形式,再通过插值的方法快速获得任意太阳位置下的天空光亮度分布。之后,Nishita 等(Nishita $et\ al.$,1996b)对上述方法进行了改进,可以交互地绘制出不同天气条件天空光照下的室外场景。该方法可以用于建筑设计及环境评估等。基于图形硬件 GPU(graphics processing unit)的编程方法也被广泛用于加速散射的计算。事实上,大气散射绘制可以看作一种特殊的体绘制,因此体绘制中的一些加速技术很自然地被移植到天空绘制中(Westemann and Ertl,1998)。利用硬件纹理映射函数可加速绘制每一个体素上的颜色(Behrens and Ratering,1988;Lamar $et\ al.$,1999)。Dobashi 等(Dobashi $et\ al.$,2002)利用二维纹理映射函数的方法解决了以上问题,并且实现了交互绘制。2007 年,Schafhitzel 等(Schafhitzel $et\ al.$,2007)改进了 Nishita 等(Nishita $et\ al.$,1993)的大气散射模型,将光传输的衰减系数计算完全转换为预处理的形式,再借助于硬件加速技术,实时绘制出了地球及火星表面的大气散射效果。

图 2-9 为计算机模拟的典型大气散射效果图,图 2-9 中(a)是采用 CIE 基

函数的天空光模拟;(b) 是外太空看地球的大气散射效果;(c) 是采用解析天空光模型模拟的白天散射效果;(d) 是考虑多散射的大气散射模拟。

（a）　　　　　　　　　　　　（b）

（c）　　　　　　　　　　　　（d）

图 2 - 9　绘制的天空效果。(a) 基于基函数的天空光模拟(Nishita *et al*.,1987)(经 ACM 许可使用);(b) 外太空看地球的大气散射效果(Nishita *et al*.,1993)(经 ACM 许可使用);(c) 采用解析天空光模型模拟的白天散射效果(Preetham *et al*.,1999)(经 ACM 许可使用);(d) 考虑多散射的大气散射模拟(Nishita *et al*.,1996b)

2.3　考虑折射的天空场景模拟

以往的天空绘制方法大多只考虑大气散射的影响,而忽略了光线穿过大气层时产生的折射。这些方法假定光线穿过大气层时沿直线传播,且沿直线积分计算大气散射强度。显然,它们无法模拟因大气折射所引起的日出、日落时太阳的形状及颜色的变化,也不能真实地绘制在不同温度、气压和湿度等气象条件下的天空场景。这使得考虑折射的天空场景绘制方法应运而生。

2.3.1　大气折射模型

前面假设光线在空气中沿直线传播,但实际上我们所看到的光线其传播路径并不是图 2 - 10(a)所示的直线 PO,而是如图 2 - 10(b)所示的一条曲线 P_rO,其中 P_r 是太阳光进入大气层时的实际入射点,O 点为视点所在位置。

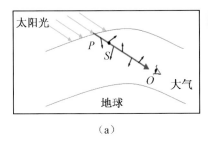
（a）

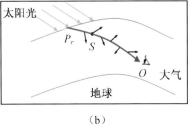
（b）

图 2 - 10　大气折射。(a) 传统的大气散射绘制模型；(b) 光线经过大气的实际情况

事实上,日月升起或降落时的椭圆形状,早晨的太阳较中午的太阳更大、更红,恒星在观测上发生的位置偏移等现象都与大气折射所引起的光线弯曲有关,要逼真地模拟天空场景,必须考虑大气折射因素。这时大气光线强度计算公式(2-13)变为:

$$I_o(\lambda) = I_s(\lambda) \cdot K(n) \cdot \frac{F(\theta, g)}{\lambda^4} \int_o^{P_r} \rho(s) \cdot \exp\left\{ -t[P_r S, \lambda, K(n)] - t[SO, \lambda, K(n)] \right\} ds$$

$$(2-15)$$

这里 $K(n) = \dfrac{2\pi^2 (n^2-1)^2}{3N_s}$ 为折射因子,当大气的折射系数 n 不变时,$K(n)$ 为常数,即回归为传统天空光模型。

一般情况下,大气的折射系数接近于 1,但并非恒定不变,而是随海拔高度的变化而变化,其值与气压、气温、空气湿度等有关。经典电磁理论已经证明,介质在波长 λ 处的折射率具有普遍形式:$n = A + B\lambda^{-2} + C\lambda^{-4}$,这里 λ 为波长,A、B、C 为待定参数,与介质条件有关(US,1976)。

利用文献(McClatchey *et al.*,1973)中测量的五种气候的大气折射系数数据,用二分法逼近,可以求出上面的待定系数:$A = 1 + 7.76 \times 10^{-3} \dfrac{p}{T} - 0.1127 \dfrac{e}{T}$,$B = 4.36 \times 10^{-14}$,$C \approx 0.0$。

对于纯净的大气,折射系数为:

$$n = 1 + 10^{-6}(776.2 + 4.36 \times 10^{-8} v^2) \frac{p}{T} - 0.1127 \frac{e}{T} \qquad (2-16)$$

式中:v 是波数($\mathrm{cm^{-1}}$),为波长的倒数,即为 $1/\lambda$;p 为气压(kPa);T 是温度(K);e 为水汽压(kPa)。

图 2 - 11 中实线为实测数据曲线,虚线为按(2-18)式计算出的折射系数变化曲线。从图中可以看出,两者吻合得相当好。折射系数在地平面附近取

最大值(1.0003),且随着海拔高度的增加
而减小,这与空气密度的变化趋势完全一
致。50km 上方的高空大气已经很稀薄,此
时折射系数几乎为 1。尽管整个大气折射
系数 n 值的变化很小,但由于光线穿越大
气时经过的距离很长,在特定情况下大气
折射产生的效果就很明显了。

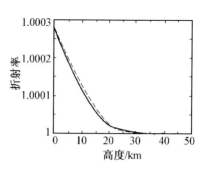

从图 2-2 和 2-3 可以看出,大气密度
在中间层以上已经很小了,因此大气折射
主要是在对流层和平流层内产生的。为简

图 2-11 $t_0 = 10℃$, $p_0 = 1\text{atm}$, $\lambda = 650\text{nm}$, $v = 20000\text{cm}^{-1}$ 时的大气折射系数分布

化起见,我们假设大气最上面三层折射系数近似为 1。具体大气折射计算模型
描述如下。

1) 大气温度的计算。根据图 2-2 所示,温度随高度的变化趋势,可假定
在对流层、对流层顶和平流层的温度是分段线性变化;对于平流层以上大气,
由于大气密度和气压($p < 1\text{hPa}$)均很小,假定其折射率为 1,则各层的温度计
算公式如下:

$$
\begin{cases}
T(z) = T_0 - \Delta_1 z & 0 \leqslant z < z_t \quad (\text{对流层}) \\
T(z) = T_0 - \Delta_1 z_t & z_t \leqslant z < z_{ts} \quad (\text{对流层顶}) \\
T(z) = T_0 - \Delta_1 z_t + \Delta_2(z - z_{ts}) & z_{ts} \leqslant z < z_s \quad (\text{平流层})
\end{cases} \tag{2-17}
$$

式中:z 是海拔高度,T_0 是海平面温度,标准大气下 $T_0 = 288.15\text{K}$,$\Delta_1 = 6.5\text{K/km}$,$\Delta_2 = 3.3\text{K/km}$,如图 2-2 所示,对流层顶下部 $z_t = 14\text{km}$,对流层顶
上部 $z_{ts} = 19\text{km}$,平流层最上部 $z_s = 50\text{km}$。

2) 气压的计算。对于每个微小的垂直高程 dz,气压值为:$dp = -\rho(z)g(z)dz$,
这里 $g(z)$ 是重力加速度,$\rho(z)$ 是在海拔高度 z 处的大气密度,$\rho(z) = \dfrac{M}{V} = \dfrac{Nm}{V} = \dfrac{p(z)m}{kT(z)}$,$m$ 是一个空气微粒的质量,N 是体积 V 内的微粒数量,$T(z)$ 是海拔高度 z 处
的温度,k 为玻尔兹曼常数。

由于对流层和平流层的海拔高度 z 相对于地球的半径($r_e = 6378\text{km}$)很
小,故可认为 $g(z)$ 为常数。则:$dp = -\dfrac{p(z)mg\,dz}{kT(z)}$。在标准大气下,海平面处气
压为:$p_0 = 1.01325 \times 10^5\text{Pa}$;任意海拔高度 z 处的气压为:$p(z) =$

$p_0 \exp\left[-\dfrac{mg}{k}\displaystyle\int_{z_0}^{z}\dfrac{\mathrm{d}z'}{T(z')}\right]$，这里 $z_0 = 0$。将温度计算公式(2-19)代入,可得不同层的气压计算公式:

$$\begin{cases} p(z) = p_0 \left[1 - \dfrac{\Delta_1 z}{T_0}\right]^{\frac{mg}{k\Delta_1}} (0 \leqslant z < z_t) \\[3mm] p(z) = p_0 \left[1 - \dfrac{\Delta_1 z_t}{T_0}\right]^{\frac{mg}{k\Delta_1}} (z_t \leqslant z < z_{ts}) \\[3mm] p(z) = p_0 \left[1 - \dfrac{\Delta_1 z_t}{T_0}\right]^{\frac{mg}{k\Delta_1}} \exp\left[-\dfrac{mg(z - z_{ts})}{k(T_0 - \Delta_2 z_{ts})}\right] (z_{ts} \leqslant z < z_s) \end{cases} \quad (2-18)$$

3) 水汽压即大气湿度的计算,地球表面湿度分布比较复杂,它与纬度、海陆分布、植被性质、气候条件等相关。这里我们采用一个比较简单的方法:根据气象预报得到观察点当日的最大、最小水汽压值 e_{max} 和 e_{min},则对于海洋及大陆冬季(Smith $et\ al.$,2002):

$$e(t) = \frac{e_{max} + e_{min}}{2} + \frac{e_{max} - e_{min}}{2} \cdot \cos\frac{2\pi(t-9)}{24} \quad (2-19)$$

对于大陆夏季:

$$e(t) = \frac{e_{max} + e_{min}}{2} + \frac{e_{max} - e_{min}}{2} \cdot \cos\frac{2\pi(t-4)}{24} \quad (2-20)$$

4) 大气折射模型。根据上面温度、气压和水汽压的计算公式(2-19)至(2-22),可以计算出任意高度大气层的折射系数。为了简化计算,将对流层和平流层的大气分成若干层,由于大气密度分布随着高度呈指数变化,所以均匀地划分大气层显然是不合理的。假设将大气层分为 m 层,则第 i 层的半径可应用下式计算(Irwin,1996):

$$r_i = H_0 \ln(\rho_i) + \mathrm{r_e}, \quad \rho_i = 1 - i/m \quad (2-21)$$

式中: H_0 是大气层的高度, $\mathrm{r_e}$ 是地球的半径。

按上述方法,每层厚度约为 $\Delta r = 50\mathrm{m}$,由于 50m 相对于大气层的厚度(50km)很小,可假设在每一层内折射系数近似相等。再根据上面的温度和气压计算公式,计算出每一层的大气折射系数,从而得到任意高度、不同条件下较为精确的折射系数。

2.3.2 太阳及白天天空场景的绘制

在以往的天空绘制方法中,往往假设天空为一个很大的天球,视点处于球的中心(Nishita $et\ al.$,1993;Irwin,1996;Dobashi $et\ al.$,2002)。由于大气层的厚度与地球的半径相比是很小的,这种假设将导致较大的误差。为了模拟真实看到的天空场景,我们采用一种更接近于真实情况的绘制模型。如图 2-12 所示,O 为观察点,太阳光线与 YZ 平面平行。由于太阳光在人的视域内可近似看成平行光,故可用太阳光线与 Z 轴的夹角 α 来表示太阳光的入射角度。

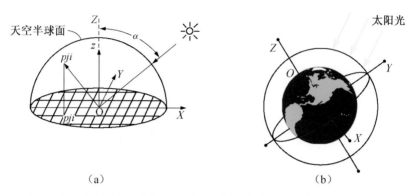

（a）　　　　　　　　　　　　（b）

图 2-12　绘制模型。(a) 传统的天空绘制模型;(b) 我们的绘制坐标系

2.3.2.1　光线在大气中的折射轨迹计算

下面来计算光线在大气中的折射轨迹。按照 2.3.1 节的大气折射模型,我们将大气分成 m 层,图 2-13 给出了计算示意图。

其中,n_i 是第 i 层的折射系数,$i=0$,$1,2,\cdots,m$,r_i 是第 i 层的半径,r_e 是地球的半径,θ_s 为太阳入射角,θ_i 为从第 i 层进入第 $i-1$ 层时的入射角,θ_i' 为进入第 i 层的折射角,$\Delta\theta_i$ 是折射偏向角,即 $\Delta\theta_i = \theta_i - \theta_i'$,$\theta_x$ 是对应的最外层入射光线位置的角度,O 是观察点的位置,P 是待求的最外层的太阳光入射点,则根据折射定理及三角关系(Neda *et al*.,2002),有:

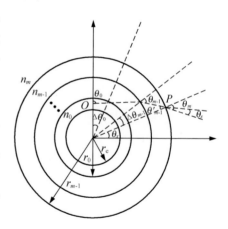

图 2-13　折射轨迹计算

$$\frac{\sin\theta_i'}{\sin\theta_{i+1}} = \frac{n_{i+1}}{n_i},$$

$$\frac{\sin\theta_i}{\sin\theta_i'} = \frac{r_i}{r_{i-1}}, \qquad (2-22)$$

$$\Delta\theta_i = \theta_i - \theta_i',$$

$$\sum \Delta\theta_i + \theta_x = \pi/2, \quad i = 0,1,2,\cdots,m \quad \theta_m = \theta_s + \theta_x$$

化简得到：

$$\sin{\theta_{m-1}}' = \frac{n_m}{n_{m-1}}\sin(\theta_x + \theta_s)$$

$$\sin\theta_{m-1} = \frac{n_m}{n_{m-1}}\frac{r_{m-1}}{r_{m-2}}\sin(\theta_x + \theta_s)$$

$$\vdots$$

$$\sin{\theta_i}' = \frac{n_m}{n_i}\frac{r_{m-1}}{r_i}\sin(\theta_x + \theta_s)$$

$$\sin\theta_i = \frac{n_m}{n_i}\frac{r_{m-1}}{r_{i-1}}\sin(\theta_x + \theta_s), \qquad i = 0,1,\cdots,m-2$$

$$r_{-1} = r_e$$

$$(2-23)$$

从而 $\Delta\theta_i$ 可以表示为关于 θ_x 的函数：

$$\sin\Delta\theta_i = \alpha_i\sin(\theta_s + \theta_x)\sqrt{1 - {\alpha_i'}^2\sin^2(\theta_s + \theta_x)} - {\alpha_i}'\sin(\theta_s + \theta_x)\sqrt{1 - \alpha_i^2\sin^2(\theta_s + \theta_x)}$$

$$(2-24)$$

即可以得到每一层中的 $\Delta\theta_i$ 关于 θ_x 和 θ_s 的表达式，而对任意给定的太阳光入射角 θ_s，总折射偏向角 $\sum\Delta\theta_i$ 是关于 θ_x 的增函数，故可以根据式（2-25）数值解得到 θ_x 的值，从而得到整个光线的折射轨迹。

2.3.2.2 白天天空场景的绘制

在大气效果的绘制中，光线跟踪及光线投射算法较常被应用。传统的光线跟踪算法着重计算光线在景物表面反射所导致的整体光照效果，而太阳光线在大气中的传播主要是散射和折射，散射发生在光线穿过大气层的整个路径上。这里我们不采用沿光线入射路径对大气空间进行离散的计算方法，而是将大气密度、折射系数等用函数隐含地表示，通过直接在光路上进行线积分来计算散射光强度。具体地，我们采用下述考虑折射的路径跟踪算法来计算并绘制天空场景。

该算法的基本思想是（见图 2-14）：从视点出发，通过图像平面上每个采样点向天空发出一条光线，逆向跟踪这条光线经大气折射后的传播路径 $l(OP)$；然后对计算得到的折射光线上的每一点 S，用 2.3.2.1 节的方法反求得太阳光的折射路径 $l(SP_s)$；最后按照 2.3.1 节的方法，在该折射路径上计算相应的散射强度，即在整个路径上进行线积分。图 2-14 中，从太阳中心入射到观察点 O 的

光线的折射轨迹为 OO_s（图中的粗线），该轨迹上每一点与太阳光线的夹角均为0，沿该轨迹入射的太阳光强度最大，而从 O 点出发穿过屏幕上其他像素中心的光线由于其折射轨迹与太阳入射方向存在一偏向角，如图 2-14 中 α 角所示，故其光线强度逐渐减小。

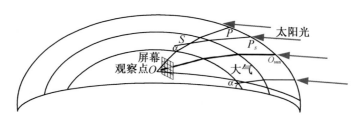

图 2-14　考虑折射的路径跟踪算法

在折射路径上的介质散射强度计算公式为

$$I(\lambda) = I_s(\lambda) \frac{K(n)}{\lambda^4} \int_{l(OP)} F_s(\theta, g)\rho \exp\left\{-t[l(SP_s), \lambda, K(n)] - t[l(SO), \lambda, K(n)]\right\} dS$$

$$(2-25)$$

不同层的 $F_s(\theta, g)$ 的参数不同，以模拟不同的天气状况。

同时绘制时可对画面采用自适应采样，即对太阳中心附近像素采用较高的分辨率采样，对其周围的天空采用较小的分辨率采样。这样一方面可保证精度，另一方面可减少计算量。

算法步骤如下：

1）给定太阳入射角和视点位置，求出主入射光线，从而确定人的观察方向；

2）对屏幕上的采样像素，按 2.3.2.1 节的方法分别求得每一剖分层的入射光线折射轨迹，再在该段光线上按公式（2-27）积分求得各波段的散射光线强度（以 5nm 为光谱采样间隔）；

3）基于每剖分层的各波段的光强按 2.2.2.2 节的颜色转换模型求得该像素的 RGB 值；

4）绘制出陆地或海面场景。地面采用随机地形生成法（Zachmann and Langetepe，2002）；绘制海面采用 FFT 方法（Premoze and Ashikhmin，2001）绘制；将天空与陆地或海面场景进行合成，并将整个场景输出到屏幕上。

2.3.2.3　夜晚天空场景的绘制

夜晚天空场景的绘制主要是绘制月亮和星星（Jensen *et al.*，2001），其模型如图 2-15 所示。

（1）月亮绘制

月亮是夜晚天空绘制的主要目标，月亮和地球的相对位置可见图 2-15。月球本身不发光，入射到月亮的光主要包含两部分：一部分是直射在月球上的太阳光，另一部分是地球反射的太阳光射到月球上。月亮是一个弱反射源（Hapke，1963），根据 Hapke/Lommel Seeliger 月亮模型，可计算出月亮反射的光线强度为（Hulst，1980）：

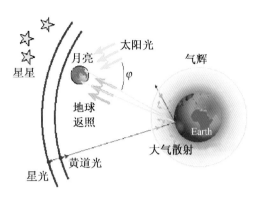

图 2-15　夜空场景模型

$$E_m(\varphi, d) = \frac{2Cr_m^2}{3d^2}\left\{E_{em} + E_{sm}\left[1 - \sin\frac{\varphi}{2}\tan\frac{\varphi}{2}\ln\left(\cot\frac{\varphi}{4}\right)\right]\right\} \quad (2-26)$$

式中：φ 为图 2-15 中太阳光与地球反射光之间的夹角；d 为月亮与地球之间的距离；r_m 是月球半径；C 为月球的平均反射系数，是一个常数 $C=0.072$；E_{sm} 是太阳直射在月球上的入射光强，等于太阳常数 1367W/m^2；E_{em} 为经地球反射的太阳光再入射到月球上的光强，可根据下式计算（Jensen *et al.*，2001）：

$$E_{em} = 0.19 \times 0.5\left\{1 - \sin\left(\frac{\pi-\varphi}{2}\right)\tan\left(\frac{\pi-\varphi}{2}\right)\ln\left[\cot\left(\frac{\pi-\varphi}{4}\right)\right]\right\} \quad (2-27)$$

由于月亮的特殊地貌，环形山附近反射较小。另外月球上覆盖着一层细小微粒的物质，这些粒子的半径大于可见光的波长（Diggelen，1959），根据类似于 Mie 散射的理论，月球表面在长波长（红光）处的反照率大约是在短波长（蓝光）处的两倍，而且月亮的双向反射率在各个方向上基本不变。为了简化计算，取反照率 ρ_0 在波谱范围内线性变化，即在 340nm 处为平均反射系数 C 的 70%，在 740nm 处取 135%。这里暂没考虑月亮的极化效应，则月亮的反射系数 ρ_M 可取为：

$$\rho_M = \frac{\rho_0(\lambda)(\cos\theta_i\cos\theta_r)^{k-1}}{\pi} \quad (2-28)$$

式中：θ_i 为入射光线与月球表面法向的夹角，θ_r 为反射光线与月球表面法向的夹角，k 为月亮的朗伯黑体参数，$\rho_0(\lambda)$ 表示反照率随波长的变化。

月亮反射光进入人眼之前也要经过地球表面大气层的折射和散射，我们先求得月亮表面各点的反射光强度，将月亮看作二次面光源，这样便可对其上每一点按照第 2.3.2.1 节的方法计算光线的折射轨迹以及最后到达人眼的光线强度。需要指出的是,对于 Mie 散射,黑暗的大气散射相位函数(见式 2-6)要对应地改为(Nishita *et al*.,1987):

$$F(\theta) = (1 + 50\cos^{64}\theta/2) \qquad (2-29)$$

根据大气散射理论,地球大气对短波长(蓝光)散射比长波长(红光)的更强,而月球则相反,这便可以解释为什么我们看到的月亮一般呈白色,同时边缘亮度与中间亮度差不多。由于月球环形山附近的反射光线强度较弱,所以我们见到月亮表面呈现出斑驳的阴影。

(2) 星星绘制

对于夜空中的星星,我们能看到的一般是能自发光的恒星及太阳系的几大行星。此处采用依巴谷星表,该星表包括 9000 颗左右的恒星,其中肉眼能看到的大约有 6000 颗。恒星发出的光线强度可以按下式计算(Lang,1999):

$$E_s = 10^{0.4(-m_v-19)}\frac{W}{m^2} \qquad (2-30)$$

这里,m_v 为恒星的星等,它是天文学中度量恒星亮度的量。对于太阳,$m_v \approx -26.7$;对于满月,$m_v \approx -12.2$;对于天狼星,$m_v \approx -1.6$。肉眼一般能够看到星等小于 6 的恒星。

下面求取观察时刻星星在空中的空间位置分布。首先从已有的星表数据中读取星星的具体位置和星等信息。依巴谷星表的历元时刻是 2000 年 1 月 1 日 0 时,所列恒星位置数据相当于一个位于地心的观测者在没有大气的情况下在 2000 年 1 月 1 日所看到的恒星的视位置。由于需求取任意时刻、任意观测地点的恒星视位置,所以建模时需对依巴谷星表进行时间和空间的坐标转换(Walter,1992)。首先将 2000 年 1 月 1 日 0 时的星表位置数据转换到当前指定时刻,然后经过一系列空间坐标转换,并考虑岁差和章动的影响,将恒星视位置坐标统一转换到观测点坐标,得到恒星在指定时刻相对于观测者的视位置。具体算法可描述如下。

1) 读取星表,得到历元 t_0 时刻星点的平位置(α_0,δ_0)。

2) 自行改正:建立标准历元 t_0 时刻的赤道直角坐标系,对恒星历元平位置进行自行改正,得到任意时刻 t_1 恒星相对于 t_0 时刻直角坐标系的位置$(\alpha_0{}',\delta_0{}')$,$\alpha_0{}'=\alpha_0+\mu_\alpha(t_1-t_0)$,$\delta_0{}'=\delta_0+\mu_\delta(t_1-t_0)$。其中,$\mu_\alpha$ 和 μ_δ 分别是纬度方向自行和经度方向自行,从星表中可直接读取。

3) 岁差改正:将恒星相对于 t_0 时刻直角坐标系的位置$(\alpha_0{}',\delta_0{}')$归算到 t_1

时刻直角坐标系的位置$(\alpha_0{''},\delta_0{''})$。

4）章动改正：将恒星在 t_1 时刻的直角坐标$(\alpha_0{''},\delta_0{''})$归算到在 t_1 时刻的真坐标(视坐标位置)(α_1,δ_1)。这样就可得到此后任意时刻、任意观察点的星星位置。

由于星星距离较远,这里将它们视为点光源。最后按照前面的方法计算星星发出的光经过大气折射、散射,最后到达人眼的光强,并转化为 RGB 颜色,从而绘制出夜晚繁星满天的天空场景。

2.3.3 结果与分析

依据上面的模型,可以计算出不同太阳光入射角以及不同天气条件下大气折射的偏转角,这里的偏转角是指光线进入大气层时的方向与最后到达人眼的光线方向之间的夹角。如图 2-16 所示,图中粗实线为实测结果,细实线为模型计算结果,可以看到计算结果与实测数据吻合很好。我们在 PIV 2.4GHz,2.0GB 内存的高档微机上实现了不同天空场景的模拟。从图 2-16(a)中可以看到,随着太阳光入射角的增大,大气折射的偏转角逐渐减小,当太阳处于地平面上时最大,可以达到 7.5°,可见此时的折射是不能忽略的,这正好解释了为什么太阳及满月刚刚升起时比在半空中更大。从图 2-16(b)~(e)可以看出,大气折射的最大偏转角随着温度的升高而降低(但不会小于 4°),随着气压的增大而增加,随着大气湿度的增大而降低,并且随着观测者的高度增加而增加,这就是为什么在高山上看日出更加壮观的原因。

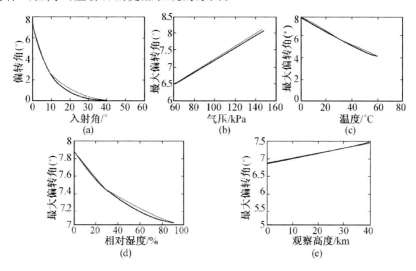

图 2-16 不同条件下的太阳光线最大折射偏转角。(a) 不同太阳光入射角;(b) 不同气压;(c) 不同大气温度;(d) 不同大气湿度;(e) 不同观测者高度

对该算法绘制出的太阳颜色变化与真实的太阳光照效果进行对比,得到图 2-17。

（a）   （b）

图 2-17 绘制的太阳与真实照片的对比。(a) 用本章的算法绘制的太阳;(b) 真实的太阳光照效果

由图 2-17 可见,用该算法绘制生成的太阳与真实的太阳光照效果十分相近。图 2-18 是分别统计两幅图经过太阳中心的一条图像带上的 RGB 变化趋势(分别用红、绿、蓝三种颜色表示),除了真实的太阳照片多了一些噪声外,整体趋势已经非常一致。这也说明了该算法的合理性。

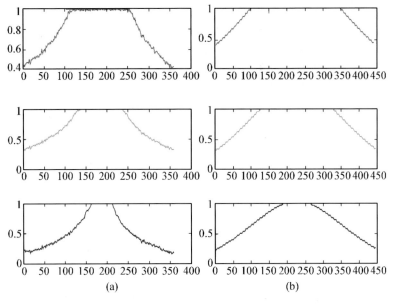

图 2-18 太阳周围 RGB 变化趋势比较。(a) 真实的太阳周围 RGB 变化值;(b) 本算法所生成太阳图像的 RGB 变化值

　　图 2 - 19 是利用本章的方法模拟的不同时刻海面的天空场景,从图中可以看到,由于大气折射的影响,早晨的太阳明显比中午的太阳更红、更大。图 2 - 20 是利用本章方法模拟的不同时刻陆地的天空场景。由图可以看到早晨海面的太阳比陆地的太阳更红,这主要是由于海面有大量的水汽,水汽压较大。早晨天空的红色或浅黄色则是因为太阳光入射角较小时,光线穿过大气层的路程较长,而红光穿透能力比较强;到了中午,进入人眼的各波段光强几乎相同,所以我们看到中午的太阳是白色的;太阳周围的光芒主要是由于较大 Mie 散射的结果。图2 - 21分别模拟的是春天早晨($T = 120\,℃$, $p = 98\,\mathrm{kPa}$)和冬天早晨($T = -50\,℃$, $p = 103\,\mathrm{kPa}$)的天空场景,反映出温度、气压对天空场景的影响。

(a)　　　　　　　　　　　　(b)

(c)　　　　　　　　　　　　(d)

图 2 - 19　不同时刻的海面天空场景。(a) 早晨 6:30 的海面天空场景;(b) 上午 8:30 的海面天空场景;(c) 上午 10:00 的海面天空场景;(d) 中午 11:30的海面天空场景

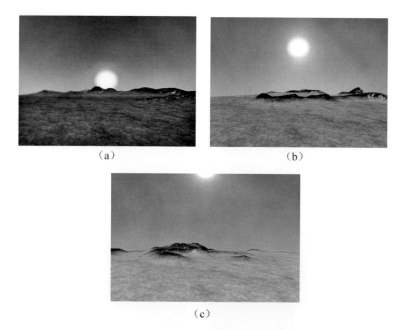

图 2 - 20 不同时刻的陆地天空场景。
(a) 早晨 7:00;(b) 上午 9:30;(c) 中午 11:30

图 2 - 21 不同季节的天空场景。(a) 春天早晨($T=120℃$, $p=98kPa$);
(b) 冬天早晨($T=-50℃$, $p=103kPa$)

图 2 - 22 绘制的是满月初升时和午夜时的夜空场景,可以明显地看到月亮刚升起时呈椭圆形,颜色偏黄,且比在半空中时更大。图 2 - 23 模拟的是 2004 年 3 月 20 日晚上 20:00 时杭州(北纬 30°,东经 120°)上空的夜空场景,效果比较逼真。

（a） （b）

图 2 - 22 不同时刻的满月夜空场景。（a）满月初升时的夜空
场景；（b）午夜时分的天空场景

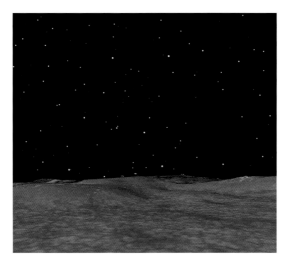

图 2 - 23 夜晚星空场景

同时由于采用了自适应采样的路径跟踪算法,算法效率比较高。表2-1是本
章方法与 Jackel 和 Walter(Jackel and Walter,1997)的方法绘制效率的比较。

采用本章方法可以模拟出不同时刻、不同地点、不同大气条件下的白天及晚
上的天空场景。由于综合考虑了大气的真实折射和散射情况,绘制结果更加接
近于真实场景。

表 2 - 1 绘制效率的比较

	分辨率	绘制时间	绘制结果
本章方法	800×600	90s	逼真
Jackel 和 Walter 的方法	800×600	350s	较逼真

2.4　云的真实感模拟

云是最为常见的自然景观,虽然为人们所熟知,但是由于其形态多变,厚薄不匀,飘浮不定,很难准确地描述其形状,因此用计算机生成真实感的云场景显得非常困难。再者,云的运动变化十分复杂,尽管大气物理学对其研究比较深入,但在图形学中采用一个合适的物理模型对其进行真实感建模和绘制却有些困难:模型过于精确,会使运算量庞大;模型过于简单,则会失去所生成图像的真实感。因此,云场景的真实感建模与绘制至今仍是图形学研究的一个难点。

目前,图形学中模拟云的方法主要有基于粒子系统的方法、基于元胞自动机的方法、基于分形几何的方法、基于流体力学的方法等,其中前面三种方法在第1章中已有详细介绍,下面重点介绍基于流体力学的方法及其在云的真实感模拟方面的应用。

2.4.1　流体模拟的基本理论

19世纪,工程师们在解决带有黏性影响的问题时,部分运用流体力学的理论,部分采用经验公式。1822年,Navier建立了黏性流体的基本运动方程;1845年,Stokes又以更合理地导出了这个方程,并将其所涉及的宏观力学原理进行了论证。这组方程就是沿用至今的Navier-Stokes方程组,它构成了流体力学的基础。Navier-Stokes方程组可以根据牛顿第二定律推导出来(刘导治,1989)。下面给出常用的不可压缩黏性Navier-Stokes方程组的欧拉形式和拉格朗日形式。

2.4.1.1　欧拉形式

质量守恒方程:$\nabla \cdot \boldsymbol{u} = 0$,

动量守恒方程:$\partial \boldsymbol{u}/\partial t = -(\boldsymbol{u} \cdot \nabla)\boldsymbol{u} + v\,\nabla^2 \boldsymbol{u} - \nabla p/\rho + \boldsymbol{f}$,　　　　(2-31)

式中:ρ为密度,p为压强,$\boldsymbol{f}$为力,$\boldsymbol{u}$为速度,v为运动黏性系数。基于网格的欧拉法是将上述方程离散到网格上,然后计算各个固定网格结点上状态量的变化,从而得到整个场。

2.4.1.2　拉格朗日形式

如果采用拉格朗日法这种基于粒子的方法,则Navier-Stokes方程组可以写为:

质量守恒方程:$\nabla \cdot \boldsymbol{u} = 0$,

动量守恒方程:$\mathrm{d}\boldsymbol{u}/\mathrm{d}t = v\,\nabla^2 \boldsymbol{u} - \nabla p/\rho + \boldsymbol{f}$,　　　　(2-32)

如果将式(2-34)右边整理成一个力,则退化为牛顿第二定律:$\boldsymbol{a}_i = \mathrm{d}\boldsymbol{u}_i/\mathrm{d}t =$

f_i/ρ_i,其中 a_i 为粒子 i 的加速度,u_i 为粒子 i 的速度,f_i 为该粒子受到的合力,ρ_i 为该粒子所在位置的密度。显然,该类方法就是对于各个相对独立的粒子进行力的分析,通过积分计算出这些粒子在下一个时刻的位置和其他状态量。拉格朗日法的优点是容易表达,不需要对整个空间进行处理,容易保证质量守恒,而且容易实施控制。但拉格朗日方法对于平滑运动界面的重建较难处理。另外,计算量随着粒子数的增多而加大。

欧拉法和拉格朗日法各有优缺点,为了更真实地模拟流动效果,最近人们往往将基于网格的欧拉算法和基于粒子的拉格朗日方法结合起来使用。例如广泛应用的半拉格朗日方法(Stam,1999)以 Helmholtz-Hodge 分解为理论基础,采用四步法求解 Navier-Stokes 方程组。

2.4.2 云的真实感模拟方法

通常,云的真实感模拟方法可以分为两类:过程式建模方法和基于物理的建模方法。过程式建模方法是从形态和外观上模拟云的形成过程,包括基于粒子系统的方法、基于分形几何的方法、基于纹理的方法等。上述方法不考虑云形成的物理机制即大气微粒的散射等,绘制速度比较快。采用基于物理的绘制方法可以生成真实感更强的云场景,但是绘制效率比较低。

Voss(Voss,1983)用分形几何的方法生成云。Gardner(Gardner,1985)用纹理映射的方法,将纹理映射到椭圆体(ellipsoid)上来生成云。通过这两种方法可以生成较为逼真的二维云,但是无法绘制三维形状的云。Ebert 和 Parent(Ebert and Parent,1990)采用体纹理(solid texture)的方法生成了三维的云。他们还提出了一种结合元球(metaball)技术和噪声函数生成云的方法(Ebert,1997)。Sakas(Sakas,1993)采用光谱合成的方法生成云。Stam 和 Fiume(Stam and Fiume,1991)则提出了一种允许用户交互的生成云的方法,该方法不适合产生大规模的云场景。上述方法均未考虑云中大气粒子的多次散射作用,属于过程式建模。

云的反射率很高,因此大气粒子的多次散射计算对于云场景的真实感模拟非常重要,但多次散射的计算非常费时。Kajiya 和 Herzen(Kajiya and Herzen,1984)最早把辐射传输方程引入图形学并绘制了云场景。Stam 和 Fiume(Stam and Fiume,1995)利用松弛迭代方法求解辐射传输方程,解决了云中粒子多次散射问题,并绘制出了具有不同反射率的云的前向散射效果。该文假设云中水滴是一些矩形状的实体,这与实际云中飘浮水滴的形状不符,因而造成了水滴边界处较大的走样现象。Max 等(Max *et al.*,2004)对上述方法进行了改进。但该方法受图形硬件 8bit 精度的限制,同样存在一些走样现象。Nishita 等(Nishita *et al.*,1996a)运用元球技术生成云的形状,把云定义在许多元球生成的密度场上。Nishita 等(Nishita *et al*.,1996b)认为太阳光、天空光及大气粒子的散射作用是云光照形成的主要因素,再考虑到地面的反射光对云光亮度的影响,最终模拟了较为逼真的云场景。但该方法的绘制速度仍然比较慢。2001 年,Harris 和 Lastra(Harris and Lastra,2001)用粒子系统表示云的形状,利用 GPU 加速计算云的多次前向散射,再用 Imposter 技术将三维云绘制到一系列预先设定好的二维平面上,实现了静态云场景的实时绘制。Bouthors 等(Bouthors *et al*.,2006)精确计算了云中复杂的多次散射,实时绘制了静态的层云场景。

上述方法可以生成较为逼真的静态云场景。实际上,云的颜色、形状随时间及与太阳和视点的相对位置的变化而改变。动态云场景在电影、娱乐业等领域有着更多的需求。但是,动态云场景的真实感建模与绘制更为困难,这方面的研究工作也相对较少。

Dobashi 等(Dobashi *et al*.,1999)利用元胞自动机 CA(cellular automaton)的方法模拟云的运动和变化。该方法可以快速模拟云的形成及运动过程。其基本思想是采用元胞自动机把复杂的云的运动过程表示为一系列简单的转换规则,再运用 GPU 加速的方法,绘制出具有光柱(shafts of light)效果的真实感较强的动态云场景(Dobashi *et al*.,2000)。他们采用多层次球壳结构的方法对光柱建模,绘制场景时采用了溅射(splatting)方法。由于云的光亮度的计算和光柱的光亮度计算是分开进行的,该方法仅能绘制云层底端的光柱效果。2002 年,Dobashi 等(Dobashi *et al*.,2002)提出了一种以交互速度绘制大气效果的方法。该方法和文献(Dobashi *et al*.,2000)中的方法一样,也是在太阳光线及视线方向上分别计算大气粒子的衰减效应,所以这种方法需要占用大量的临时内存空间。Miyazaki 等(Miyazaki *et al*.,2004)提出了一种称为 SVSs(shadow view slices)的快速绘制云的方法。该方法解决了上述两种方法中存在的问题,可以一次性地求得太阳光线及视线方向上由大气粒子引起的衰减效应。和(Dobashi *et al*.,2000)中的方法不同,该方法逐面片地计算光亮度,可采用纹理方式进行计算,因此该方法更适合于 GPU 加速。为了满足飞行仿真、天气信息可视化等领域的需要,Dobashi 等(Dobashi *et al*.,1999)提出了一种基于卫星图像生成真实感云场景的方法。随后还提出一种基于 CML(coupled map lattice)的生成动态云的方法(Dobashi *et al*.,2001),后来该方法被改进用于绘制火山喷发产生的蘑菇云(Mizuno *et al*.,2003)。Miyazaki 等(Miyazaki *et al*.,2001;2002)利用计算流体动力学 CFD(computational fluid dynamics)的方法模拟积状云的形成过程。2003 年,Harris

等(Harris *et al.*,2003)提出了一种动态云的快速绘制方法。该方法运用 3D 纹理摊平技术,采用 Navier-Stokes 方程组对云的运动建模,并计算云中各点的光亮度。上述过程均在 GPU 中计算完成,是目前最快的动态云的建模方法,但他们采用的是离线绘制方法。2005 年,刘峰(刘峰,2005)提出了一种将分形布朗运动(fractal brownian motion)和基于流体相结合的方法对云的运动进行建模,并采用 GPU 加速绘制了动态云场景。但该方法只限于二维动态云场景的模拟。2006 年,Dobashi 等(Dobashi *et al.*,2006)提出了一种可控的巨大尺度的(Earth-scaled)云场景的绘制方法。该方法采用交互方式定义云的初始密度、温度等,通过求解流体方程对云的运动进行建模,绘制了太空俯视地球时天空云团的动态运动效果图。

2.4.3 基于纹理漂移的动态云场景模拟方法

为了兼顾真实感和绘制效率,我们提出了一种基于纹理漂移的动态云场景的模拟方法。该方法的基本思想是:首先在稀疏的网格(如 $16 \times 16 \times 16$)上求解 Navier-Stokes 方程组,对云的运动进行宏观建模,此时模拟的结果虽然粗糙但可以大致反应云的运动;然后基于求得的速度场附上动态纹理图片以增加云变化的细节。由于我们的方法仅仅在稀疏网格上求解流体力学方程,并且采用动态纹理图像代替复杂的多次散射计算,因而绘制效率较高且真实感较强。通过变换不同的纹理图片,可以模拟不同光照条件下的动态云场景。

2.4.4 云的动态运动模型

云实际上是空气中遇热上升的水汽冷凝的产物。假定气流是不可压缩的(这种假设称为 Boussinesq 逼近(Houze,1993),对于图形学仿真应用来说,已可满足需要),并考虑到温度场的变化、水汽和云粒子转化的物理过程等,我们采用如下方程组对云的运动进行建模:

$$\nabla \cdot \boldsymbol{u} - 0,$$

$$\frac{\mathrm{d}\boldsymbol{u}}{\mathrm{d}t} = -(\boldsymbol{u} \cdot \nabla)\boldsymbol{u} - v\,\nabla^2\boldsymbol{u} - \nabla p + \boldsymbol{B} + \boldsymbol{f}, \tag{2-33}$$

$$\frac{\mathrm{d}E}{\mathrm{d}t} = -\Gamma_d + Q\,\frac{\mathrm{d}w_{\mathrm{cloud}}}{\mathrm{d}t} + S_E, \tag{2-34}$$

$$\frac{\mathrm{d}w_{\mathrm{vapor}}}{\mathrm{d}t} = -\frac{\mathrm{d}w_{\mathrm{cloud}}}{\mathrm{d}t}, \tag{2-35}$$

其中,式(2-33)为不可压缩流体的 Navier-Stokes 方程组,$\boldsymbol{B}$ 为浮力,$\boldsymbol{f}$ 为外力;式(2-34)表示云生成过程中温度场的变化,Γ_d 是绝热下降变化率,Q 是潜热系数,S_E 是热源温度,w_{cloud} 表示云的密度;式(2-35)表示水汽和云粒子之间的相互转化，w_{vapor}表示水汽的密度。

2.4.5　云的运动模型求解

首先定义热源位置及温度，并初始化速度场、压强场、密度场、边界条件等。然后对速度场施加外力f，即：

$$u^* = u + \Delta t \cdot f \tag{2-36}$$

式中：u^*为更新后的速度场，Δt为计算的时间步长。再计算黏滞项，即：

$$u^* = u + v\Delta t \, \nabla^2 u \tag{2-37}$$

接下来求解对流项：

$$u^* = -(u \cdot \nabla)u \tag{2-38}$$

同时密度、温度等的对流传递也采用半拉格朗日方法求解（Stam，1999）；然后求解压强项，以使速度场的散度算子处处为0，即：

$$\nabla^2 p = \frac{1}{\Delta t} \, \nabla u, \qquad u^* = u - \Delta t \, \nabla p \tag{2-39}$$

云粒子与周围大气的温差产生浮力，这是云上升运动的主要动力。浮力的计算采用下式：

$$B = \frac{E - E_0}{E_0} z - k_g w_{cloud} z \tag{2-40}$$

式中：E_0表示环境的平均温度，E表示空间任意网格处的温度，$z=(0,0,1)$表示向上方向的矢量，k_g是重力加速度系数。具体地，可用下式来计算：

$$E^* = E - \Gamma_d \Delta t u_z \tag{2-41}$$

式中：E^*表示更新后的温度场，u_z表示竖直方向的速度分量。水汽到云粒子的相变过程同样会引起温度场的变化：

$$
\begin{aligned}
w_{cloud}^* &= w_{cloud} + \Delta t \alpha (w_{vapor} - w_{max}) \\
w_{vapor}^* &= w_{vapor} - \Delta t \alpha (w_{vapor} - w_{max}) \\
E^* &= E + Q\Delta t \alpha (w_{vapor} - w_{max})
\end{aligned}
\tag{2-42}
$$

式中：w_{max}表示最大水汽饱和密度，α为系数，Q为潜热系数。

根据以上计算步骤，我们可以在稀疏的网格（如$16 \times 16 \times 16$）上快速地求解上述方程组，从而可以模拟云的宏观运动。

2.4.6　纹理生成

为了取得类似高分辨率网格模拟的视觉效果，我们采用纹理逐网格移动的方法伴随云的宏观运动来增加局部细节。由于噪声纹理生成简单,又能较好地表达云的局部细节,我们使用三维 Perlin Noise 纹理(Perlin,1985)。Perlin Noise 纹理在地形、火焰等其他自然景物的模拟中有着广泛的应用。

Perlin Noise 纹理由 Perlin 噪声函数生成。Perlin 噪声函数由 Perlin 于 1985 年首先提出(Perlin,1985)。从本质上说,Perlin 噪声函数是一个随机数生成器,但它又与普通的随机数生成器不同。Perlin 噪声函数用一个整数作为参数,然后返回一个基于这个参数的随机数。如果将同样的参数传递两次,它会产生相同的随机数,而对于普通的随机函数来说,同一参数传递两次将产生不同的结果。构造三维 Perlin Noise 纹理的步骤如下。

1)构造随机函数生成器,

$$\text{rand} = \text{rand}()/\text{RAND\_MAX}$$

2)假设 $\Delta x, \Delta y, \Delta z$ 分别是沿 x, y, z 方向的网格间距,并且

$$\begin{cases} u = \dfrac{x - i\Delta x}{\Delta x}, \\[2mm] v = \dfrac{y - i\Delta y}{\Delta y}, \\[2mm] w = \dfrac{z - i\Delta z}{\Delta z} \end{cases} \quad (2-43)$$

令

$$\Omega_{i,j,k}(u,v,w) = h(u)h(v)h(w)(\text{rand}^1 u + \text{rand}^2 v + \text{rand}^3 w) \quad (2-44)$$

其中,

$$h(t) = \begin{cases} 2\,|t|^3 - 3\,|t|^2 + 1, & \text{如果}\,|t| < 1 \\ 0, & \text{其他} \end{cases} \quad (2-45)$$

令 $\text{rand}^i = \text{rand}()/\text{RAND\_MAX}, i = 1, 2, 3$,则 Perlin 噪声函数可以表示为:

$$\text{Noise}(x,y,z) = \sum_{i=\lfloor x/\Delta x \rfloor}^{\lfloor x/\nabla x \rfloor} \sum_{j=\lfloor y/\Delta y \rfloor}^{\lfloor y/\nabla y \rfloor + 1} \sum_{k=\lfloor z/\Delta z \rfloor}^{\lfloor z/\nabla z \rfloor + 1} \Omega_{i,j,k}(u,v,w), \quad (2-46)$$

图 2-24(a)是采用以上方法生成的一个三维噪声纹理的例子,图 2-24(b)是沿深度方向采样后,从中所取的一个切片。通过变换不同的参数,可以得到不同的噪声纹理。

纹理漂移的过程实际上是对云在宏观运动过程中形态和外观变化的模拟。我们的基本思想是:假定每一个空间网格单元均包含一个粒子,该粒子有相应

的速度场和压强场。在计算过程中,每隔一个时间步长更新每一个单元格所含粒子对应的纹理属性数值。

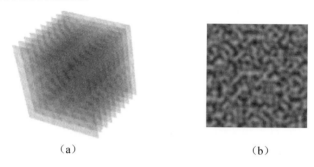

（a）   （b）

图 2 - 24　三维噪声纹理及其中一个切片。(a) 三维 Perlin 噪声纹理;(b) 噪声纹理的一个切片

下面介绍纹理漂移的具体步骤。假设云中任一粒子在 t 时刻的位置为 $P(t)$,速度为 $\boldsymbol{u}(t)$,其对应的纹理坐标为 $T[P(t),t]$。在速度场的作用下,经过时间步长 Δt 后,粒子的新位置 $P(t+\Delta t)$ 可以表示为:

$$P(t + \Delta t) = P(t) + \boldsymbol{u}(t)\Delta t \qquad (2-47)$$

式(2-49)模拟了流体在速度场作用下的水平对流运动,纹理等作为流体粒子的外观属性随之漂移,但是这种方法依赖于步长的选取。步长过大时,计算误差较大并且容易产生数值溢出现象;步长过小时,流体变化过程过于缓慢,计算十分耗时。在本算法中,我们不通过计算速度场和时间步长 Δt 的乘积得到粒子的当前位置,而是沿着粒子宏观运动的轨迹逐网格地回溯到它上一 Δt 时刻的位置,然后将纹理的属性值数据赋给相应的网格点。纹理属性 T 的更新可以用下式来表达:

$$T[P(t),t + \Delta t] = T\left\{[P(t) - \boldsymbol{u}(t)\Delta t],t\right\} \qquad (2-48)$$

如果 $P(t)-\boldsymbol{u}(t)\Delta t$ 不在网格点上,取与它最近的四个网格点处纹理属性值的双线性插值结果作为该点的纹理属性值。该方法的优点是计算稳定,受步长大小的选取影响不大。

图 2 - 25 是二维纹理漂移过程的图例。图 2 - 25(a)是一张原始的二维噪声纹理,图 2 - 25(b)表示噪声纹理在速度场作用下的过程序列。其中,速度场通过在平面流场中施加一外力产生。在图 2 - 25(b)中,外力施加在平面的中下部,可以看到噪声纹理沿外力作用产生的速度场的漂移过程。由于此处没有考虑速度场的扩散,对流作用较小,纹理变化的区域主要集中在外力作用范围的附近。

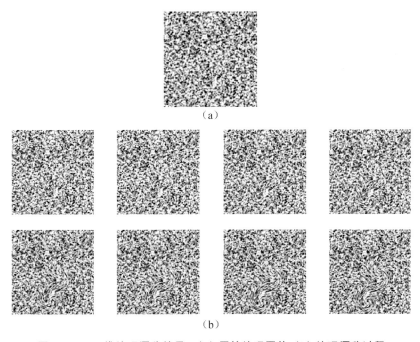

（a）

（b）

图 2 - 25　二维纹理漂移结果。(a) 原始纹理图片；(b) 纹理漂移过程

2.4.7　场景绘制

绘制云场景时，首先把待模拟空间离散为均匀网格，然后定义热源位置及温度、速度场和压强场的初始条件、边界条件等。根据速度场对密度及纹理的作用，可以得到空间各点处的密度纹理及噪声纹理，把两者相乘的结果作为该点最后的纹理。最后采用体绘制的方法绘制整个场景。图 2 - 26 是加入纹理漂移与未加入纹理漂移时的绘制结果比较。图 2 - 26(a) 是仅仅考虑密度纹理的绘制结果，图 2 - 26(b) 则是考虑纹理漂移后的绘制结果。从图 2 - 26 中可以看到考虑纹理漂移后获得的类似多次散射的视觉效果。

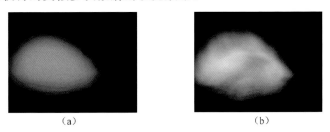

（a）　　　　　　　　　　　　　　（b）

图 2 - 26　考虑纹理漂移与不考虑纹理漂移的绘制结果比较。(a) 不考虑纹理漂移；(b) 考虑纹理漂移

2.4.8　绘制结果及讨论

根据上述模型,我们在配置为 Pentium IV/2.4G,1G 内存,ATI9800 显卡的微机上绘制了动态云场景,并对绘制速度作了分析比较。

图 2-27 表示动态云场景的运动序列。空间网格分辨率为 $16 \times 16 \times 16$,纹理的分辨率为 64×64。从图 2-27 中可以看到云的形状不断地发生变化,由于我们提出的建模方法基于云生成运动的物理过程,所以绘制结果较为真实。图 2-28 是黄昏时刻动态云场景绘制效果图。通过变换不同的噪声纹理,可以生成视觉上较为真实的不同光照条件下的动态云场景。传统方法通过计算云粒子复杂的多次散射对云的局部细节进行建模。和传统方法相比,纹理漂移方法的特点是绘制速度快,云的局部细节较为真实。表 2-2 列出了不同分辨率的云

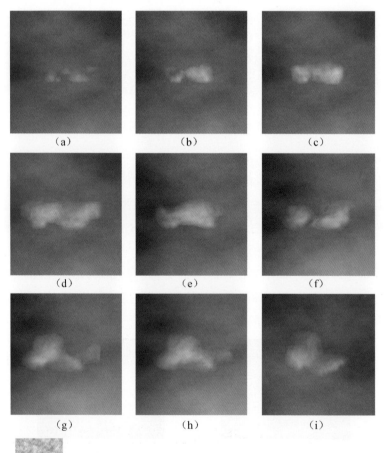

(a)　　　　　(b)　　　　　(c)

(d)　　　　　(e)　　　　　(f)

(g)　　　　　(h)　　　　　(i)

上述动画序列用到的漂移纹理(64×64)

图 2-27　动态云场景。(a)～(i)表示不同时刻的运动序列

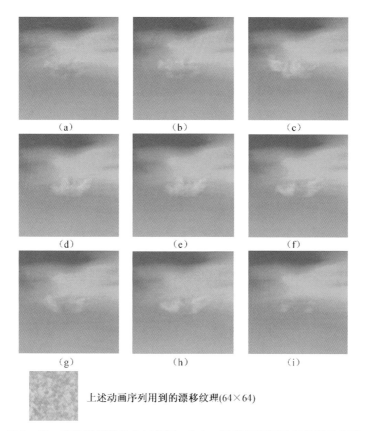

(a)　　　　　　　(b)　　　　　　　(c)

(d)　　　　　　　(e)　　　　　　　(f)

(g)　　　　　　　(h)　　　　　　　(i)

上述动画序列用到的漂移纹理(64×64)

图 2 - 28　黄昏时刻的动态云场景。(a)～(i)表示不同时刻的运动序列

场景的绘制速度。从表 2 - 2 中可以看到，当网格的离散分辨率为 16×16×16、纹理的分辨率为 64×64 时，本算法的绘制速度达到 3f/s，此时绘制效果的真实感较强。当网格分辨率和纹理分辨率降低时，绘制速度明显提高，可以满足交互甚至实时的需要，但是绘制效果的真实感有不同程度的降低，可以用于绘制较远处的云天背景。

表 2 - 2　不同分辨率动态云场景的绘制速度分析

网格分辨率	纹理分辨率	绘制速度(f/s)
16×16×16	64×64	3.0
	32×32	15.0
	16×16	25.0
8×8×8	64×64	11.0
	32×32	60.0
	16×16	75.0

我们还在网格分辨率取 $16\times16\times16$、纹理分辨率取 64×64 及 32×32 的情况下,对绘制一帧过程中各主要计算步骤的时间耗费作了统计,如表 2-3 所示。其中,物理建模是指求解云运动方程组$(2-35)\sim(2-37)$,纹理漂移是指纹理在速度场作用下的运动过程。从表 2-3 中可以看出,当纹理分辨率较高时,纹理漂移占用的时间最多,占总时间的 65%,远大于物理建模所需的时间(占总时间的 11%)。当纹理分辨率较低时,物理建模这一步占用一半以上的时间(56%)。由此可见,纹理漂移是本算法效率进一步提高的关键。

表 2-3　主要计算步骤的耗费时间比较　　　　　　　　　　　　（单位：s）

网格分辨率	纹理分辨率	物理建模	纹理漂移	绘制
$16\times16\times16$	64×64	0.036	0.217	0.08
$16\times16\times16$	32×32	0.037	0.018	0.01

2.5　小　　结

本章首先介绍了天空光照和大气散射的基本原理,然后提出了一种新的考虑大气折射的天空光模型:首先推导出大气折射率与大气温度、压强及湿度的定量表达式,计算不同条件下太阳光线的偏转角,并采用一种新的考虑折射的路径跟踪算法计算并真实感地绘制出不同时间、不同季节、不同地点的太阳、月亮及星星的天空场景,再现太阳及满月升起或降落过程中形状及其周围光晕的变化。

随后,本章介绍了云的真实感模拟的基本理论和方法,并对近年来这方面的研究进展进行了综述和分析比较。在前人研究工作的基础上,为了解决动态云模拟中绘制速度和绘制逼真性的矛盾,提出了一种基于速度场漂移纹理的动态云的快速绘制方法。

【参考文献】

[1] Behrens U, Ratering R. 1988. Adding shadows to a texture-based volume renderer[C]//Proceedings of SIGGRAPH' 1998:169-177.

[2] Blasi P, Saec B L, Schlick C. 1993. A rendering algorithm for discrete volume density objects[J]. Computer Graphics Forum,12(3):201-210.

[3] Bouthors A, Neyret F, Lefebvre S. 2006. Real-time realistic illumination and shading of strati form clouds[C]//Eurographics Workshop on Natural Phenomena:41-50.

［4］ CIE－110－1994. 1994. Spatial distribution of daylight luminance distributions of various reference skies［R］. Tech. Rep.，International Commission on illumination.

［5］ Diggelen J V. 1959. Photometric properties of lunar carter floors［J］. Rech. Obs.，Utrecht，1959，14：1－114.

［6］ Dobashi Y，Nishita T，Kaneda K，Yamashita H. 1995. Fast display method of sky color using basis functions［C］// Pacific Graphics' 1995，Seoul，Korea：115－127.

［7］ Dobashi Y，Nishita T，Yamashita H，Okita T. 1999. Using metaballs to modeling and animate clouds from setellite images［J］. The Visual Computer，15(9)：471－482.

［8］ Dobashi Y，Kaneda K，Yamashita H，Okita T，Nishita T. 2000. A simple, efficient method for realistic animation of clouds［C］// Proc. of SIGGRAPH' 2000，7：18－28.

［9］ Dobashi Y，Yamamoto T，Nishita T. 2001. Efficient rendering of lightning taking into account scattering effects due to clouds and atmospheric particles［C］// Proc. Pacific Graphics' 2001：390－399.

［10］ Dobashi Y，Yamamoto T，Nishita T. 2002. Interactive rendering of atmospheric scattering effects using graphics hardware［C］// Proceedings of the ACM SIGGRAPH/ Eurographics conference on Graphics Hardware. Eurographics Association：99－107.

［11］ Dobashi Y，Yamamoto T，Nishita T. 2006. A controllable method for animation of earth-scale clouds［C］// Proc. CASA 2006. New York：John Wiley：43－52.

［12］ Ebert D S. 1997. Volumetric modeling with implicit functions：A cloud is born［C］// Proceedings of SIGGRAPH' 1997. Los Angeles：ACM Press：147－155.

［13］ Ebert D S，Parent R E. 1990. Rendering and animation of gaseous phenomena by combing fast volume and scanline a-buffer techniques［J］. Computer Graphics，24(4)：357－366.

［14］ Gardner G Y. 1985. Visual simulation of clouds［J］. Computer Graphics，19(3)：297－304.

[15] Hapke B W. 1963. A theoretical photometric function for the lunar surface[J]. Journal of Geophysical Research 68, 15: 4571 – 4586.

[16] Harris M, Lastra A. 2001. Real-time cloud rendering[J]. Computer Graphics Forum (Eurographics' 2001), 20(3): 76 – 84.

[17] Harris M J, Baxter W V, Seheuermarm T, Lastra A. 2003. Simulation of cloud dynamics on graphics hardware[C] // Proceedings of Graphics Hardware: 92 – 101.

[18] Houze R A. 1993. Cloud Dynamics[M]. International Geophysica Series, Vol. 53. New York: Academic Press.

[19] Hulst H C. 1980. Multiple Light Scattering[M]. New York: Academic Press.

[20] Inakage M. 1989. An illumination model for atmospheric environment[C] // Proceeding of CG International 1989, New Advances in Computer Graphics. New York: Springer Verlag: 533 – 548

[21] Inakage M. 1991. Volume tracing of atmospheric environments[J]. The Visual Computer, 7(2 – 3): 104 – 113.

[22] Irwin J. 1996. Full-spectral rendering of the earth's atmosphere using a physical model of Rayleigh scattering[C] // Proceeding of the 1996 Eurographics UK Conference, London, 103 – 115.

[23] Jackel D, Walter B. 1997. Modeling and rendering of the atmosphere using Mie-scattering[J]. Computer Graphics Forum, 16(4): 201 – 210.

[24] Jensen H W, Durand F, Stark M M, Premoze S, Dorsey J, Shirley P. 2001. A physically-based night sky model[C] // Proc. SIGGRAPH' 2001: 399 – 408.

[25] Kajiya J, Herzen B P. 1984. Ray tracing volume densities[J]. Computer Graphics, 18(3): 165 – 173.

[26] Kajiya J T, Kay T L. 1989. Rendering fur with three dimensional textures[J]. ACM SIGGRAPH Computer Graphics, 23(3): 271 – 280.

[27] Kaneda K, Okamoto T, Nakamae E, Nishita T. 1991. Photorealistic image synthesis for outdoor scenery under various atmospheric conditions [J]. The Visual Computer, 7(5 – 6): 247 – 258.

[28] Kittler R. 1985. Luminance distribution characteristics of homogeneous

skies：A measurement and prediction strategy［J］. Lighting Res. Technol，17：183 – 188.

[29] Klassen R V. 1987. Modeling the effect of the atmosphere on light［J］. ACM Trans. Graphics，6(3)：215 – 237.

[30] Lang K R. 1999. Astrophysical formulae，Astronomy and Astrophysics Library［M］. Berlin：Springer.

[31] Lamar E，Hamann B，Joy K I. 1999. Multiresulation techniques for interactive texture-based volume visualization［C］// Proceedings of IEEE Visulization：355 – 362.

[32] Max N，Schussman G，Miyazaki R，Iwasaki K，Nishita T. 2004. Diffusion and multiple anisotropic scattering for global illumination in clouds［J］. Journal of WSCG：277 – 293.

[33] McClatchey R A，Fenn R W，Selby J E A，Volz F E，Gating J S. 1973. Optical Properties of the Atmosphere：The United States，AD – 753075 ［P］.

[34] Miyazaki R，Yoshida S，Dobashi Y，Nishita T. 2001. A method for modeling clouds based on atmospheric fluid dynamics［C］// Proceedings of Pacific Graphics：363 – 372.

[35] Miyazaki R，Dobashi Y，Nishita T. 2002. Simulating of cumuliform clouds based on computational fluid dynamics［C］// Proceedings of Eurographics' 2002，short presentation：405 – 410.

[36] Miyazaki R，Dobashi Y，Nishita T. 2004. A fast rendering method of clouds using shadow-view slices［C］// Proceedings of CGIM 2004：93 – 98.

[37] Mizuno R，Dobashi Y，Chen B Y，Nishita T. 2003. Physics motivated modeling of volcanic clouds as a two fluids model［C］// Proceedings of IEEE 2003 Pacific Conference on Computer Graphics and Applications：434 – 439.

[38] Neda Z，Volkan S. 2002. Flatness of the setting Sun［J］. Journal of Physics，1：379 – 385.

[39] Nishita T，Nakamae E. 1986. Continuous tone representation of three-dimensional objects illuminated by sky light［J］. Computer Graphics，20 (3)：125 – 132.

［40］ Nishita T，Miyawaki Y，Nakamae E. 1987. A shading model for atmospheric scattering considering luminous intensity distribution of light sources［J］. Computer Graphics (ACM SIGGRAPH' 1987)，21(4)：303 – 310.

［41］ Nishita T，Takao S，Tadamura K，Nakamae E. 1993. Display of the earth taking into account atmospheric scattering［J］. Computer Graphics (ACM SIGRAPH' 1993)，27(4)：175 – 182.

［42］ Nishita T，Dobashi Y，Kaneda K，Yamashita H. 1996a. Display method of the sky color taking into account multiple scattering［C］// Pacific Graphics' 1996，Pohang，Korea：117 – 132.

［43］ Nishita T，Dobashi Y，Nakamae E. 1996b. Display of clouds taking into account multiple anisotropic scattering and sky［C］// Computer Graphics (ACM SIGGRAPH' 1996)，30(4)：379 – 386.

［44］ Peercy M S，Baum D R，Zhu B M. 1996. Linear color representations for efficient image synthesis［J］. Color Res. Appl.，21(2)：129 – 137.

［45］ Perez-Quintián F，Rebollo M A，Gaggioli N G. 1997. Diffusion of light transmitted from rough surfaces［J］. Journal of Modern Optics，44(3)：447 – 460.

［46］ Pokrowski G I. 1929. Uber die helligkeitsverteilung am himmel［J］. Phys. Z.，30：697 – 700.

［47］ Preetham A J，Shirley P，Smits B. 1999. A practical analytic model for daylight［C］// Computer Graphics Proceedings，Annual Conference Series，ACM SIG［48］GRAPH，Los Angeles：91 – 100.

［49］ Perlin K. 1985. An image synthesizer［J］. Computer Graphics，19(3)：287 – 296.

［50］ Premoze S，Ashikhmin M. 2001. Rendering natural waters［J］. Computer Graphics Forum，20(4)：189 – 199.

［51］ Rushmeier H，Torrance K. 1987. The zonal method for calculating light intensities in the presence of a participating medium［J］. SIGGRAPH，21(5)：293 – 302.

［52］ Sakas G. 1993. Modeling and animation turbulent gaseous phenomena using spectral synthesis［J］. The Virtual Computer，9(4)：200 – 212.

［53］ Schafhitzel T，Falk M，Ertl T. 2007. Real-time rendering of planets with atmospheres［C］// Proceedings of WSCG' 2007：91 – 98.

[54] Smith W L，Harrison F W，Hinton D E. 2002. GIFTS—the precursor geostationary satellite component of the future Earth Observing System[J]. IEEE Intern[55]ational Geoscience and Remote Sensing Symposium，1：357 - 361.

[56] Stam J. 1999. Stable fluids[C]// Proceedings of SIGGRAPH. New York：ACM Press：121 - 128.

[57] Stam J，Fiume E. 1991. A multiple-scale stochastic modeling primitive. Proceedings of Graphics Interface' 1991：24 - 31.

[58] Stam J，Fiume E. 1993. Turbulent wind fields for gaseous phenomena [J]. ACM Computer Graphics，27(4)：369 - 376.

[59] Stam J，Fiume E. 1995. Depicting fire and other gaseous phenomena using diffusion processes[C]// Robert Cook (eds.)，Proc. SIGGRAPH' 1995：129 - 136.

[60] Stam J. 2004. Simulation and control of physical phenomena in Computer Graphics[C]// Proceedings of Pacific Graphics'2004：171 - 173.

[61] U. S. 1976. Standard Atmosphere 1976[M]. Washington，D. C.：U. S. Government Printing Office.

[60] Voss R. 1983. Fourier synthesis of Gaussian fractals：1/f noises，landscapes and flakes[C]// Proceedings of SIGGRAPH' 1983.

[63] Walter H G. 1992. Determination of the topocentric horizontal coordinates of celestial bodies from geocentric right ascension，declination and parallax[P]. European Space Data Center.

[64] Westemann R，Ertl T. 1998. Efficiently using graphics hardware in volume rendering applications[C] // Computer Graphics (SIGGRAPH' 1998)，32(4)：169 - 179.

[65] Zachmann G，Langetepe E. 2002. Geometric data structures for computer graphics[C]// Eurograph' 2002：123 - 129.

[66] 刘导治. 1989. 计算流体力学基础[M]. 北京：北京航天航空出版社.

[67] 刘峰. 2005. GPU 加速的云的生成与动态模拟[D]. 杭州：浙江大学计算机学院.

一天秋色泠晴湾，无数峰峦远近间。
闲上山来看野水，忽于水底见青山。

——《野望》　宋·翁卷

水面景观

第3章　水面景观的模拟

　　江、河、湖、海是自然界的主要组成部分。"惊涛拍岸,卷起千堆雪……","上下天光,一碧万顷"。与其他自然景物相比,水面景观有其自身特殊性。从几何角度看,水面并非平面,或碧波荡漾,或汹涌澎湃,波浪无法用静态的几何多边形表示,用一般的图形学简化算法较难处理。

　　从光照效果看,水表面是一个透明或半透明体,不同的水质,呈现出不同的颜色。同时水面又是一个强反射面,周围的景物、天上的云彩可以映射于水中,形成美丽的倒影。如何逼真地模拟水面景观成为计算机图形学的重要挑战。

3.1　水波模拟概述

　　近年来模拟水面波浪的研究成果较多,主要有下面几种方法。

3.1.1　基于波属性的方法

　　基于波属性的方法采用参数曲面来表示动荡起伏的水面,如采用正弦函数的线性组合来模拟波浪的外形, $Z = f(x,y,t) = \sum_{i=1}^{u} A_i \cdot \sin(\omega_i t + \varphi_i)$,其中 A_i 、 ω_i 、 φ_i 均随时间变化而变化。由于波形函数包括了时间参数,因此可以模拟水波的运动。针对不同的波浪特点可以设计不同的波形函数,其中比较经典的就是基于不规则波的波浪模拟、基于海浪预测模型的模拟和基于海浪谱的模拟方法。

3.1.1.1　基于不规则波的波浪模拟

　　一般深水中的波浪为不规则长峰波,可用多个不同波幅和波长的规则长峰波叠加而成,瞬时波高可按下式计算:

$$\xi = H_{\text{Tide}} + \sum_{i=1}^{n} \xi_i \cos[k_i(x\sin\theta_i + y\cos\theta_i) + \omega_i t + \varphi_i] \qquad (3-1)$$

式中：H_{Tide} 为潮高；$\xi_i,\omega_i,\varphi_i,\theta_i$ 为单元规则波的波幅、角频率、相位和传播方向角，k_i 为波数，在深水中 $k_i = \omega_i^2/g$。

在一定仿真条件下，考虑到波浪生成的实时性，可忽略高次频波，则海面上固定点的长峰波波浪波高计算公式可简化为：

$$\xi(t) = \sum_{i=1}^{n} \xi_i \cos(\omega_i t + \varepsilon_i) \qquad (3-2)$$

式中：相位 ε 在 $0 \sim 2\pi$ 之间均匀变化。

在模拟给定浪级的波浪时，可由统计方法得到该浪级的波周期和波高，进而由海浪谱公式计算待仿真浪级的离散化角频率，再求得各单元波的波幅。随机选取相位后就可以由各单元波的线性叠加生成相应波级的波谱。这一过程可离线计算，保存相应浪级各单元波的参数，仿真时读取即可；同时可采用网格和纹理贴图的方式，以达到实时的效果。

3.1.1.2 Stokes 和 Airy 波浪模型

Stokes 和 Airy 模型是描述和预测波浪行为的常用模型。Stokes 波浪模型采用 Fourier 级数表示，将水波分解成若干个不同波幅、不同相位和不同频率的正弦波的组合。Airy 模型为小波幅正弦波，波幅即波浪高度通过 Airy 级数方程求解。波的传播速度由 Airy 模型确定，由 Airy 模型可确定传播速度和波长及水深之间的关系。

常用模型是由不超过 10 项的 Stokes 波构成的波浪表面。在二维空间中，Stokes 波的波幅可以用如下方程来描述：

$$y(x,t) = \sum_{n=1}^{\infty} a_n \cos nk(x-ct) \qquad (3-3)$$

式中：$y(x,t)$ 表示 t 时刻的波高，a_n 是波形系数，k 是波数，c 是波速，波速按照 Airy 模型计算。

通过给定方向系数 p 和 q，很容易将上式转换为二维高度场：

$$y(x,z,t) = \sum_{n=1}^{\infty} a_n \cos n(px+qz-\omega t) \qquad (3-4)$$

式中：$p^2+q^2=k^2$，$\omega=kc$，ω 是频率，c 是波速。

实际的波浪模型十分复杂。一般的物理模型是非线性的，而且也没有简单方便的求解方法。因此，人们建立了许多简化模型，其中一种广泛应用的水力学模型是小波幅的正弦波 Airy 模型。Airy 模型是线性的，它预测波的传播速度 c 和波长 L 是水深 d 的函数：

$$c = \sqrt{\frac{g}{k}\tanh(kd)} = \sqrt{\frac{gL}{2\pi}\tanh\left(\frac{2\pi d}{L}\right)} \quad\quad (3-5)$$

式中：g 是海面重力加速度（9.81m/s^2），$k = 2\pi/L$ 是波数，在深水区，$\tanh(kd)$ 趋于 1。因此，在深水区（$d > L/4$），只要给定波高 $H = 2A$ 和波的峭度 $S = H/L$，就能确定单一的最简表面重力波：

$$f(x,t) = \frac{H}{2}\cos\frac{2\pi(x - \sqrt{gL/2\pi}\,t)}{L} = \frac{H}{2}\cos\left(\frac{2\pi S}{H}x - \sqrt{\frac{2\pi gS}{H}}\,t\right) \quad (3-6)$$

3.1.1.3 基于海浪谱的海浪模型及仿真

从海洋学现有的观测和研究成果出发，利用海浪频谱和方向谱的相关公式，可建立基于海浪谱的波浪模型。通过改变参数即可调整波浪模拟的效果，如：改变风速可以得到不同的波浪形状；改变频率的采样率可以调整波浪模拟的细节。当频率和方向的采样不是很密时，可以实时模拟海浪的运动（杨怀平等，2002）。

（1）海浪频谱

海浪是一种复杂的随机过程，在海洋学中，利用频谱并融入随机过程来描述海浪是进行海浪研究的主要途径之一。

海浪频谱是把无限个随机的余弦波叠加起来描述一个定点的波面，可定义为：

$$S(\omega) = \frac{1}{\Delta\omega}\sum_{\omega}^{\omega+\Delta\omega}\frac{1}{2}a_n^2 \quad\quad (3-7)$$

$S(\omega)$ 表示频率间隔 $\Delta\omega$ 内的平均能量。如取 $\Delta\omega = 1$，则上式代表单位频率间隔内的能量，即能量密度；故 $S(\omega)$ 称为能谱，又称为频谱。图 3-1 为海浪频谱示意图（图中以 $S(f)$ 表示，$f = w/2\pi$）。

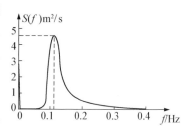

图 3-1　海浪频谱

国内外已提出大量的海浪谱，一般采用的是 Pierson-Moscowitz 谱，简称 P-M 谱，公式如下：

$$S(\omega) = \frac{ag^2}{\omega}\exp\left[-\beta\left(\frac{g}{U\omega}\right)^4\right] \quad\quad (3-8)$$

式中：无因次常数 $a = 8.1\times10^{-3}$，$\beta = 0.74$，g 为重力加速度，U 为海面上 19.5m 处的风速。由 $\frac{\partial S(\omega)}{\partial\omega} = 0$，可求得谱峰频率为：$\omega_m = 8.565/U$。

（2）海浪方向谱

方向谱即模拟海浪时采用的方向函数，一般定义为下列形式：

$$S(\omega,\theta) = S(\omega)G(\omega,\theta) \tag{3-9}$$

式中：$S(\omega)$ 为频谱，$G(\omega,\theta)$ 为方向分布函数，简称方向函数。

在模拟海浪时通常采用的方向函数是根据波浪立体观测得到的公式：

$$G(\omega,\theta) = \frac{1}{\pi}(1 + p\cos 2\theta + q\cos 4\theta) \tag{3-10}$$

式中：$p = \left[0.50 + 0.82\exp\left[-\frac{1}{2}\left(\frac{\omega}{\omega_m}\right)^4\right]\right]$，$q = 0.32\exp\left[-\frac{1}{2}\left(\frac{\omega}{\omega_m}\right)^4\right]$，$|\theta| \leqslant \frac{\pi}{2}$

（3）海浪的造型

在水面上定义波面网格（为了提高速度，可采用均匀的波面网格），再对波浪运动的频率区间和方向区间进行离散，根据式（3-7）~（3-10）可求出不同频率 ω_n 和不同方向 θ_n 下的波幅 $a_n = \sqrt{2S(\omega_n,\theta_n)\Delta\omega\Delta\theta}$，初相 ω_0 可采用一定的随机方法给出。设定时间步长 Δt，依次改变时间参数 t，即可得到波浪运动的动画。风速 U 作为可调参数：U 越大波浪运动越剧烈，U 越小波浪越平缓。此外频率和方向分割越细，波浪的细节越丰富，反之亦然。

这类方法简单、直观，计算速度较快，可以达到近实时效果，但是人为痕迹较为明显，而且适用范围较窄。

3.1.2 基于物理模型的方法

物理上一般采用流体力学方程来描述水流的运动。如基于 Navier-Stokes 方程建立模型，再用数值分析工具求取方程的数值解，最后由数值解获得水流的形态。在这种情况下，波是由方程的初始条件和边界条件自动产生的，并且容易人为控制。Kass 和 Miller（Kass and Miller，1990）通过对浅水方程加以简化来生成水波动画。Chen 和 Lobo（Chen and Lobo，1995）采用数值迭代方法，求解二维的 Navier-Stokes 方程。徐迎庆等（徐迎庆等，1996）从描述明渠不稳定流的三维 Saint-Venant 方程组出发来模拟波浪。Foster 和 Metaxas（Foster and Metaxas，1996）则直接用数值方法求解三维流场，从而更加真实全面地模拟了流体运动。

3.1.2.1 水流模拟的物理模型

完整的流体动力学方程组包括质量守恒方程（连续性方程）、动量守恒方程、能量守恒方程，以及必要的热力学关系式。由于这些方程考虑的是最一般的流体情形,较为复杂,所以在模拟水波时一般会根据具体情况作适当简化。

最常见的是用简化的二维浅水波方程来模拟水流现象。水一般被视为不可压缩流体。浅水波理论假定水的速度沿深度方向不变,在假定自由面压力分布为常数,并忽略表面风切应力、Coriolis 力和内部水平切应力时,描写二维瞬变自由面流体运动的浅水波的守恒方程可用如下形式表示:

$$U_t + [E(U)]_x + [G(U)]_y = S \tag{3-11}$$

这里的 U 是守恒变量向量,$E(U)$,$G(U)$ 是流体分量:

$$\boldsymbol{U} = \begin{bmatrix} h \\ hu \\ hv \end{bmatrix}, \quad \boldsymbol{E} = \begin{bmatrix} hu \\ hu^2 + \dfrac{1}{2}gh^2 \\ huy \end{bmatrix}, \quad \boldsymbol{G} = \begin{bmatrix} hv \\ huy \\ hv^2 + \dfrac{1}{2}gh^2 \end{bmatrix} \tag{3-12}$$

式中:h 是水的深度;u,v 为深度平均速度分量;g 是重力加速度;S 为源项,包括底部摩擦力项,这里主要考虑 $S=0$ 时的数值方法。可以直接得到水表面的高度,把水体表面绘制成一个曲面,执行效率高。

三维简化的 Navier-Stokes 方程为:

$$\begin{cases} \nabla \cdot \boldsymbol{U} = 0 \\ \dfrac{\partial \boldsymbol{U}}{\partial t} = -(\boldsymbol{U} \cdot \nabla)\boldsymbol{U} - \dfrac{1}{\rho}\nabla p + v\nabla^2 \boldsymbol{U} + f \end{cases} \tag{3-13}$$

式中:$\boldsymbol{U}=(u,v,w)$,v 是运动黏性系数,$f=(0,0,g)$ 为外力。

3.1.2.2 方程的求解

求解上述浅水波方程的方法比较多,如有限差分法、有限元法和有限体积法等。

有限体积法又称为控制体积法,其基本思路是:将计算区域划分成一系列不重叠的控制体积,并使每个网格点周围有一个控制体积,将待解的微分方程对每一个控制体积积分,便得到一组离散方程,进而求解。

对于平面网格,一般有两种离散方式:结构网格和无结构网格。图 3 - 2 为一无结构网格划分。

鉴于无结构网格的灵活性,其求解区域可以具有复杂的形状,如弯曲的边界、内部空洞等。下一步进行方程的离散。从微元的角度来看,流体被离散成一个个邻接的水柱,然后对每个控制体积计算其守恒量的平衡。

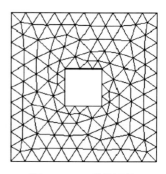

图 3 - 2　无结构网格

求解时,需先根据场景确立模型的初始条件和边界条件。初始条件 h_0, u_0, v_0 一般直接指定,边界条件是相对于初始条件的。边界条件的处理十分重要,在水流计算中,一般可分为两大类:① 物理边界条件。这一类边界条件给定边界点的部分或全部因变量的值或因变量之间的关系,以反映计算域外部对内部的影响,即常提及的物理边界。② 数值边界条件。这一类边界条件是为确定边界点其余因变量而给出的初始数学条件,反映了对计算域内部的影响。它可以根据方程而建立,也可以纯粹是人为的数值处理。

基于物理的方法相对而言仿真效果比较真实,适用范围较为广泛,但计算量很大,效率较低。如果采用二维方程建模,则由于忽略了沿水波垂直方向的速度,在表现尖锐的波峰和卷曲的波时,会遇到困难。若基于三维的 Navier-Stokes 方程建模,水面绘制的速度则较慢。

3.1.3 基于粒子系统的方法

粒子系统把水体分割成一个个粒子,每个粒子都按一定的规律运动。粒子系统常用来表现喷泉、雨雪、瀑布等动态场景,也适宜模拟波浪的翻滚、浪花飞溅等现象。

3.1.3.1 浪花的模拟

当波行进时,水面上水质点的运动轨迹为一个圆,水质点在轨迹圆上的平均速度为:

$$v = \frac{\pi H}{T} = \frac{\pi Hc}{\lambda} = \pi \eta c \qquad (3-14)$$

式中:η 为陡度,c 为波速,H 为波高,T 为时间。

当波峰处水质点的圆周运动速度大于波速 c 时,波浪破碎,产生浪花。取粒子的初始速度为水质点的圆周运动速度,粒子的初始运动方向与波的运动方向近似相同,初始位置在波峰处。波峰过后,粒子做自由落体运动。为避免粒子的运动过于均匀,将一个正态分布的随机干扰加到粒子的初始速度上,即 $v' = v + \text{rand}()$。粒子数取决于水质点的圆周运动速度和波速之差 $v' - c$。

3.1.3.2 粒子的位置更新

溅起的浪花做自由落体运动,初始加速度为:

$$a_x = 0, \ a_y = -9.81, \ a_z = 0 \qquad (3-15)$$

t 秒后,某粒子由初始位置 (x_0, y_0, z_0) 运动到 (x, y, z)。(x, y, z) 由下式决定:

$$\begin{cases} x = x_0 + v'_x \cdot t + \dfrac{1}{2} a_x \cdot t^2 \\[2mm] y = y_0 + v'_y \cdot t + \dfrac{1}{2} a_y \cdot t^2 \\[2mm] z = z_0 + v'_z \cdot t + \dfrac{1}{2} a_z \cdot t^2 \end{cases} \qquad (3-16)$$

3.1.3.3 粒子的透明度及生存期

粒子的初始透明度为 α_0，某粒子产生 t 秒后的透明度为：

$$\alpha_\rho = \alpha_0 - \frac{1}{\gamma} \cdot t \qquad (3-17)$$

式中：γ 为子数，可控制粒子变化快慢。

当粒子的透明度 α_ρ 小于某一阈值（如 0.001）时，表明该粒子的颜色和水面颜色已几乎一样，该粒子的生存期结束。

3.1.3.4 浪花的实时仿真

粒子系统表现浪花的主要难点在于绘制。如果将粒子绘制成小球或者小线段，生成的浪花将不够真实而绘制成曲面则显然不行。一个比较好的办法是：把相距近的水粒融合成一个隐式曲面，相距远的粒子绘制成小球。

具体实现时，为保证浪花的实时动态生成，当水面网格模型中结点处的波浪陡度满足浪花生成的条件，就在该位置附近区域随机生成 N 个浪花粒子，这些粒子均为一个个贴有浪花纹理的小四边形，粒子生成后即开始自由落体运动。同时，在船舶航行时，在船首激起浪花，同时在船的两侧形成 V-形波峰系列；也可以用粒子系统来模拟这些船舶首浪、V-形波、尾浪等。

这类方法实现起来比较简单，但是逼真度常常不够，为了增加真实感，常常需要过多的粒子数，从而影响绘制速度。

3.1.4 基于平滑粒子流体动力学的方法

与 3.1.3 节介绍的粒子系统方法一样，平滑粒子流体动力学（smoothed-particle hydrodynamics，SPH）方法也是将被模拟的流体离散成光滑粒子，但它基于流体力学方法来计算各粒子的运动，从而模拟生成连续的流场。

每个光滑粒子均包含若干属性，其基本属性有：粒子的质量、半径、位置和加速度。除此之外，还可以根据需要附加上其他的物理属性，如黏滞力、压强、漩涡力，等等。

在采用有限差分数值方法求解 Navier-Stokes 方程时，需要将粒子置于均匀的网格点上，而在 SPH 方法中粒子可分布于被模拟空间的任意位置。每个粒子都被认为是占据着某一空间的流体片段。为了得到某一局部区域更准确的模拟结果,在该空间采样的粒子必须相对密集。

SPH 本质上是一种插值方法。其基本思想是通过插值周围粒子的属性来计算空间 Ω 任意位置 r 处具有连续性的某属性 A:

$$A(r) = \int_\Omega A(r')W(r - r', h)\mathrm{d}r' \tag{3-18}$$

式中:W 是以 h 为核半径的平滑核函数;核半径 h 是一个可调的参数,用来改变流体的光滑程度。

将式(3-18)的积分近似地离散化成数值求和形式:

$$
\begin{aligned}
A(r) &= \sum_j A_j V_j W(r - r_j, h) \\
&= \sum_j A_j \frac{m_j}{\rho_j} W(r - r_j, h)
\end{aligned}
\tag{3-19}
$$

式中:j 是 r 周围邻域粒子的个数,V_j 是粒子 j 所占据流体的空间,m_j 为粒子 j 的质量,ρ_j 为粒子 j 的密度,r_j 是当前粒子的邻域粒子的位置,A_j 是粒子 r 处的属性。

图 3-3 中的矩形表示待模拟的流体,它被离散化成紧密但任意排列的粒子。每个粒子都有自己的体积、质量和半径,其属性是通过对其核半径内的粒子进行属性插值后得到的。在图中,深色的粒子代表正在计算的粒子,圆圈代表这个粒子的核半径,浅灰色的粒子代表这个粒子核半径内的粒子。

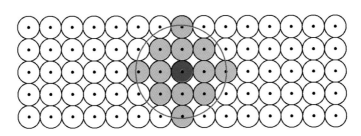

图 3-3 SPH 方法的基本原理

属性 A 的梯度值和拉普拉斯值的计算如下:

$$\nabla A(r) = \sum_j A_j \frac{m_j}{\rho_j} \nabla W(r - r_j, h) \tag{3-20}$$

$$\nabla^2 A(r) = \sum_j A_j \frac{m_j}{\rho_j} \nabla^2 W(r - r_j, h) \tag{3-21}$$

由式(3-20)和(3-21)可知,SPH 方法中核函数的选择及核半径取值至关重要,在很大程度上影响了密度、压力等重要物理量的取值,进而影响整个水面模拟的最终结果。

3.1.5 波浪的加速渲染

水域一般都比较宽阔,如精确地模拟和实时显示整个水域中的波浪将会造成巨大的存储量。通常采用视点相关技术对可见水域中的波浪进行实时渲染和显示。具体做法是对当前可见的水域进行三角剖分,剖分时可按距离或角度对可见区进行均匀剖分。按角度剖分时,从当前视点向场景发出一条视线,该视线连续不断地按等视场方式扫描场景,先从左至右,然后自上而下。每当视线与海面有交点时,就将这个交点按顺序记录到一个二维数组中,该数组元素是三维的空间点。当完成了全部场景扫描后,便获得了一个空间点阵,然后将空间点阵按顺序连成三角化网络,构成海域波浪的框架,最后进行图形渲染,生成具有真实感的海域波浪。

为了使生成的波浪更具有真实感,可以对网格进行纹理映射,纹理可取自波浪图像库。为了消除纹理拼接处的拼缝,可对图像进行平滑处理;在海空交汇处为了表现海和天的和谐统一,可对其附近的波浪进行模糊处理。

为了快速真实地渲染波浪,还可采用纹理扰动的方法来模拟海水的反射效果。首先选择一幅色调跟天空类似的图片作为反射纹理,然后根据各个波面网格点的位置和法向计算出该点对应的纹理坐标。当水面静止时,每个波面网格点 k 对应纹理平面的坐标 (u_k, v_k),k 点的法向为 $(0, 0, 1)$;当水面波动时,k 点的法向不再垂直向上,所对应的纹理坐标也有所变化。设某一时刻 t 时 k 点的单位法向量为 (n'_x, n'_y, n'_z),所对应的纹理坐标变为 (u'_k, v'_k);令 $d_u = u'_k - u_k$,$d_v = v'_k - v_k$,景物平面与水面的平均距离为 L,则 $d_u = Ln'_x/n'_z$,$d_v = Ln'_y/n'_z$。

当水波运动时,按照上式对纹理进行扰动,就能很好地模拟水波荡漾的反射效果。折射纹理根据景物的倒影自动生成,然后根据折射方向计算各个顶点所对应的纹理坐标。

3.2 水面波浪与涟漪

本节将阐述水面波浪与涟漪的模拟方法。

3.2.1 基于高度场的水面模拟

海洋学家通过观察获取的若干水体统计模型中,波浪的高度被认为是关于其水面位置和时间步长的一个函数 $h(x, t)$,其中 $x = (x, z)$ 表示水平位置,t 表示时刻。$h(x,t)$ 可分解为多个正弦波和余弦波,分解出来的波振幅具有良好的数学和统计学性质,一般采用快速傅里叶变换(FFT)进行分解。

$$h(x,t) = \sum_k \tilde{h}(\boldsymbol{k},t) \cdot \exp(\mathrm{i}\boldsymbol{k} \cdot x) \tag{3-22}$$

在这个公式中,$\boldsymbol{k}$ 是一个二维向量,$\boldsymbol{k} = (k_x, k_z)$,$k_x = \dfrac{2\pi n}{L_x}$,$k_z = \dfrac{2\pi m}{L_z}$,$n$ 和 m 满足 $-\dfrac{N}{2} \leqslant n \leqslant \dfrac{N}{2}$ 和 $-\dfrac{M}{2} \leqslant m \leqslant \dfrac{M}{2}$,$t$ 表示时间。FFT 生成了离散点 $\left(\dfrac{nL_x}{N}, \dfrac{mL_z}{M}\right)$ 上的高度场。高度振幅 $\tilde{h}(x,t)$ 决定流体表面起伏的形状。

通过对诸多海面上的浮标、照片以及雷达测量的统计分析发现,水波高度振幅 $\tilde{h}(x,t)$ 基本是一个稳定且独立的高斯波动,可用以下空间域频谱公式来表示:

$$P_h(k) = A\,\frac{\exp\left[-1/(kL)^2\right]}{|k|^4}\,|\boldsymbol{k} \cdot \boldsymbol{\omega}|^2 \tag{3-23}$$

水面的二维高度场通常根据指定空间分布形式的高斯随机数来生成,该方法在傅里叶域分析中有较好的表现。波浪高度的傅里叶振幅可由以下公式得到:

$$\tilde{h}_0(\boldsymbol{k}) = \frac{1}{\sqrt{2}}(\zeta_r + \mathrm{i}\zeta_i) \cdot \sqrt{P_h(\boldsymbol{k})} \tag{3-24}$$

式中:ζ_r 和 ζ_i 是互相独立的、均值为 0、标准差为 1 的高斯随机数。使用高斯分布的随机数符合海洋水波的实验数据。此时,水波在时刻 t 的傅里叶振幅可表示为:

$$\tilde{h}(\boldsymbol{k},t) = \tilde{h}_0(\boldsymbol{k}) \cdot \exp\{\mathrm{i}\omega(|k|) \cdot t\} + \tilde{h}_0^*(-\boldsymbol{k})\exp\{-\mathrm{i}\omega(|k|) \cdot t\} \tag{3-25}$$

式(3-25)通过将水波"向左"和"向右"传播,从而保留了复共轭的性质。由于基于快速傅里叶变换,当前的水波高度场仅和当前的傅里叶振幅状态相关。

最终,我们可采用快速傅里叶变换方法在水平面上生成一个局部区域的高度场。通过重复平铺便可将波浪延伸到宽阔的水面,而且在拼接的边缘是完全无缝的。虽然这种重复的平铺在绘制时会造成周期性走样,但是只要该区域相对于可见水面来说足够大,用户就很难觉察到走样。通常,我们把生成的高度场存入一张纹理图,称之为高度图。高度图的大小和分辨率与被模拟的水面区域的分辨率相同,即水面的每个网格节点对应于高度图中的一个像素,记录在此处水面的高度。由于高度图中的每一个像素仅用来表示一个浮点数据(即高度),

因此高度图通常被表示成灰度图。

为了在 GPU 上实现更高效的计算,可直接由高度图生成水面相应位置的法向图。在计算水面的光照时需要获得每个网格顶点处的法向量,以模拟水面的反射、折射等效果。法向图可以表示成一张纹理图,其中 RGB 三个通道存放法向的三个分量,在 Alpha 通道中存放顶点的高度值。这样不仅可以减少法向的计算量,而且可以减少纹理所占用的内存和显存空间(见图 3-4)。

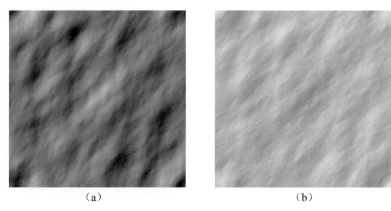

（a） （b）

图 3-4 用 FFT 方法生成的水面图。(a)调度图;(b)对应的法向图

在获得水面高度图和对应的法向图后,只需要把高度图叠加到二维的水平面网格上,并且在每个时间步长内动态地更新高度图以及对应的法向量等信息,就可以模拟基于高度场表示的海面波浪(见图 3-5)。

图 3-5 用高度场模拟的二维海面

3.2.2 基于"水波粒子"的波浪模拟

采用物理模型来模拟波浪计算量常常较大,而单纯采用粒子来模拟波浪所需的粒子数又太多。这里提出了一种基于高度场与粒子混合模拟波浪的方法,即采用高度场生成基本的水面,然后引入"水波粒子"表现水波的细节。这样不仅可以生成逼真的波浪,而且还可以模拟水与其他物体的交互效果。

首先引入高度场,高度场即基本的波浪高度分布,被定义为在水平位置 $X = (x, y)$ 上的水面高度的连续函数。外部力量和水体之间的相互作用形成了水面的起伏,即表面波浪,并以速度 v 传播。符合波浪的二阶方程:

$$\frac{\partial^2 z}{\partial x^2} + \frac{\partial^2 z}{\partial y^2} = \frac{1}{v^2} \frac{\partial^2 z}{\partial t^2} \qquad (3-26)$$

式中:z 是高度坐标,x 和 y 是平面坐标。上式的解析解即为高度场:

$$z(x, t) = z_0 + \eta_z(x, t) \qquad (3-27)$$

式中:z_0 为基准高度,η_z 为偏移场,由多个局部位移量 D_i 组成,每个偏移量以速度 v 运动。

$$\eta_z(x, t) = \sum_i D_i(x, t) \qquad (3-28)$$

这里,我们认为每个波浪的起伏是由很多个小的波浪微粒运动产生的。每个粒子都被赋予波的运动速度,粒子随波一起运动。对任意点,只需把其周边波浪微粒进行求和,即可得到该点相对于原始高度场的偏移。波浪的运动也可以通过这些粒子的运动及更新来体现。每个粒子被称为"水波粒子"。进而,定义每个粒子的局部偏移函数为:

$$D_i(x, t) = a_i W_i [x - x_i(t)] \qquad (3-29)$$

式中:a_i 是振幅,W_i 是波面函数,$x_i(t)$ 是在 t 时刻微粒 i 的位置。只需跟踪微粒在平面上的运动即可模拟波浪的运动。这种方式降低了模拟波浪的计算量,而只需跟踪微粒体系在平面上的运动。

下面来构造波形。我们需要寻找一个满足式(3-26)的可能波形。在二维情况下,最简单的就是正弦波:

$$W_i(u) = \frac{1}{2} \left[\cos \left(\frac{2\pi u}{l_i} \right) + 1 \right] \prod \left(\frac{u}{l_i} \right) \qquad (3-30)$$

式中:u 是速度,l_i 是波长,后面的是矩形函数。

为了表现不同距离粒子对波浪的影响,可定义不同粒子的影响权重,即:

$$D_i(x,t) = \frac{a_i}{2}\left[\cos\left(\frac{\pi|x-x_i(t)|}{r_i}\right)+1\right]\prod\left[\frac{|x-x_i(t)|}{2r_i}\right] \quad (3-31)$$

式中：r_i 是粒子半径，a_i 是波高振幅。一般情况下，将这个距离保持在波浪微粒直径的一半以内，波峰形状的偏离最大值和理想的形状相差不到 3% 的峰值，而沿着波峰的最大偏离小于 1%，图 3-6 为波峰运动示意图。

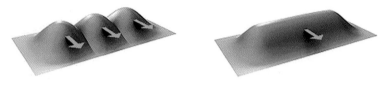

图 3-6　波峰运动

进一步，可以控制粒子的运动，再通过粒子的运动改变波形。某处粒子的个数越多，该处波动起伏越大。在粒子运动过程中，当相邻粒子距离达到某一阈值时，应及时补充新的粒子（见图 3-7），具体可以采用一个粒子发生器来生成。

图 3-7　粒子距离

采用上面的方法，可以生成任意水面波动效果，同时也能方便地进行交互。图 3-8 是用鼠标在水面任意划动，形成水波和涟漪的效果图。图 3-9 为一只小船在水面行驶时形成的水波效果。

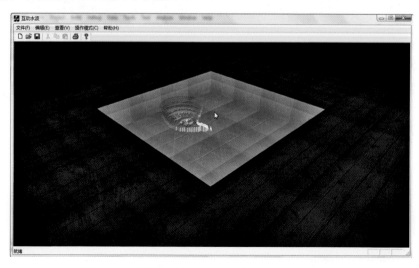

图 3-8　用鼠标对水面进行划动，形成水波和涟漪

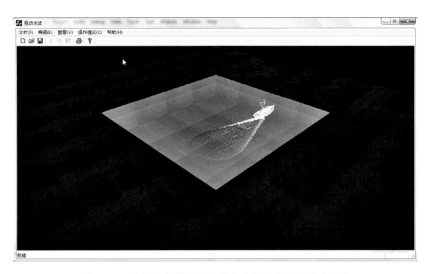

图 3 - 9　导入小船模型,让其在水面上行驶,形成水波

3.2.3　水面涟漪的模拟

目前大多数游戏和虚拟现实软件往往加入滴水涟漪特效以增强其水面模拟的真实感。模拟水面涟漪,需要根据粒子对光的反射折射原理以及水波的扩散与衰减等特性进行计算,计算量较大;在目前条件下,还难以快速生成大量的水面涟漪。

这里提出一种基于 GPU 的水面涟漪模拟方法。首先在水波模拟过程中采用某种近似计算方法,以加快水波的计算速度;其次,利用凸凹纹理映射(bump mapping)方法,减少模拟涟漪几何细节所需三角形的数量;最后,利用 GPU 技术加速关键计算以提高渲染速度。此方法简单快速,且效果具有真实感,可用于各种需要生成涟漪或水波的场景,比如雨天的水面、有喷泉的水池、瀑布下的湖水等。

涟漪的生成过程主要分为两部分:第一部分生成涟漪的高度图及法向图;第二部分将法向图作为水面的凸凹纹理进行光照计算。下面对此作详细介绍。

3.2.3.1　涟漪几何细节建模

我们采用凸凹纹理映射的方法来表现立体感的涟漪效果。凸凹纹理映射实质上是法向映射,为得到涟漪细节的局部法向分布,我们采用一种简化的波形生成算法来模拟涟漪的几何形状。

下面简单介绍该涟漪模拟算法的原理。假设水波的波形是正弦波,并

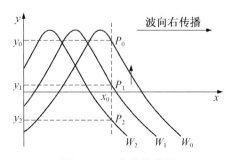

图 3 - 10　水波的波形

由左向右传播。图 3-10 描述了 3 个时刻的波形，W_0 为水波在当前时刻的波形，W_1 为前 1/8 周期时的波形，W_2 为前 1/4 周期时的波形。图中向上的小箭头表示该点的振动方向。

现设水面上任意一点 x_0，在 3 个波形上分别对应于点 P_0，P_1 和 P_2；在振幅方向的偏移量分别为 y_0，y_1 和 y_2。假设波的周期为 T，波形函数为 $y = A \cdot \sin\left(\dfrac{2\pi}{T} \cdot t + b\right)$，则：

$$\begin{cases} y_0 = A \cdot \sin\left(\dfrac{2\pi}{T} \cdot t_0 + b\right) \\[2mm] y_1 = A \cdot \sin\left(\dfrac{2\pi}{T} \cdot \left(t_0 - \dfrac{T}{8}\right) + b\right) \\[2mm] y_2 = A \cdot \sin\left(\dfrac{2\pi}{T} \cdot \left(t_0 - \dfrac{T}{4}\right) + b\right) \end{cases} \qquad (3-32)$$

容易得出这三个波形之间的关系为 $y_0 = \sqrt{2}\,y_1 - y_2$。若取相邻帧间波的变化为 1/8 个周期，则每次画面刷新只需基于前两帧的波形，用式（3-32）即可计算出当前帧的波形。式（3-32）并未考虑能量损耗，波会一直振动下去。引入损耗的方法很简单，只需在每次计算 y_0 时略微减小它的绝对值，这样波便会慢慢减弱直到消失。

以上是求解一个点在每一帧上的高度值的方法，那么如何模拟波的传播呢？取水面上某一点为波源，这一点的能量向四周传播出去形成圆形的涟漪。在计算波能传播的过程中，我们考虑了涟漪沿水面波动的连贯性。具体来说，在计算某一点当前时刻的高度值 y_0 时，其前一帧的高度值 y_1 不是实际高度值，而是取四周相邻点前一帧高度值的平均值；但更前一帧的高度值 y_2 则使用实际的高度值。这样，波便会从波源点向四周近似圆形地传播开来。这里需要注意的是对边界点的处理。如果有相邻点超出边界，若只对没有超出边界的相邻点按上述方法计算，则波会在边界处截断，不能得到可拼接的高度图。如果需要可无缝拼接的高度图，则需按边界循环的方式计算相邻点，这如同纹理采样时使用的 Wrap 模式。

3.2.3.2 生成高度图

首先，保存前后三帧的高度值（y_0，y_1，y_2），可以只用一个颜色通道保存高度值，但不能将上述 3 个高度值保存在同一纹理中，原因是不能对同一纹理进行同时读写，我们使用两张纹理图来保存相邻三帧的高度值。然后，在绘制每一帧时，其中一张作为渲染目标，另一张作为采样纹理。

在产生涟漪之前，还需要设定一些随机点作为波源。取给定波源点的初始高度高于水平面,然后每帧或每隔几帧添加几个这样的随机点,便会不停地产生新的涟漪。

3.2.3.3 法向图及凸凹纹理

基于高度图生成法向图有很多成熟的算法,这里采用 Sobel Filter 来计算。此算法本用于图像处理中的边缘检测,因其计算简便,通过改变参数即可用于计算法向,目前在 3D 程序中得到了广泛应用。将 Sobel Filter 的两个参数设为

$$\begin{bmatrix} -1 & 0 & 1 \\ -2 & 0 & 2 \\ -1 & 0 & 1 \end{bmatrix} 和 \begin{bmatrix} -1 & -2 & -1 \\ 0 & 0 & 0 \\ 1 & 2 & 1 \end{bmatrix},$$ 便可对高度图中的每一点计算其法向,从而

得到法向图。

依上述方法生成的法向图如图 3 - 11 所示。

最后我们基于法向图在水平面上生成凸凹纹理,得到最后的涟漪效果。

3.2.3.4 模拟结果

图 3 - 12 是本节程序最后绘制的结果,其中采用了天空环境映照,另设一个直线光源,对水面作了颜色处理。图 3 - 13 是一个雨天中的湖面场景,可以看到雨水

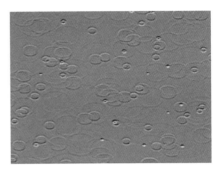

图 3 - 11 法向图

滴落在水面产生的逼真的涟漪效果。绘制速度达 40f/s。

图 3 - 12 水面的涟漪

图 3 - 13 涟漪效果在雨天湖面场景中的应用

3.3 基于SPH的卷浪泡沫模拟

在有风的条件下,波浪将发生波峰卷曲或者破碎。海浪的形状细节表现在

三个尺度上：精细尺度为飞溅和泡沫，中间尺度为水面的波纹，大尺度为波浪的翻转和破碎。目前国内外对中间尺度的波浪模拟研究较多，但卷浪及波浪破碎等的模拟仍是一个难点。

我们提出了一种自适应 SPH 模型，可在精细尺度上实现浪花飞溅和泡沫效果的建模与绘制。

3.3.1 非均匀采样的 SPH 粒子

为了生成水波细节，传统的 SPH 方法通常使用大量大小均匀、半径较小的粒子来拟合整个流体，但因采样频率过高而导致计算量剧增。事实上，流体中的不同区域（如水面和水底）呈现不同层次的细节，它们可分别用不同大小的粒子来模拟，通过引入非均匀采样的粒子系统，可以大幅减少流体模拟所需的粒子数。

由于粒子具有不同的核半径，我们规定当两个粒子间的距离小于两个粒子中较大核半径的 2 倍时，可视为邻域粒子，即：

$$\| x_i - x_j \| \leqslant 2\max(h_i, h_j) \tag{3-33}$$

式中：x_i 和 x_j 分别为粒子 i 与粒子 j 的位置，h_i 和 h_j 分别为粒子 i 与粒子 j 的核半径（见图 3-14）。

核半径 h 的计算也有一定的规则。理论上，核半径的大小与该粒子所代表的流体体积有关。对于一个给定的流体区域，如果用较多粒子来精确地描述该区域内压强的变化量，那么核半径必须取得小。另一方面，在那些选用大粒子采样的区域，粒子的核半径必须足够大。显然核半径大小的选择与当前粒子邻域内的粒子数有关，且趋向于一个恒定值。粒子核半径的大小可由下式定义：

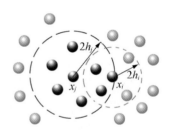

图 3-14 非均匀采样 SPH 中邻域粒子的定义

$$h = \zeta \sqrt[3]{\frac{m_i}{\rho_0}} \tag{3-34}$$

式中：常量 ζ 的选择根据粒子核半径内的平均粒子数所定，m 是粒子的质量，ρ_0 是流体的剩余密度。

3.3.2 粒子的作用力

在非均匀采样的 SPH 系统中，每个粒子取不同的核半径，因此其 SPH 粒子属性计算也有所不同。一般来说，粒子属性计算公式中所用到的核函数

$W(r_i-r_j,h)$被替换为当前粒子的核函数 $W_i(r_i-r_j,h)$或者其邻域粒子的核函数 $W_j(r_i-r_j,h)$。其中，前者指当前粒子的属性是取自该粒子质量分布内的邻域粒子，后者则强调粒子对当前粒子的作用。在实现的过程中我们通常采取以下核函数形式：

$$\frac{W_i(r_i-r_j,h)+W_j(r_i-r_j,h)}{2} \qquad (3-35)$$

因此对于粒子 i 的压力可以定义为：

$$f_{\text{pressure}}=-km_i\sum_{j\neq i}m_j\left(\frac{\rho_i-\rho_0}{\rho_i^2}+\frac{\rho_j-\rho_0}{\rho_j^2}\right)\left[\frac{\nabla_i(W_{h_i}+W_{h_j})}{2}\right] \quad (3-36)$$

式中：k 为代定常数，m 为粒子的质量，ρ_i 为粒子 i 的质量密度，ρ_j 为粒子 j 的质量密度，ρ_0 为流体的剩余密度。

类似地，粒子 i 的黏滞力可以定义为：

$$f_{\text{viscosity}}=-km_i\sum_{j\neq i}m_j\pi_{ij}\left[\frac{\nabla_i(W_{h_i}+W_{h_j})}{2}\right] \qquad (3-37)$$

式中：k 为常数系数，通常取值为 $0.1\sim0.5$；π_{ij} 是虚拟黏滞力函数，定义如下（Monaghan，1992）：

$$\pi_{ij}=\begin{cases} -\alpha\dfrac{h_{ij}}{\rho_{ij}}\dfrac{v_{ij}r_{ij}}{r_{ij}^2+\eta_{ij}^2}, & v_{ij}r_{ij}<0 \\ 0 & \text{其他} \end{cases} \qquad (3-38)$$

式中：h 为核半径，r 为粒子半径，ρ 为粒子的质量密度，v 为粒子的运动速度，η 保证分母不为零，取值为$0.001\sim0.1$。

同样对于其他 SPH 粒子属性的计算，也可以用类似的方法，即在公式中将核半径 h 替换为$\frac{h_i+h_j}{2}$，将核函数 W 替换为$\frac{W_i+W_j}{2}$。

3.3.3　SPH 粒子的重采样

在获取每个粒子的特征值 $cf(i)$后，即可根据这一特征值来决定是否对当前粒子进行重采样。下面将阐述粒子重采样的条件、粒子重采样过程中分裂与合并的规则。

根据每个粒子的 $cf(i)$值进行粒子的重采样，规则如下：

$$\begin{cases} \text{分裂粒子} & \text{如 } cf(i)<T \\ \text{合并粒子} & \text{如 } cf(i)\geqslant 2T \\ \text{保持不变} & \text{其他} \end{cases} \qquad (3-39)$$

式中：T 为用户定义的阈值。并不是任何粒子在每个时间步长中都需要分裂或者合并，实际模拟过程中，在流体运动较为平稳的情况下，有 80% 的粒子不需要进行重采样。需要重采样的粒子数随着流体运动的复杂程度增大而增多。

当粒子 P_i 满足条件 $cf(i)<T$ 时，就对该粒子进行细分。此时，粒子 P_i 会被分裂成多个半径更小的粒子。为了尽可能地保持流体的体积守恒，分裂的粒子总共所占的体积必须等于粒子 P_i 所占的体积，即：

$$\frac{4}{3}\pi r_i^3 = \frac{4}{3}\pi \sum_j r_j^3 \tag{3-40}$$

式中：i 为当前粒子的编号，j 为当前粒子分裂后占据当前粒子位置的粒子个数。粒子分裂情况如图 3-15 所示。

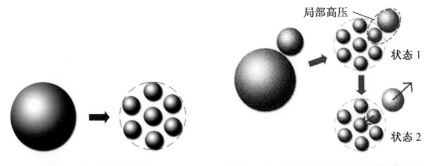

图 3-15　粒子分裂　　　　图 3-16　粒子分裂时避免局部高压强

导致之前工作中流体不稳定、粒子乱飞的另一个因素是未考虑粒子分裂时产生的局部高压强，所以除了满足式（3-40）的条件外，还必须注意粒子分裂对流体力场属性的影响。将一个半径较大的粒子分裂成多个半径较小的粒子时，有可能造成小粒子与周围粒子产生的局部高压强。当发生这种情况时，我们将两个粒子朝各自速度场相反的方向移动（见图 3-16）。

对于粒子的合并，除了同样要满足式（3-40）的条件外，还必须注意两点：一方面，被合并的粒子数所占据的流体体积必须足够填充合并后具有较大半径的粒子所占据的流体体积；另一方面，为了并行性的考虑，我们将流体划分为多个层次，不同层次间的粒子不允许在同一时间步长中被合并。

3.3.4　卷浪与泡沫的模拟

图 3-17 为采用非均匀采样的粒子系统模拟卷浪的效果。可以发现，虽然图 3-17(a)所示的流体状态发生了巨大的形变，但是通过对特征场函数的精细建模以及粒子分裂时对局部高压强区域的特殊处理，仍取得了较好的模拟结果。

同时,对于形变较小的区域(如图 3-17(b)所示的状态),流体呈现出连续、稳定的形态。

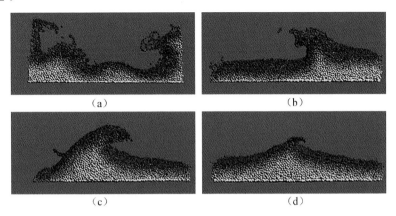

（a）　　　　　　　　　　　　（b）

（c）　　　　　　　　　　　　（d）

图 3-17　非均匀采样的粒子系统的流体模拟结果。(a)～(d)为不同时刻的流体状态

图 3-18 和 3-19 为采用 marching cube 算法提取表面后,使用 Pov_Ray 绘制的卷浪的模拟和浪花飞溅及泡沫的效果。

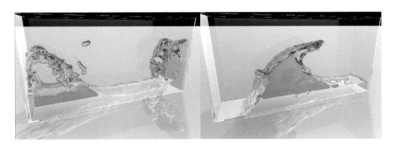

图 3-18　卷浪的模拟效果

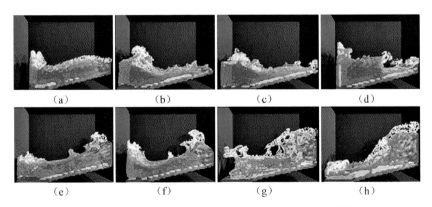

（a）　　　　（b）　　　　（c）　　　　（d）

（e）　　　　（f）　　　　（g）　　　　（h）

图 3-19　浪花飞溅及泡沫的模拟效果。(a)～(h)为不同时刻的连续序列

图 3-20 模拟了卷浪冲击大坝的场景,在这个场景中平均粒子为 80000 个。但是由于流体体积巨大,所以粒子半径较大,水体较薄,多数粒子都处于流体表面,导致最终模拟速度提升幅度有限,但仍达到了 13f/s。经统计,只有不到 1/10 的粒子处于流体底部。

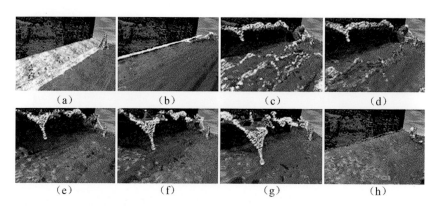

图 3-20　卷浪冲击大坝场景的模拟与绘制结果。(a)～(h)为不同时刻卷浪冲击情景的序列图

3.4　水面颜色的模拟

水的绘制是自然场景绘制的重要组成部分。水是透明的,光线投射到水面上,经过水面反射以后在水体中发生折射、散射被吸收,其光路十分复杂,使得水面颜色的真实感模拟具有很大的挑战性。本节仅讨论水面近于平面时的水体绘制,对波浪起伏时水面的绘制,其光照计算原理是相同的。

3.4.1　光线在水体中的传播

尽管大气中的光线分别来自太阳光、天空光和环境光,但它们在水中的传播路径是相似的。

光线投射在水面上产生反射和折射,反射部分直接返回空气中,而折射光则进入水体。反射角与入射角相等,而折射角满足 Snell 定律,与水的密度相关,即:$\dfrac{\sin\theta_i}{\sin\theta_j} = n$,其中 $n = \dfrac{4}{3}$ 为水的密度。

水面对光的反射率与入射方向与水面法向的夹角相关:

$$\Gamma(\theta_i, \theta_j) = \frac{1}{2}\left(\frac{\tan^2(\theta_i - \theta_j)}{\tan^2(\theta_i + \theta_j)} + \frac{\sin^2(\theta_i - \theta_j)}{\sin^2(\theta_i + \theta_j)}\right), \tag{3-41}$$

式中：θ_i 和 θ_j 分别为入射角和折射角(见图 3-21)。从上式可以看出,水面的反射系数依赖于光线的入射角和折射角,但事实上取决于水的密度。同时,入射角越大,反射系数越大。日常生活中,人们可从远处水面上看到周围环境明亮清晰的倒影,但俯视水面时,水体则呈现幽深的颜色。

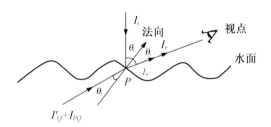

图 3-21 光线在水中的传播

水的透射率则满足菲涅耳定律：

$$T(\theta_j, \theta_t) = \frac{1}{2}\frac{n\cos\theta_t}{\cos\theta_j}\left\{\left[\frac{2\cos\theta_t\sin\theta_j}{\sin(\theta_t+\theta_j)}\right]^2 + \left[\frac{2\cos\theta_t\sin\theta_j}{\sin(\theta_t+\theta_j)\cos(\theta_t-\theta_j)}\right]^2\right\} \quad (3-42)$$

由于水中存在水分子和各种悬浮颗粒,进入水体的光线,在水中被散射和吸收,散射的主要形式是 Reyleigh 散射和 Mie 散射。光线在水中的衰减系数可以采用下式来表达：

$$c(\lambda) = a_{\mathrm{m}}(\lambda) + a_{\mathrm{p}}(\lambda) + b_{\mathrm{m}}(\lambda) + b_{\mathrm{p}}(\lambda) \quad (3-43)$$

式中：$c(\lambda)$ 是水的衰减系数,而 $a_{\mathrm{m}}(\lambda)$ 与 $a_{\mathrm{p}}(\lambda)$ 分别为水分子和水中小颗粒对光的吸收系数,$b_{\mathrm{m}}(\lambda)$ 与 $b_{\mathrm{p}}(\lambda)$ 分别为其对光的散射系数。除了被吸收的光线,其余光线在水体中继续传播,部分光线到达底部;经过底面的反射后,一部分再次返回水体,再经过水体的散射和吸收;最后有一部分光线到达水面(见图 3-22)。经过水表面的折射和反射,一部分重新进入水体,另一部分折射后返回大气。注意到水的密度比空气大,部分从水体到达水面的光线因入射角较

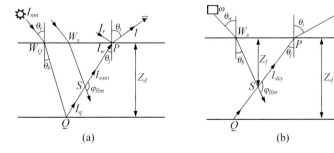

图 3-22 透射。(a) 太阳光路径;(b) 积分段 w 上的天空光路径

大,被水表面全反射至水体中,并再次在水体中穿行,上述光路非常复杂。来自水体透过水面的光线经过水体的多次散射和吸收,其颜色在很大程度上取决于水质。例如清亮的水和浑浊的水,由于其水体衰减系数不同,看上去就截然不同。模拟光线在水中的散射效果涉及体绘制,计算量很大。多重散射的光路更为复杂,在很多情形下,多重散射效果往往被忽略,而仅计算单次散射的效果。多重散射效果下的水体比较柔和透明,而单次散射会保持光线的方向,绘制出来的水体会呈现亮度不均。水的传递方程为:

$$\frac{\mathrm{d}N(z,\theta,\varphi)}{\mathrm{d}r} = -c_\lambda(z)N(z,\theta,\varphi) + N_*(z,\theta,\varphi) \tag{3-44}$$

式中:$N(z,\theta,\varphi)$ 为光线的分布函数;z 为水的深度;(θ,φ) 为光线方向;r 为某处的光学距离,即 $\mathrm{d}r = \mathrm{d}z/\cos\theta$;$c_\lambda$ 表示为:

$$c_\lambda(z) = c_\lambda = a_\lambda + b_\lambda \tag{3-45}$$

式中:c_λ,a_λ,b_λ 分别为水的衰减系数、吸收系数和散射系数。散射系数由下式给出:

$$b_\lambda = 2\pi\int_0^\pi \beta_\lambda(\gamma)\sin\gamma\mathrm{d}\gamma \tag{3-46}$$

$N_*(z,\theta,\varphi)$ 表示为:

$$N_*(z,\theta,\varphi) = \int_0^{2\pi}\int_0^\pi \beta_\lambda(\gamma)N(z,\theta',\varphi')\sin\theta'\mathrm{d}\theta'\mathrm{d}\varphi' \tag{3-47}$$

式中:$\beta_\lambda(\gamma)$ 为水的相函数,表示光线在深度 z 处由方向(θ',φ') 向方向(θ,φ) 散射的程度,γ 表示这两个方向间的夹角。如果水中的水质是均衡的,则相函数与深度无关,并且是各向同性的,则:

$$\beta_\lambda(\gamma) = \frac{\beta_{\lambda_0}}{(1-e_{f\lambda}\cos\gamma)^4(1+e_{b\lambda}\cos\gamma)^4}, \tag{3-48}$$

式中:β_{λ_0},$e_{f\lambda}$,$e_{b\lambda}$ 是决定核函数的三个主要参数,分别反映核函数的总量、向前散射和向后散射的散射率分布情况。

由于水质的各项系数均与其相函数相关,因此核函数事实上描述了水的光学属性。

3.4.2 自然光照下的水体颜色

水体在自然光照下呈现出颜色,是由于入射到水中的光,经过水体的折射、散射和反射重新射出水面并进入观察者眼睛的结果。由于太阳光入射方向一致,计算太阳光在水体中的传播路径相对简单。但是,天空光来自天空的各个不同方向,其在水中光路的计算要复杂得多。为简化计算,下面仅考虑光线在水体中单次散射的情况。

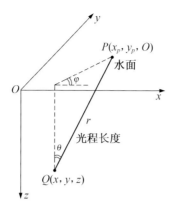

图 3 - 23　光路

参见图 3 - 23 中的光路，到达视点的光强 I_w：

$$I_w = \mathrm{e}^{-\int_{PQ} c(r)\mathrm{d}r} I_q + \int_{PQ} \mathrm{e}^{-\int_{PS} c(r')\mathrm{d}r'} I_s(r)\mathrm{d}r \qquad (3-49)$$

式中：$c(r)$ 和 $c(r')$ 是光线经过距离 r 和 r' 的衰减系数。第一项代表从水底反射的光强为 I_q 的光线穿过水体，最后到达人眼的部分；第二项集成了来自水体中不同方向的光线经由光路 PQ 的每一点散射到达视点的光线 I_s。在仅考虑太阳光和天空光的前提下，上式的两部分光强可表达为：

$$I_q = \left(E_{q_{\mathrm{sun}}} + \int_\Omega E_{q_\omega} \mathrm{d}\omega \right) k_q, \quad I_s = E_{s_{\mathrm{sun}}} \beta(\varphi_{\mathrm{sun}}) + \int_\Omega E_{s_\omega} \beta(\varphi_\omega)\mathrm{d}\omega \quad (3-50)$$

式中：$E_{q_{\mathrm{sun}}}$ 和 E_{q_ω} 分别为到达点 Q 处太阳光的照度和来自方向 ω 的天空光的照度，$\beta(\varphi)$ 为水的相函数，φ_{sun} 和 φ_ω 分别为进入水体的太阳光和天空光与视线方向的夹角。综合式（3 - 49）和（3 - 50），可得：

$$I_w = \mathrm{e}^{-\int_{PQ} c(r)\mathrm{d}r} \left(E_{q_{\mathrm{sun}}} + \int_\Omega E_{q_\omega} \mathrm{d}\omega \right) k_q + \int_{PQ} \mathrm{e}^{-\int_{PS} c(r')\mathrm{d}r'} \left[E_{s_{\mathrm{sun}}}(r)\beta(\varphi_{\mathrm{sun}}) + \int_\Omega E_{s_\omega}(r)\beta(\varphi_\omega)\mathrm{d}\omega \right]\mathrm{d}r$$

$$(3-51)$$

其中：

$$E_{\mathrm{sun}}(r) = T_{\mathrm{sun}} n^2 \sec\theta_b \mathrm{e}^{-\int_{W_s} c(r')\mathrm{d}r'} I_{\mathrm{sun}}$$

$$E_\omega(r) = T_\omega n^2 \sec\theta_{b_\omega} \mathrm{e}^{-\int_{W_{\omega_s}} c(r')\mathrm{d}r'} I_{\mathrm{sky}}(\omega)$$

式中：T_{sun} 及 T_ω 分别为太阳光和来自方向 ω 的天空光在水中的透过率，n 是水的折射率，I_{sun} 和 $I_{\mathrm{sky}(\omega)}$ 分别为太阳光和来自方向 ω 的天空光的光强，θ_b 和 θ_{b_ω} 则分

别为它们与水体垂直方向的夹角。由于光线在水体中的积分计算涉及两重积分，非常耗时，因此需要对户外场景中水面的真实感图形绘制进行加速。

水的散射和吸收系数决定了水的颜色。混浊的水中，因悬浮着较大的物质颗粒，其散射系数比较大，而呈现出杂质的颜色；清澈的水因散射系数比较小，可清澈见底。

3.4.3　绘制水体颜色的加速算法

一般而言，自然景观与天气条件关系很大，晴天和阴天下水体颜色大不相同。在入射到水面的光线中，太阳直射光和天空光占据主要部分。可以忽略来自周围景物的环境映照，并假设入射光在水面上处处相同，此时，在方程（3－51）中，除了天空光入射水面的入射方向外，其他参数均为常数。

具体地，对水面的入射光中，我们仅考虑太阳光和天空光，其他的光照忽略不计；在计算水体的颜色时不考虑波浪引起的表面扰动；且水体介质均匀，水底深度均匀。基于上述假设，在计算水体颜色时，就仅剩视线方向(θ_j,φ_j)，以及太阳光至水面的入射光线方向(θ_b,φ_b)两组角度参数了。方程（3－50）也就成为：

$$I_{s_{sun}} = \int_0^{z_d} \beta(\varphi_{sun}) T_{sun} n^2 \sec\theta_b e^{-c_0 z(\sec\theta_j+\sec\theta_b)} dz = \frac{\beta(\varphi_{sun})T_{sun}n^2\sec\theta_b}{c_0(\sec\theta_j+\sec\theta_b)}(1-e^{-c_0 z_d(\sec\theta_j+\sec\theta_b)})$$

$$(3-52)$$

式中：c_0 是水的衰减系数，z_d 是水的深度。天空光颜色计算可用下式：

$$I_{s_{sky}} = \int_0^{z_d} e^{-c_0 z\sec\theta_j} \int_\Omega \beta(\varphi_\omega) n^2 T_\omega \sec\theta_{b\omega} I_{sky}(\omega) e^{-c_0 z\sec\theta_{b\omega}} d\omega dz \qquad (3-53)$$

式中：$I_{sky}(\omega)$ 是天空光的分布，可以根据太阳的方位角计算；$\beta(\varphi_\omega)$ 是水的相函数。该式计算非常复杂，一般通过数值积分的方式获取结果。水体的颜色可通过预计算获得，通过设置参数表来存储和查找，从而节省了大量的时间。

3.4.4　水面的反射光快速绘制

从水面投向观察者眼中的光线包括水面反射光和来自水体的折射光。由于水体的颜色可以预计算进行存储，在绘制水面时，主要需计算水面反射光。由于水面倒影与周围的景物相关，与水面波浪的法向也相关，一般可采用光线跟踪方法来精确地计算倒影，但光线跟踪算法涉及较高的计算量。

利用空间的连贯性，可提高水面倒影的绘制速度。假设水面为理想平面，则水面倒影可认为是从水面下的虚拟视点看到的场景画面。在能见到清晰倒影的画面中，波浪的高度与水面相比很低，从而可以忽略波浪的高度；则利用倒影的深度图，可将水面波动时的倒影绘制转化为倒影在画面上的图像扰动，从而极大地简化

了计算。具体方法如图 3-24 所示：相机位于视点 O，其水面下的虚拟视点为 O'，

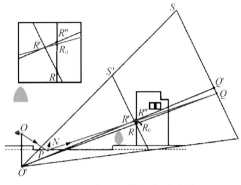

先从虚拟视点 O' 绘制水面周围场景
的虚拟图像，其投影平面为 S。从视
点发出的光线 OP 与水面交于 P，设
P 点处水面实际法向为 N，反射光
PQ 与虚拟图像平面 S 交于 Q。可
查出，像素 Q 存储的可见景物点为
R，记过 R 点的深度平面为 S'。容
易求出反射光线 PQ 与深度平面 S'
的交点 R'，连接虚拟视点 O' 与 R' 的
直线交虚拟成像平面 S 于 Q'，我们

图 3-24 水面反射图的对应关系

近似地取像素 Q' 处记录的可见景物点 R'' 作为从视点 O 看到的水面 P 处的倒影。
而实际的水面反射光线 PQ 经过 R' 点后，交可见景物于 R_0，从左上角的放大图可
知，R'' 与 R_0 非常靠近，其误差可以忽略不计。

这样，我们仅仅根据从虚拟视点所见到的水面周围环境的倒影图像及其深
度图，便可简单地获取高度真实的水面倒影图。从图 3-25 中可以看出，其效果
与光线跟踪的结果很相似，几乎看不出误差。

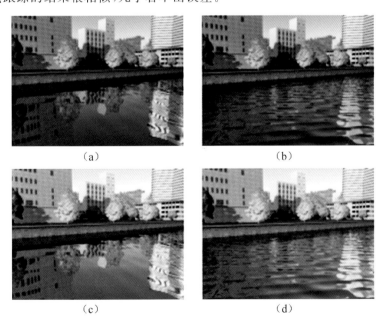

图 3-25　仿真的水面结果。(a) 光线跟踪，微波；(b) 光线跟踪，高频波；(c) 我们
的快速绘制方法，微波；(d) 我们的快速绘制方法，高频波

3.5 小　　结

本章讨论了水面景观的真实感模拟。介绍了水面波动模拟的常用方法,包括基于波动属性的模拟、基于物理模型的模拟和基于粒子系统的模拟,并就其中典型的基于海浪谱的波浪模拟、基于 Navier-Stokes 方程的波浪模拟及基于粒子的波浪模拟的实现过程进行了介绍。

针对波浪的几何模拟,提出了一种结合高度场与粒子的方法,可以利用较小的计算量来模拟逼真的水面波动效果;还提出了一种基于 bump mapping 涟漪的快速模拟方法,可以实时生成逼真的水面涟漪。

对于卷浪及泡沫,提出了一种自适应的 SPH 方法,对水体的不同区域,定义了不同半径大小的粒子和表面张力模型,来模拟浪花飞溅和波浪撞击悬崖的效果。

针对水面的颜色模拟,从水面对光线的反射、折射等物理特性出发,提出了一种快速绘制水面颜色的方法,并采用基于图像的绘制算法,绘制出较为真实的水面倒影,达到了与光线跟踪类似的效果。

将来的工作包括:① 建立波浪卷曲的物理模型,模拟惊涛骇浪的逼真效果;② 进一步加快波浪的绘制速度,特别是大规模水域的快速绘制;③ 解决动态水面合成时的时间和空间连续性问题,开发基于视频的大规模水面模拟算法;等等。

【参考文献】

[1] Chen J,Lobo N. 1995. Toward interactive rate simulation of fluids with moving obstacles using Navier-Stokes equations[J]. Graphical Models and Image Processing,57(2):107 – 116.

[2] Foster N,Metaxas D. 1996. Realistic animation of liquids[J]. Graphical Models and Image Processing,19:153 – 160.

[3] Kass M,Miller D. 1990. Rapid stable fluid dynamic for computer graphics [J]. Computer Graphics,24(4):49 – 56.

[4] Monaghan J. 1992. Smoothed Particle Hydrodynamics. Annual Review of Astronomy and Astrophysics,30:543 – 574.

[5] Tessendorf J. 2001. Simulating ocean water[C]//SIGGRAPH 2001 Course Notes.

[6] 徐迎庆,苏成,李华,等. 1996. 基于物理模型的流水及波浪模拟[J]. 计算机学报(增刊),19:153 – 160.

[7] 杨怀平,胡事民,孙家广. 2002. 一种实现水波动画的新算法[J]. 计算机学报,25(6):613 – 617.

敕勒川，阴山下，天似穹庐，笼盖四野。
天苍苍，野茫茫，风吹草低见牛羊。

——《敕勒歌》 南北朝诗人·佚名

植被
景观

第 4 章 植被景观的模拟

  植被景观是计算机辅助园林设计、数字化农业、军事仿真、商业广告、计算机三维动画、视频游戏、虚拟地理环境等应用中不可或缺的组成部分。自然界植物种类繁多、形态各异、几何结构复杂,给描述、表示、构造和存储带来巨大的困难(Prusinkiewicz and Hanan,1990)。植物的建模和可视化从 20 世纪 70 年代以来一直是研究者们关注的热点,研究工作方兴未艾。研究植物建模与绘制的出发点大致可分为两类:一类是从农业或生物学研究的需求出发,采用一定的数字化模型模拟植物的生长和植物群落的发展分布,并与实测数据进行比对,这需要植物学的专业知识,必须建立在植物的形态发育机制和生长原理之上;另一类是从视觉模拟的角度出发,着重于真实地重现自然界植被景观,因此如何用最小的代价获得视觉上的逼真度是主要目标。本章将综合应用图形图像技术、动力学和生物学理论,以虚拟现实/环境、仿真和数字娱乐为主要应用目标,重点研究新的快速高效的大规模植物建模和动态模拟方法。

  自然景观的动态仿真一直以来就是个难题,其中植被景观的动态性又是突破景观真实感的决定性因素。美国 Pixar 公司的 Ed Catmull 这样评价动画片《臭虫的生活》:如果草不动,那么看上去就假得多。三维动画片《怪物史莱克》中众多故事情节发生在室外,DreamWorks 为此塑造出包含多种植物、细节丰富、光影鲜明的植被景观,画面效果相当逼真;但如果能增强这些场景中的动态性,如表现出植物在风中的摇曳等,将使整体效果更上一层楼。

  然而,对植物的动态行为进行模拟面临许多困难。植物形态简单变化的背后往往蕴含着复杂的物理或生理规律,对一个动态过程的描述涉及诸多力学或生物学计算。而对于常见的现象,如叶子的生长、花朵的开放等,目前尚未有可用作计算模拟的量化模型;又如树枝在风中的摇摆等,虽可用动力学方程来刻画其运动特性,但纯粹的动力学方程并不适用于计算机图形仿真。因此,需要根据描述性原理建立便于实现的量化模型,或对已有量化模型或方程进行必要的简化,以满足图形学实现的要求。同时,还必须在量化模型的准确度及计算精度与模拟生成的视觉效果之间取得一个良好的平衡。

4.1 植物模拟概述

在计算机图形学领域,植物的建模、绘制与动态模拟一直是研究的热点和难点,目前已提出了许多针对植物这一类特殊对象的方法,并取得了较好的结果。

4.1.1 植物的建模与绘制

植物的建模可进一步细分为模型表示与建模方法两个部分,模型表示、建模方法与绘制三者之间是相互依赖并密切相关的,一般结合在一起实现。下面分别予以叙述。

4.1.1.1 植物的模型表示

植被场景可分为单株植物个体和植被群落两方面。从植物生态学的角度看,单株植物的生长模型是根据已知的植物个体的初始信息及环境因素计算出植物生长过程的各种参数或数据(胡包钢等,2001)。从图形表达的角度看,单株植物的模型表示可分为几何和外观两个部分。前者描述植物的空间位置和连接关系,包括光滑曲线曲面(Prusinkiewicz and Hanan,1990;Mündermann et al.,2003)、多边形(Mantler et al.,2003)、点云(Reeves,1985;Deussen et al.,2002)和线(Deussen et al.,2002)模型等。由于图形硬件的普及,目前三角形模型成为几何表示的主流格式,曲线曲面模型常在绘制前被剖分为三角形模型,点云和线表示则作为其有效补充。三角形顶点上一般保存与植物外观有关的属性,如法向、反射系数和纹理坐标等。为了减少绘制复杂度,逼真体现植物表面的纹理和生长形态,人们用多幅图像(纹理)记录植物的外观,在绘制时则将它们直接映射到植物的几何表面。这种几何加纹理的植物外观模型极大地提高了场景的真实感和绘制效率,几乎被应用于所有的软件系统[1]~[4]。若将植物的几何大幅度地简化为一个或数个平面,然后粘合纹理展现植物的外观,即为在各种计算机游戏和仿真软件中使用最广的 Billboard 技术(Schaufler,1995)。为了克服单方向

---

[1] http://www.paradigmsim.com/.

[2] http://www.kurtz-fernhout.com.

[3] http://www.idvinc.com/speedtree.html.

[4] http://www.xfrogdownloads.com/greenwebNew/news/newStart.html.

Billboard 难以逼真展示景物多方向的视觉效果，人们进而提出了多层切片和多视点融合等改进方法（Meyer et al.，2001；Jakulin，2000；Qin et al.，2003），获得了不错的效果。这种方法的弱点在于作为 Billboard 的纹理图像是在有限个采样位置处拍摄的，缺乏对植物局部细节的刻画，视点靠近时的效果并不理想。

单株植物可分为若干个器官，包括茎、枝、叶、果实、花朵等。近年来，不少人在如何精确表达单个器官外形的几何建模上做了很多工作。如：植物的果实、茎、枝形状简单，可逐段用椭球体、圆柱体或圆锥体逼近表示；植物的花可采用自由曲面或双三次曲面模型建模（Prusinkiewicz and Hanan，1990）。上述几何表示在绘制时被离散为三角形模型进行处理。进一步地，人们采用三维纹理表示树木的木纹（Ebert et al.，2003），用凹凸纹理（bump mapping）（Dischler et al.，2002）、视点依赖的位移映射（view-dependent displacement mapping）（Wang et al.，2003）和广义位移映射（generalized displacement mapping）（Wang et al.，2004）等技术生成枝干的表皮纹理等，极大地丰富了植物表面细节的层次感。

在虚拟场景中，植被群落一般与整个生态群落一起考虑。生态群落包括树木、灌木、花草、地面湖泊和流淌的小溪，天上的飞鸟、蝴蝶，大气、天空和人工建筑，等等。植被群落可视之为植物个体的集合（Deussen et al.，1998；2002）。20 世纪 90 年代，随着基于图像的建模与绘制技术的发展（McMillan and Bishop，1995；Gortler et al.，1996；Levoy and Hanrahan，1996；Shade et al.，1998），人们采用预先拍摄的一系列图像直接表示植被场景，可快速获得较为逼真的视觉效果。这些工作包括体纹理方法（Neyret，1996；Decaudin and Neyret，2004）、层次深度采样图方法（Chang et al.，1999）等。前面提到的 Billboard 技术（Schaufler，1995；Meyer et al.，2001；Jakulin，2000；Qin et al.，2003）可看作这类方法的简化版本。

由于数据量极大，所以上述场景表达方法只能表达有限规模的静态植被场景，为了构建更大规模的场景，需要在场景的简化和压缩方面不断改进。除了最常用的层次细节、几何简化等技术外（Möller and Haines，2003）[①]，针对植被场景还提出了混合式 Billboard 云（Bromberg et al.，2004）、随机 Billboard 云（Lacewell et al.，2006）、层次式深度纹理采样（Zhang et al.，2006）等一系列有效方法。然而，这些方法仍难以获得不同光照和自然条件（如风、重力）下的植被景观的动态效果。我们认为，有效地结合几何和图像表示，将有助于在这方面取

① http://www.idvinc.com/speedtree.html.

得进展。

（1）植物的建模方法

从方法论上看，单株植物的建模方法有经验式和因果式两类（胡包刚等，2001）。前者在实验数据的基础上描述植物的统计规律，是由上至下的分析式模型，如应用人工神经网络方法模拟花卉的生长过程（Elizondo *et al.*，1994）。此类方法适用性广、方法简单、计算速度快。因果式模型则通过模拟已知或假设的机理建模，可解释植物的内在生长机理，故又被称为解释型、生理式或功能式模型（Prusinkiewicz，1998）。经验式方法与植物生态学结合，广泛应用于农林业的研究工作中，因果式模型则在计算机图形学领域中被广泛应用。

计算机图形学中的早期植物建模方法基本上遵循因果式方法。基于植物的复杂性和自相似性，人们采用一系列过程迭代模型递归生成各种特定的自然景物，并在递归的过程中引入随机变量来反映模型细节的变化。最常用的植物过程式构造方法有分形（Oppenheimer，1986）、粒子系统（Reeves，1985）、L-系统（Lindenmayer，1968；Prusinkiewicz and Hanan，1990）、A-系统（Aono and Kunii，1984）等，它们能基于简单的规则生成复杂的几何形态。另一种技术路线是结合植物生理学知识，构建植物生长模型。例如，de Reffye（de Reffye *et al.*，1988）等曾提出基于有限自动机构造植物形态。该模型通过马尔可夫链理论及状态转移图方式描述植物发育、生长、休眠、死亡等过程。尽管这些基于规则的方法在效率上具有较大优势，却难以生成细节逼真自然的几何模型。它们的另一个缺点是难以控制植物的整体外观。

Weber 等（Weber and Penn，1995；Deussen and Lintermann，1997；Boudon *et al.*，2003）对树木的整体几何结构提出了一类参数化的表示方法，通过给定参数对树的几何结构进行控制，生成树的几何表示，获得了较好的树木形态，建模结果通常包含上百万个多边形面片。这些方法构成了一类经典通用的树木建模与表示思路。由于模型参数由用户直接手工设定，可控性很好；但从视觉模拟的角度看，它们重在考虑植物的几何与形态，而在植物外观的真实感方面仍有不足。况且，不少方法采用未被图形硬件支持的光线跟踪算法生成全局光照明效果，不适用于实时性要求高的动态场景仿真。

近年来不少研究人员提出了基于草图（sketch-based）的快速建模技术，允许用户勾勒二维草图，将构思表达为简单的拓扑结构图，再遵循预定的规则自动重建单株植物的几何形体，极大地减少了用户的交互量。例如，Ijiri 等（Ijiri *et al.*，2005；2006）将这种技术巧妙地应用到花朵的几何建模上，Okabe 等

（Okabe *et al.*，2005）也将之运用到简单树木的建模上。如何将这种直观有效的交互手段与参数化建模技术结合，是未来的一个重要研究方向。

20 世纪 90 年代的一大进展是基于图像的建模和绘制技术。这种方法采用不同视点拍摄序列图像，基于计算机视觉和图像分析技术，巧妙地将这些图像在空间中组织成可重用的数据结构。从七维光场函数开始，人们深入研究了将其简化为五维、四维、三维和二维半的方法（Heckbert，1999）。狭义的基于图像的建模技术只能获取场景的光照，因此人们也采用带深度的数字扫描仪同时获得植物的几何散乱数据和外观细节，之后再进行重建（Xu *et al.*，2006）。Sakaguchi 和 Ohya（Sakaguchi and Ohya，1999）和 Shlyakhter 等（Shlyakhter *et al.*，2001）从照片中树木的轮廓中获得其可见外壳（visual hull）以表示树的粗略形状。Sakaguchi 在体素空间中定义简单的分支规则以建立树的结构，而 Shlyakhter 则采用 L-系统拟合出树的结构，但两者均只能近似表示树的粗略形态。Alex 等（Alex *et al.*，2004）从多幅照片中重建出附带透明度信息的树的体表示，获得了很好的视觉效果，但没有显式地恢复枝干的几何。这些技术的局限性在于它们对场景有特定的要求，而且只能恢复给定对象的模型，缺乏生成新的不同形态模型的有效手段。另一方面，若要对植物这种复杂程度高的场景恢复精确的细节，要么需要大量的手工交互，要么需要花费较长的计算时间，实用性大打折扣（Quan *et al.*，2006；Neubert *et al.*，2007）。更重要的是，迄今为止很少有工作能重建出植物在自然条件下的动态行为。

植物的各种形态也为研究人员提供了丰富的课题。为了获得真实的叶片纹理，人们从实拍图像中抠取叶片的轮廓（Bloomenthal，1985）。Remolar 等（Remolar *et al.*，2002）提出了一种合并和分解树叶多边形从而获得树叶不同尺度外形的表示方法。Runions 等（Runions *et al.*，2005）详细描述了基于规则的叶片脉络构造方法。为了模拟叶片的动态生长过程，人们提出了增加多边形各边边长来模拟叶片的扩张过程，也有人从叶脉出发逐渐生成整个叶片（Viennot *et al.*，1989）。Mündermann 等（Mündermann *et al.*，2003）提出从二维扫描图像获得叶片轮廓，抽取骨架，并用样条曲线逼近叶片形状。此外，为了模拟叶片的弯曲程度，他们还提出加随机偏转量以模拟自然重力的影响。Mech 和 Prusinkiewicz（Mech and Prusinkiewicz，1996）提出了一个综合考虑环境影响的植物建模方法。该方法以 L-系统为基础生成植物模型，在规则中充分考虑了光源、叶片和叶片之间的空间竞争、根部在土壤中的资源竞争等因素，使得建模结果更加符合自然生态。在此基础上，Prusinkiewicz 等（Prusinkiewicz *et al.*，

1994)提出了一个模拟植物对人工修剪操作的反馈模式,生动地合成了灌木的各种形状。还是以 L-系统为基础,Fuhrer 等(Fuhrer *et al.*,2004)详细研究了如何构造叶片的绒毛。Wang 等(Wang *et al.*,2003)提出了一个从单幅图像重建树皮的凹凸纹理的方法。Marschner 等(Marschner *et al.*,2005)则利用光学设备获取了木头的表面双向纹理映射函数,细致地仿真出各种木质表面效果。这些方法与采用三维纹理表示木纹相比(Ebert *et al.*,2003),大大提高了模拟质量。

(2) 植被场景的绘制

植被场景的绘制方式大致可分为两类:其一,基于纯几何模型和传统光照明模型的真实感绘制;其二,基于预采样的光亮度重用方法。前者能生成具有照片般真实感的画面效果,但计算量巨大,生成画面相当耗时;即使经过大量简化和场景优化后获得了一定的性能提升,但仍限于处理静态场景。后者通过纹理映射从图像获取细节,避免了复杂的几何表示,以较小的代价获得令人满意的绘制效果。它甚至能提供一定程度上的多视点漫游,但需要数量巨大的预采样数据和预处理时间,因此难以仿真动态光照和动态森林场景。

早期人们采用纯几何模型对三维场景进行建模,可进行实时漫游的场景大多十分简单,画面质量低。一个有趣的事实是早期优秀的三维视频游戏几乎都采用室内场景。这是因为室内场景规模较小,光照明效果较昏暗,便于模拟。室外的自然场景不仅规模大,而且光照更为复杂和明亮,人眼视觉对画面走样非常敏感。即使是一些专注于植被场景绘制的工作(Deussen *et al.*,1998;2002;Möller and Haines,2003),也只能模拟静态的、局部的光照明效果。Marshall 等(Marshall *et al.*,1997)介绍了一种基于不规则四面体的层次包围盒结构来绘制大规模植被场景的方法。Qin 等(Qin *et al.*,2003)巧妙地利用了预计算的缓冲,保留了光照度和阴影信息,获得了日光下逼真的多棵树木绘制结果。

随着图形硬件的发展,人们的视野开始扩展到局部细节的模拟。这些工作包括凹凸纹理映射(Dischler *et al.*,2002)、视点依赖的位移映射(Wang *et al.*,2003)、广义位移映射(Wang *et al.*,2004)等。另外一个非常重要的进展是预计算技术。James 和 Fatahalian(James and Fatahalian,2003)预计算不同光照和运动条件下单株植物的光照信息,采用数据降维算法压缩数据,在图形硬件中重建当前视点下的光照,获得了非常逼真的动态效果。Wang 等(Wang *et al.*,2005)设计了一个测量装置,获取植物叶片表面微结构的反射和散射函数,其绘制效果与真实照片几乎一致。然而,由于采样数据量巨大,这些面向单个植物器官的高度真实感实时绘制算法并不能推广到大规模植被景观的模拟中。

基于图像的绘制方法的性能通常不受场景复杂度的影响,而是由屏幕分辨率决定,这使得它们适于表现细节丰富的植被场景(Heckbert,1999)。早期的大多数基于图像的绘制方法都具有通用性,可用来绘制植被场景。较早的基于图像的植物绘制算法是预计算 Z-Buffer 视图方法(Max and Ohsaki,1995)。其他方法如文献(Jakulin,2000;Meyer *et al.*,2001;Decaudin and Neyret,2004)等,不受物体的几何复杂性影响,可获得具有丰富细节的逼真的视觉效果。Alex 等(Alex *et al.*,2004)描述了如何基于多幅图像重建单棵树木表示并绘制的方法,较真实地再现了其自然形态。基于图像的绘制算法的一个基本问题是:由图像重建而来的模型一般不具备力学计算所需的三维几何信息,缺乏动态光照和动力学计算的基本元素。

4.1.1.2　植物的动态模拟

传统的解决方案大多局限于静态的植被景观的真实感建模与绘制。近年来,随着计算机硬件性能的提升和图形卡可编程功能的加强,军事仿真、三维动画和视频游戏等对植被景观的实时模拟提出了更高的要求,在真实自然条件下的大尺度植被景观的动态模拟愈显其重要性和挑战性。

对于单株或少量树木的动态模拟已经取得了一定成效。植物的动态变化由风力和重力驱动,因此风场的构建非常关键。人们通常采用计算流体力学(CFD)的方法来模拟风场。Wejchert 和 Haumann(Wejchert and Haumann,1991)用 Navier-Stokes 方程计算简单的线性化流来合成风场,模拟落叶与纸片等在风中飘荡的效果。Wei 等(Wei *et al.*,2003)采用扩展的 LBM(lattice Boltzmann model)计算风场,模拟气泡和羽毛在风场中飞舞的效果。Ono(Ono,1997)采用 Perlin 噪声函数生成湍流风场,利用弹簧质点模型计算树的形变。Sakaguchi 和 Ohya(Sakaguchi and Ohya,1999)利用三维数据场表示树周围的风场,以硬质杆件模拟树枝,分别计算每段树枝的偏转角后拼合得到整棵树的摇曳。Ota 等(Ota *et al.*,2004)则使用随机噪声来模拟风力,采用悬臂梁平面弹簧模型模拟树枝,树叶的偏转角则直接利用噪声函数来计算。这一类采用简单经验公式计算形变的过程式方法需采用"试错法"反复调整参数值以获得较为理想的动画效果,不适于处理包含大量树模型、受力情况复杂多样的森林场景。

另一类基于物理的方法涉及动力学方程的求解和计算。Shinya 和 Fournier(Shinya and Fournier,1992)通过振动方程对时间积分得到树在风中的变形。Stam(Stam,1997)则直接将树在风力作用下的位移看作一个随机过程,在频域中对白噪声进行滤波获得湍流效果,通过模态分析简化对振动方程的解算,直接合成枝条在空气湍流作用下的运动。Giacomo 等(Giacomo *et al.*,2001)结合了过程式和基于物理模型两种方法来实现树的动画,一般情况下采用过程式方法快速生成动画,而在近距离用户与场景作交互时才采用基于物理的方法计算树的变形,表现一定的物理形态。吴恩华研究小组(冯金辉等,1998;Wu *et al.*,1999;柳有权等,2003)提出将树枝分为固定枝条、可动枝条和波动枝条三种,采用非线性力学方程组对主要枝干进行积分并对摇摆的枝条采用波动方程求解,以获得整棵树的变形。这类方法能够获得较为真实的模拟效果,但计算开销很大,难以实现实时模拟,且一般只能处理少量树模型。

植物的动态模拟还包括植物之间的碰撞检测与处理,单株植物在生长过程中枝条之间、根系之间的互相影响,植物与环境障碍物的影响,树冠光能分布,向光性的模拟,树叶颜色随气候变化而变化等(Prusinkiewicz *et al.*,1994;Chiba and Ohshida,1996;Mech *et al.*,1996;Mündermann *et al.*,2003)。

考虑到视觉真实感和运动真实感,上面提到的方法难以同时达到这两个目标。因此充分利用图形硬件的可编程功能,巧妙平衡视觉和力学计算的复杂性,是我们解决这一难题的出发点。

4.1.1.3　植物生长模拟

近年来,在植物生物学(plant biology)领域,计算式植物模型(computational plant models)或者"虚拟植物"(virtual plants)越来越被认为是理解基因功能、植物生理学、植物生长与最终植物形态之间复杂关系的重要工具。它们通常分为三类(Prusinkiewicz,2004):植物结构模型、器官和组织模型以及基因调节网络模型。第一类模型用于处理分枝体系中植物组件的排布问题,第二类模型针对植物器官从生长体伸展布局的问题,而第三类模型则与单个细胞的生长过程相关。对于计算机图形学,我们感兴趣的显然是第一类模型,因为相比较而言,它更加直观地描述了植物的几何结构,L-系统非常适合于作这样的表述。它们一般用来正向模拟植物的动态生长,但仅限于结构演变,即只描述某一器官出现或不出现,而不描述该器官的连续发育过程。

在图形学领域,人们也曾提出过生长模拟或生长模型的概念,如 de Reffye 的生长模型(de Reffye *et al.*,1988)等,但其主要用途是基于规则的建模,实质上就是一组生成规则的演变序列。一些研究者以 L-系统为工具,将生成模型的规则演变序列保存为"生长过程",或通过用户交互的方式改变演变序列中的某些参数值,每交互一次就执行一次"生长过程"(即进行一次生长模拟),以改变模型的形态,实现编辑的目的(Onishi *et al.*,2003);或由系统随机生成演变序列中的部分参数值,每进行一次生长模拟就得到一个整体结构保持但局部形状有所变化的模型,以此获得一组整体相似而又各不雷同的个体(Streit et al.,2005)。

目前,专门聚焦于模拟植物的生长过程的工作比较少见。L-系统的扩展版本——微分 L-系统(differential L-system or dL-system)在原始的生成规则(产生式)中引入了描述生长的微分方程,能够模拟植物的离散和连续生长过程(Prusinkiewicz et al.,1993)。Galbraith 等(Galbraith et al.,1999)也曾用它来"自顶向下"地生成展示植物生长发育过程的动画,但如同 L-系统的产生式一样,设计一个合适的微分方程也并非易事。令人感兴趣的是,Lu 等(Lu et al.,2000)在花瓣生长变形方面作了一定的尝试,他们采用具有 16 个控制点的双三次贝塞尔曲面来对花瓣建模,通过生长函数调节曲面控制点在各个时刻的位置,模拟花瓣的生长。但由于建模方法和变形控制手段的能力所限,其结果尚未能满足美感要求。

在专业的植物建模系统 Xfrog[①] 中,用户可以编辑若干关键帧上植物部件的位置、尺寸和姿态,利用 morphing 技术制作反映植物生长形变的动画,但在这一过程中很难确定一个合适的变化步调,用户不得不进行反复的交互和调整,才能得到较为满意的效果。

可以预见,以生长函数来调控变形的时序和步调,使其符合植物生长规律,是保证整个形变过程真实感的有效途径。同时,只有为生长函数选择了合适的作用对象,才能最终获得完美的生长模拟结果。

4.1.2 软件开发

如同学术研究一样,国内外在植被建模、绘制与动态模拟方面的软件开发也是方兴未艾。加拿大 Calgary 大学的 Prusinkiewicz 教授的研究小组一直以 L-系统为平台,在植物建模的多个方面都有所涉猎,影响甚广。德国 Kanstanz 大学的 Oliever Desussen 教授是 Xfrog 软件的开发者,在植物几何建模和大规模植被绘制等方面做了相当多的工作。法国 INRIA 的研究人员在基于图像的植被建模和基于细胞自动机的建模方面作出了很大的贡献。微软亚洲研究院有关植物表面微结构模拟的研究独树一帜,领先潮流(Wang X,2003;2004;Wang L,2005)。在国内,中国科学院自动化所的胡包钢研究小组最早介入植物形态建模方面的研究,他们坚持不懈地努力,有力地推动了国内相关领域的发展。中国科

---

① http://www.xfrogdownloads.com/greenwebNew/news/newStart.htm.

学院软件所的吴恩华研究小组在大规模植被场景的快速绘制、树木的动力学模拟等方面建树颇丰。浙江大学彭群生和鲍虎军研究小组则重点关注自然场景的真实感绘制,成果显著(王长波,2005;Zhang,2006)。随着硬件水平的迅猛发展,人们对植被的研究兴趣正逐渐从一般三维场景建模分离开来,形成一个专门的研究课题。2006 年欧洲图形学学会专门举办了一个自然场景模拟的研讨会。第三届植被建模与可视化国际会议也于 2008 年在中国科学院自动化所举行。这些都说明目前植被模拟方面的研究还存在诸多的难点与挑战。

研究的逐步深入和业界的强烈需求促成了各类专业植被建模与绘制软件的开发。由于面向农林业研究的软件不是本书的关注内容,在此不赘述,详情可见综述报告(胡包钢等,2001)。市面上面向数字娱乐的三维几何造型软件大多提供了针对植被建模的插件,如 3DSMAX 的 natFx、Maya 的 Maya Paint Effects、Lightwave 的 TreeDesigner、Cinema4D 的 DPIT Nature Spirit、SoftImage 的 Digital Landscapes、MultiGen-Creator 等。这些插件往往从几何造型的角度出发,参数控制比专业植物建模软件更为直观有效,对几何的简化和优化非常出色。即便如此,构建单株精细植被模型仍需要大量的交互,模型包含的三角形数目依然较多。一棵并不复杂的树模型将含 1 万~2 万个三角形,推广到大规模自然场景,困难重重。

由于植被场景的重要性,业界也开发出了众多植被建模的专业软件。加拿大 Calgary 大学开发的植物仿真软件 CPFG[①],底层建模完全基于 L-系统,应用比较复杂,不方便理解,交互性不强,功能有限。其他的大部分软件都采用交互式的植物参数输入方式,便于用户在仅有少量植物学知识的情况下快速构造出植物模型。Lenne3d[②] 是德国一家公司提供的实时绘制软件,和三维 GIS 软件 LandXplorer[TM]一起使用,可支持包含由上百万棵树组成的植被的地形场景。德国的 Xfrog[③] 软件定义了一些表示植物器官、植物结构、全局变量和功能函数的小图符,每个图符内含了一张描述其具体属性的参数表。用户可使用这些图符作为构筑植物结构的部件,通过组合这些图符快速组建出植物模型(见图 4-1(a))。尽管 Xfrog 软件的结果部分地符合植物学原理,但由于完全基于几何表示,一株普通的植物模型包含数十万甚至上百万个三角形面片,不适合大规模动态植被景观的构造。日本 Chiba 教授主导开发的设计虚拟

---

① http://www.cpsc.ucalgary.ca/Redirect/bmv/index.html.

② http://www.lenne3d.com/en/news/index.php.

③ http://www.xfrogdownloads.com/greenwebNew/news/newStart.html.

花园和盆景的软件 VirtualBonsai 和 VisualGarden①,可根据需要的盆景种类和周围环境展现植物的生长过程,模型细节丰富。由于场景小,采用标准 OpenGL 可实现交互的场景浏览。德国 Kurtz-Fernhout 公司的免费软件 PlantStudio② 应用符号表示植物的分生组织、分枝结构、花序、枝序、节间、花朵、叶片和果实等具体属性,用户可轻松输入植物参数获得结果。美国农业部的 SVS 软件③定义了一组控制树冠形状的参数,由滑块控件来调节参数,用户可以很快生成满意的树冠形状。此外,SVS 软件还建立了常用的植物图库,使用者仅需选择植物类别,输入植物年龄及少量植物变量参数,就可以获得逼真的植物模型。Onxy 公司的 Tree Classic 系列软件④建立了具有 200 多种树种的图形库(见图 4 - 1 (b)),AMAP⑤ 软件也模拟了 400 多种植物,已经在三维动画软件(MAYA, SoftImage)中得到应用。

(a)　　　　　　　　　　　　　　(b)

图 4 - 1　**XFrog 与 OnyxTree 造型所得场景。**(a) 利用 XFrog 软件构造的植被场景,绘制引擎是 POV-Ray Render;(b) 用 OnyxTree 软件生成的场景,绘制引擎是 **3DS Max**,绘制时间以分钟计

　　虚拟植被场景的可视化在园林设计、森林防火、军事仿真和环境评估等方面有着重要的应用价值。许多地理信息系统软件都包含虚拟植被场景的绘制模块,如 3D Nature 的 WCS/VNS⑥。近年来涌现出一批面向森林场景的系统和应用。美国主管森林的有关部门和美国太平洋西北研究所在美国农业部开发的软

---

① http://www.jfp.co.jp/bonsaidl/.
② http://www.kurtz-fernhout.com.
③ http://forsys.cfr.washington.edu.
④ http://www.onyxtree.com.
⑤ http://amap.cirad.fr/.
⑥ http://3dnature.com/foresters.html.

件 SVS[①]基础上,开发了一套环境可视化系统 EnVision(见图 4-2)[②],能够绘制上百万棵树木的场景,但达不到实时的效率。

上述绝大多数软件缺乏对植被场景动态性的考虑,从原理上不支持植物在自然条件下(如风力影响)的动态仿真。由于开发的时间大多在 2000 年前,没有采用可编程图形硬件技术,效率相对不高。值得一提的是近年来表现出色的 SpeedTree[③]游戏引擎开发软件。它采用几何和图像的混合表达方式,采用参数化构建出相当简化的树木模型,基于简单的力学计算和周期的随机运动,支持动态 LOD 和树在风中的随机摇曳;在漫游过程中采用实例化技术使得场景可包含上百万棵树木,获得了相当惊人的动态效果,已经被应用到包括 Unreal 在内的多家游戏。由于 SpeedTree 软件的潜在运行环境是普通的计算机平台,在模型表示和场景绘制上过度简化,因此模拟效果与我们的研究目标尚有较大的差距。我们的系统开发设计将参考 SpeedTree 的部分框架和优化技术,并以此为基础进行技术创新和改进。

(a)

(b)

图 4-2 EnVision 与 SpeedTree 的场景绘制效果。(a) EnVision 系统 1999 年版本的绘制场景效果图,速度不能达到交互;(b) SpeedTree 软件 2006 年版本实时绘制的场景截图,场景能在变化的风场下,以相应的随机模式运动

上面这些软件都是国外产品。国内虽然支持过类似方面的研究项目,但专业软件的报道极少。直接从国外购买这些软件成本并不低,如大型造型软件的插件价格大约 100 美元,提供源代码开发的 SpeedTree 软件的每个单机 license 价格为 8500 美元。探索新的高效建模和可视化技术,开发自主版权的植被建模与绘制平台,对于我国在军事仿真、园林设计、森林防护和数字娱乐方面的发展非常重要。

---

① http://forsys.cfr.washington.edu.
② http://forsys.cfr.washington.edu/envision.html.
③ http://www.idvinc.com/speedtree.html.

4.2 树木、森林建模与绘制

本节将介绍树木及森林的建模与绘制方法。

4.2.1 多分辨率混合式植物表达模型

从计算机图形模拟的角度,我们重点关注植被景观在视觉上的整体和谐,主要体现在几何形态、表面细节、光照明暗和动态变化等方面,要求植物模型具有形态上的真实感,有一定的植物学依据,但又不拘泥于其严格的规则。我们认为植物的表达模型应具备以下特性:

1)直观易用,只需一般的植物学和几何常识即可理解其构成,并可快速建模;

2)表达效率高,能以并不复杂的定义和描述表达丰富的细节,且支持高效实时绘制;

3)具有三维几何结构,能生成不同观察距离和视角下的视图,便于进行形变计算和控制;

4)包含足够多的细节,以保证形态上的逼真度;

5)具有细节层次(LOD)调控机制,能按需提供不同分辨率的版本。

显然,以往的植物表达模型及建模方式,如过程式建模(L-系统)、纯几何造型及完全基于图像的表示,在绘制效率、逼真度、可控性等方面都存在各自的不足,难以同时满足上述要求。

众所周知,几何模型在形状描述、变形控制上具有天然的优势,而图像则能以少量信息表达丰富的外观细节,在表示效率上相当可取。鉴于此,我们提出了一种混合式几何—图像植物表达模型,以几何表示植物几何层级结构,以图像表示其外观纹理。这一表示方式可以在真实感、表达效率及绘制效率间取得一个良好的平衡,并支持整体结构的形变控制。针对混合式表达的特点,我们制订了相应的 LOD 策略,并将其嵌入模型内部。下面以树为例,对这种混合式几何-图像植物表达模型进行描述。注意,树仅作为一种典型实例,表达模型的应用并不限于此。

4.2.1.1 树的混合式几何—图像表示

我们采用几何与图像相结合的混合式方法来表示树模型,一棵树的基本支撑结构——枝干系统(主干与枝条)采用几何造型,局部细节则通过纹理映射由图像表示。

（1）树的分解表示

一般地，一棵自然树在地面上的可见部分主要由枝干和树叶组成，其中枝干（stem）是主干（trunk）和枝条（branch）的合称。通常，主干也看作枝条，如不特别指出，枝条可泛指主干和枝条，与枝干同义。枝干构成的系统（枝干系统）支撑着整棵树，决定了树的大致外形；树叶生于枝条上，覆盖着枝干系统，形成了整体外观。在局部上，单片树叶及其脉络、树皮凹凸模式等又构成细节特征。基于树的结构特点，我们有理由相信，在对一棵树进行建模时，采用纯粹几何造型或完全基于图像表示都是不合适的。一棵树的树叶众多、树皮凹凸模式极其复杂，如果这些细节都用几何表示，将造成数据量的剧烈膨胀，耗费漫长的绘制时间；而完全基于图像表示则会丢失枝干系统的几何和拓扑信息，难以提供任意视点上的视差（parallax），也不能进行直接有效的形变控制及动态模拟。

对此，我们采用"分而治之"的策略，将树的枝干结构和局部细节分解开，各自表示。一棵树的枝条数目终归有限，以几何表示；树叶和树皮凹凸的细节特征繁多，以图像纹理表示。这样既保留了必要的结构信息，又大大降低了模型表示所需的数据量。

如图 4-3 所示，枝条由三维网格表示，通过纹理映射来描绘表面外观细节；将树叶按邻近关系和朝向相似度聚类为叶簇，以图像纹理来表示一片叶簇。

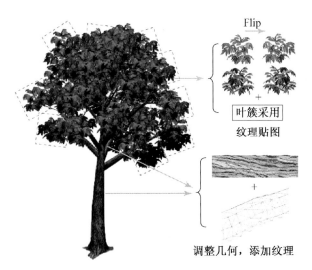

图 4-3　树的混合式几何-图像表示

（2）枝条

由于树的枝干系统具有天然的层次结构，我们以层次化的形式来保持和生成枝条,同一层次或级别的枝条由同一个参数集控制。图 4-4 展示了按照我们的方法建立的枝干层次结构。我们将主干作为第 0 级枝条,主枝为第 1 级,依此类推。一般而言,3～4 级足以表示一棵常见树的枝干结构。

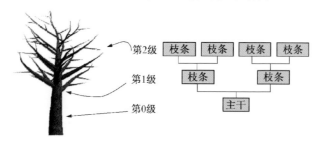

图 4-4　一棵树的枝干层次结构

具体地,下一级枝条(简称子枝)相对于上一级枝条(简称父枝)的空间位置和朝向关系可由图 4-5 来描述。其中,*StartAngle*(分叉角或分支角)和 *RotateAngle*(环绕角)共同确定子枝的着生方位。这种描述方式直接来源于植物学,环绕角可由叶序规则分类界定。在对树建模时,我们将这两个角作为参数,由人工指定。

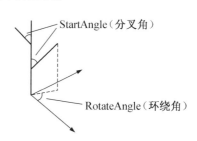

图 4-5　上下两级枝条的相对空间关系

下面,对枝条进行几何建模。按常用的方法,将一根枝条表达为一个泛圆柱(generalized cylinder),先生成弯曲圆柱的中轴线,然后计算每个柱面上的点,最后构成三角网。

中轴线的生成:首先生成长度为 *Length*(图中 *var* 表示随机浮动量,下同)、初始倾角为 *StartAngle*(普通枝条为分叉角,主干倾角为其与地面夹角)的直线段(见图 4-6(a));将它分为若干段(见图 4-6(b)),各段长度由下式求得:

$$Distance = (SegID / SegNum)^{exp} \cdot Length \qquad (4-1)$$

式中:*SegID* 和 *SegNum* 分别为段序号和总分段数,*exp* 为分配指数系数。

其后,每一分段都绕该段起点(下端点)相对于前一分段生长面偏转一个角度 *CurveAngle*(见图 4-6(c))。这样中轴线将变成一条空间折线,枝条因此形成相应的弯曲形状。我们将每段所作的偏转以一个旋转变换矩阵记录,为后续计算预留。

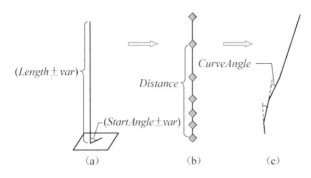

图 4 - 6　枝条中轴线的生成过程。(a) 生成枝条中轴直线;(b) 中
轴直线分段;(c) 每一分段相对前一分段偏转一角度

圆柱面网格的生成：如
图 4 - 7 所示,我们为中轴线设
置一个初始局部坐标系 O
xyz,其原点位于分段的下端
点。生成中轴线时,各段经过
偏转之后都保存了一个相对
旋转矩阵,将某一分段以及前
面所有段的旋转变换矩阵联
乘,即可将初始局部坐标系变

(a) 设置初始局部坐标系

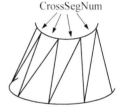
(b) 圆柱面三角网格的生成

图 4 - 7　圆柱面网格的生成。(a) 设置初始局部
坐标系;(b) 圆柱面三角网格的生成

换为该段的局部坐标系;然后,在每段的局部坐标系下,假设其底面与局部坐标系
的 xOy 平面平行,其半径由轴向(线性)插值函数求得,在圆周上取交叉段数
(CrossSegNum)个等分点作为顶点,计算各顶点的局部坐标;将圆台"展开",上、下
底面上的对应顶点连接成三角网格;最后,将顶点的局部坐标变换到全局坐标系
下,就得到了圆柱面的三角网格。

(3) 叶簇

我们采用 Billboard 技术绘制叶簇。一个叶簇以一片 Billboard 表示,其法
向始终指向相机。由于使用了全自由度 Billboard(即三个轴向均不固定),当叶
簇挂载在枝条的任意方位上都可以从不同视角观察到,即使叶簇随着枝条摆动
也不会产生问题。一根枝条上挂载的叶簇数目、每片叶簇在枝条上的挂载方位,
参考植物学中的叶序规则确定。

如要获得较好的外观,叶簇就需要保证一定的覆盖率。一棵树包含的叶簇
会比较密集,这样叶簇之间会产生重叠或交叉问题,因此需进行碰撞检测。在生

成新叶簇时,先在已有叶簇中进行密度测试,即判断拟生成位置(新叶簇的挂载点)与邻近已有叶簇的挂载点间的距离是否小于一定阈值。如果小于,则不在该位置生成新叶簇。我们采用八叉树结构来加速这一密度测试,即将可能生长树叶的空间分成八个区域,每次生成新叶簇确定其所属区域时,只需将它与该区域内已有的叶簇作比较。如果通过测试则生成新叶簇,并将它插入八叉树的相应区域中。这样可以大大提高测试效率。

我们采用带有 Alpha 通道的图像作为叶簇的纹理。在绘制时通过 Alpha 测试就可以剔除纹理中所含背景色以及空白区块,只将表示树叶细节的部分绘制到画面上去。

(4) 枝片

进一步地简化树的表示,可采用枝片来代替枝条的几何表示,即一种基于图像的枝条细节表达形式。枝片是一个可变形、由枝条中轴线扩展而成的四边形条带,用以表示枝条及其所有子枝。枝片外观用预计算的枝片纹理表现。这种方法既减少了所需的面片数,又能呈现更多细节。图 4-8 为采用枝片表示的示意图。

枝片纹理图像

原始
(未使用枝片)

使用枝片表示
(第2级)

图 4-8　枝片的表示

通常,层数高的枝条尺寸较小,对整体结构的决定作用也小,但又包含较多细节,这时可使用枝片来表示小型分枝结构,以有效提高效率。对于一般类型的树,我们采用少量的枝片;对于枝干层次结构简单、小枝与树叶融合的一类树或灌木,如棕榈和苏铁,枝片则是主要的树表示方法。

4.2.1.2　树模型的多分辨率表示

在混合式表达模型表示中,枝条的几何形态并未形成一个连续的三维网格,因此,使用传统的网格简化方法来生成细节层次难以取得理想的效果。在表达模型中,我们针对不同表示的特点采用不同的策略建立多分辨率表示。

对于表示单根枝条的圆柱面网格,其几何简化有两个选择:其一,直接采用 QSlim(Garland and Heckbert,1997)算法简化三角网格;其二,改变柱面的有关参数 (如圆面等分数,见图 4-7)重新生成柱面网格。第一种方法可以保持表面的光滑 连续性,第二种方法则能保持轴线的走向不变。就观察一棵树而言,人们一般对 小枝条表面的关注远不及对轴向形状的关注,因此,我们选择后者作为单根枝条 的简化策略。不过,从实验上看,如果仅仅对每根枝条作几何简化,综合的简化 效果并不显著。因为以纹理来表示枝条的表面细节后,其表示枝条形体的几何 并不复杂,所涉及的圆柱面网格三角形数目并不大,简化的效果亦有限。

显然,真正有效的简化工作应该从树的层级特性入手,对枝干系统进行简 化。当一棵树离视点越来越远时,一些枝条的视觉贡献越来越小:它们或者投 影到屏幕上只占零星几个像素甚至没有,或者对外形轮廓影响很小或全无。这 时,即使将整根枝条都剔除,也不会造成画面质量的明显下降,甚至还能消除一 部分走样(artifacts)。

为此,我们提出一种针对层级结构的几何细节层次(geometric levels of detail,GLOD)简化策略。由于枝干系统原本就是一个树状结构(见图 4-4),我 们可以参照这一结构建立一个具有相同格局的误差度量树(error metric hierarchy,EMH)。误差度量树是进行层级简化的依据,其结点对应于原来的 枝条,包含该枝条的误差度量,可即时剔除它所产生的误差(见图 4-9)。

一根枝条自身的误差度量需要考虑以下两个方面。

1)视觉贡献:即枝条投影到画面上的面积有多大,可采用枝条的近似体积 来衡量,以枝条的长度和底面半径值来估算。

2)结构贡献:即对于整棵树的外形轮廓的构成有无作用、作用多大,当前枝条 是否构成枝干系统的凸包的一部分,如果是,将其去掉会产生多大影响(见图 4-10)。

将这两项分别作定量的表达。我们称第一项为体积误差 m^v,记为单根枝条 近似体积占总体近似体积的比率:

$$\begin{cases} \tilde{V} = r^2 \cdot L, \\ m_i^v = \dfrac{\tilde{V}_i}{\sum\limits_{i=0}^{n} \tilde{V}_i} \end{cases} \quad (4-2)$$

式中:r、L 分别为枝条底面半径和长度,$\tilde{V}$ 为近似体积,n 为枝条总根数。

第二项(见图 4-10)称之为结构误差 m^c,取去除单根枝条后的凸包体积变化量与原凸包体积之比：

$$m_i^c = \frac{\Delta V_i^c}{V^c} \qquad\qquad (4-3)$$

式中：V^c 为原凸包总体积，ΔV_i^c 为去除第 i 枝条后凸包总体积的变化。如果枝条对构成凸包没有贡献，则此项为 0。

综合式(4-2)和(4-3)，一根枝条被剔除后的误差度量为：

$$m_i = m_i^v + \delta m_i^c \qquad\qquad (4-4)$$

式中：系数 δ 用来调节结构误差所占的比重。

对于拥有子枝的枝条(非末梢枝条)，还应考虑所有子枝的影响，故一根枝条的总误差度量为：

$$\overline{m} = m + \gamma \cdot \sum_{child} m_{child} \qquad\qquad (4-5)$$

式中：系数 γ 指定将子枝删除所形成的误差之和对父枝误差的构成比例。

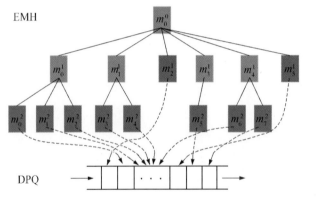

图 4-9 误差度量树与剔除优先级队列

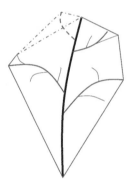

图 4-10 一根枝条去除后凸包的变化（二维示意）

为快速访问误差度量树(EMH)，我们为它配置一个剔除优先级队列(decimation priority queue, DPQ)作为辅助性"cache(缓存)"。初始时，将 EMH 的所有叶结点抽取出来，以误差度量值为排序依据插入 DPQ。每一次作简化时，访问 DPQ，将位列前面的枝条删除(见图 4-9)。我们采用"lazy-updating"方式来更新 DPQ，只有当 DPQ 将要清空时才重新遍历 EMH，抽取新出现的叶结点补充到 DPQ 中去。这样做的好处，除了提高效率之外就是尽量依照枝干系统的层级性来剔除枝条。当然，枝条的误差度量估算中已经考虑了层级性，参见公式

（4－5）。

通过对误差度量树的依次访问,我们能够获得枝干系统的多个分辨率表示,且各个分辨率之间的变化基本均衡,达到了一定意义上的优化,很好地实现了一个考虑到层级特性的几何细节层次（GLOD）简化。

4.2.2 基于物理的动态森林场景实时模拟

风吹树动、枝叶摇摆是人们生活中常见的自然现象,垂柳的随风摇曳也为人们带来了美的感受,然而采用计算机真实且实时地再现这些现象却一直是一个颇具挑战性的课题。因为树在形态结构上的复杂性、风流动的随机性以及两者相互作用在物理上的复杂性,使得我们难以快速准确地计算出树在风力作用下的形变。对于树在风中摇曳的计算机动画,不仅要求具有形态上的真实感,而且还要求具有运动上的真实感,两者缺一不可。以往的相关工作呈现两种倾向:其一,过于追求形态上的真实感,建立了较为逼真的树模型,但模型几何较为复杂,导致了形变计算瓶颈,动画生成效率低下,无法达到实时;其二,为快速计算形变,简化树的几何,以减少计算量,最终得到的是运动逼真但模型走样的结果。究其原因,在于未能协调好模型复杂度与形变计算复杂度之间的关系,没有在真实感和效率之间取得好的平衡。我们认为,要实现树运动的真实感实时模拟,首先需要构建一个好的树表达模型,然后为其配置一个高效的物理模型,其中表达模型是基础,适宜的物理模型是充要条件。

基于上一节提出的多分辨率混合式树表达模型,本节将为这一混合式模型配置一个合适、高效的物理模型,并采用多分辨率策略,实现动态森林场景的实时模拟。混合式树表达模型除了形态真实感得以保证之外,还非常便于建立相应的物理模型作变形计算。我们采用如下方案来保证整个森林场景的运动真实感:

1）基于随机过程中的谱分析方法,构建物理真实的风场。

2）建立枝条基于铰弹簧的物理模型,求解动力学方程,计算枝条在风力作用下的形变。

3）采用多细节层次的模拟策略,在不同的细节层次下简化物理模型,从而减少形变计算,提高动画生成效率。

按此方案,我们实现了真实风场下森林场景的实时动力学模拟,形态真实感和运动真实感都令人满意,绘制效率也达到了可交互的程度。

4.2.2.1 真实风场的模拟

对于形变计算,产生形变的外力的正确性和精确度是运动真实感之源头,因而我们希望构建一个物理上真实并能反映力学特性的风场。与单片树叶、草叶、头发等不同,树是一种有相对固定形状的结构体,对风场反应不敏感,并非完全被动地随之飘移。事实上,树在风中的受力状态与建筑物受力状态更为相似。为精确模拟风场作用下树的运动(或形变)效果,我们从风工程领域引入风场的精确描述,并针对图形学实现的要求作了相应的调整。

与以往采用流体力学的方法来模拟风场不同,我们不从风的流动属性入手,而是从力学的角度研究风场,考虑风场中的固型物体对风的反作用(隐含于计算模型中,未显式表示两者的相互作用)。将风场看作一个多维的各态历经性平稳随机过程(或随机场),采用功率谱分析与合成的方法计算风场(Simiu and Scanlan,1985;Tieleman,1995;Paola,1998)。该方法能够充分表现风场的随机特性和力学属性,同时兼顾其流动性质,适合作为动力学模拟的外力源。

(1)基于谱分析与合成的随机风场计算

一般地,在气流的三维流动中,沿三个相互垂直的方向有三个风速分量(Simiu and Scanlan,1985),其平均风速方向称作顺风向,设为 u 方向;与平均风速垂直的水平方向称作横风向,设为 v 方向;垂直于 u 与 v 所在面(即水平面)的方向称作竖风向,设为 w 方向。其中,顺风向为主要风向,由平均风速和脉动风速分量两部分构成,横风向和竖风向只有脉动风速分量。空间中一点 $Q(x,y,z)$ 在 t 时刻的风速表示为:

$$\begin{cases} U(Q;t) = \bar{U}(z) + u(Q;t), \\ V(Q;t) = v(Q;t), \\ W(Q;t) = w(Q;t) \end{cases} \tag{4-6}$$

脉动分量 $u(Q;t)$、$v(Q;t)$、$w(Q;t)$ 是均值为零的随机变量,大体上服从正态分布,可近似看作各态历经性的平稳随机过程。风场的一维脉动分量均为一元四维的随机过程(或四维随机场),以互谱密度函数 $CPSDF$ 描述其随机性质。在实际应用中,$(x,y,z;t)$ 四个变量通常被离散化,以多元随机过程近似表示多维随机过程/场。因此,脉动风速分量表示为仅与时间 t 相关的随机向量,互谱密度函数 $CPSDF$ 被离散化为互谱密度矩阵 $CPSDM$。在频域内互谱密度矩阵 $CPSDM$ 定义如下:

$$S_\varepsilon(\omega) = \begin{bmatrix} S_{\varepsilon_1\varepsilon_1}(\omega) & S_{\varepsilon_1\varepsilon_2}(\omega) & \cdots & S_{\varepsilon_1\varepsilon_n}(\omega) \\ S_{\varepsilon_2\varepsilon_1}(\omega) & S_{\varepsilon_2\varepsilon_2}(\omega) & \cdots & S_{\varepsilon_2\varepsilon_n}(\omega) \\ \vdots & \vdots & & \vdots \\ S_{\varepsilon_n\varepsilon_1}(\omega) & S_{\varepsilon_n\varepsilon_2}(\omega) & \cdots & S_{\varepsilon_n\varepsilon_n}(\omega) \end{bmatrix}, \quad (\varepsilon = u,v,w) \tag{4-7}$$

式中：对角线上的元素为自谱密度；非对角线上的元素为互谱密度，表示为（ω为角频率）：

$$S_{\varepsilon_1\varepsilon_2}(\omega) = \sqrt{S_{\varepsilon_1\varepsilon_1}(\omega)S_{\varepsilon_2\varepsilon_2}(\omega)}\,Coh(Q_1,Q_2;\omega), \quad (\varepsilon = u,v,w) \quad (4-8)$$

自谱密度有严格的数学积分表达式，但在工程应用中，一般采用经验公式来近似计算。这些经验公式在形式和系数上略有差别。我们推导了一个统一的表达形式（见式（4-9）），在试验中我们测试了文献中所有可得的表达形式和系数，选定了对场景和动画适用的形式和系数组。

$$S_{\varepsilon\varepsilon}(\omega) = \frac{U_*^2\,A_\varepsilon f^\gamma}{(\omega/2\pi)\,(1+B_\varepsilon f^\alpha)^\beta}, \quad (\varepsilon = u,v,w) \quad (4-9)$$

式中：$f = \omega z/2\pi\bar{U}(z)$ 为 Monin 坐标；A_ε，B_ε，α，β，γ 是一组无量纲系数。

只考虑分量内部的空间相关性，相关函数表示为：

$$Coh(Q_1,Q_2;\omega) = \exp\left\{-\frac{\omega\sum_r C_{r\varepsilon}|r_1-r_2|}{\pi[\bar{U}(z_1)+\bar{U}(z_2)]}\right\}, \quad (4-10)$$

$$(\varepsilon = u,v,w;\quad r = x,y,z)$$

式中：$C_{r\varepsilon}$ 为指数衰减系数，$\bar{U}(z_1)$ 和 $\bar{U}(z_2)$ 分别为两点上的平均风速。

一般情况下互谱密度矩阵 $S_\varepsilon(\omega)$ 是一个实对称正定阵（Paola，1998），可用 Choleski 方法将其分解为两个三角阵的乘积形式，即：$S_\varepsilon(\omega) = H(\omega)H^{*T}(\omega)$，其中 $H(\omega)$ 是下三角阵。那么，t 时刻点 Q_i 处一个风向上的脉动分量可由下式求得：

$$\varepsilon_i(Q_i;t) = 2\sum_{j=1}^{N}\sum_{k=1}^{i}\left[H_{ik}(\omega_j)G_j^{(k)}(t)\right]\sqrt{\Delta\omega},$$

$$(i = 1,2,\cdots,n);\quad (\varepsilon = u,v,w) \quad (4-11)$$

式中：$\omega_j = j\Delta\omega$（$j=1,2,\cdots,N$），$N\Delta\omega = \omega_u$ 为上限频率，$G_j^{(k)}$ 是一随机量，由下式计算：

$$G_j^{(k)}(t) = R_j^{(k)}\cos\omega_j t + I_j^{(k)}\sin\omega_j t \quad (4-12)$$

式中：$R_j^{(k)}$ 和 $I_j^{(k)}$ 为均值为 0、服从正态分布的随机数。

（2）风场多尺度层次结构

为了减少动力学计算的开销，我们将风场划分为不同的细节层次，对树的受力作多分辨率的计算。当建立风场的时候，将地面上方的空间划分为前密后疏的方格网,建立一个类 Mipmap 的层次结构(见图 4 - 11)。具体而言,每一次对风场方格网作简化时,将相邻的 4 个小空间方格合并为 1 个大的空间方格,大方格内的风速矢量取 4 个小方格的风速矢量的平均。进行动力学模拟时,我们对近处的树采用精细的风场方格中的风力进行动力学模拟。这样,近处的每棵树都受到不同的风力,甚至一棵树的不同部分受到不同的风力作用,因而可以获得丰富的动态效果;而远处的树则采用较粗的风场方格中的风力,一棵树甚至相邻的一批树都受到相同的风力作用,以进行简化的形变计算,可节省计算量。

树的每个部分根据其质心坐标,判断其所属的风场方格,然后检索对应的风速矢量。相应的风力由下式计算:

$$
\begin{cases}
F(Q;t) = \dfrac{1}{2}\rho \parallel T \parallel \cdot T, \\
T = (U,V,W)
\end{cases}
\tag{4-13}
$$

式中:ρ 为空气密度。T 为风力方向矢量,由 (U,V,W) 三个方向组合;Q 为当前方格,t 为时间(t 时刻)。

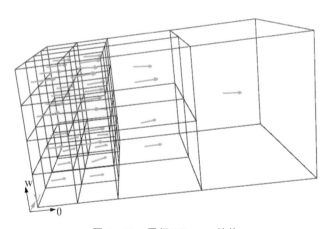

图 4 - 11　风场 Mipmap 结构

4.2.2.2　物理模型的建立与动力学计算

从力学的角度来看,对整棵树和单根枝条进行受力分析和形变计算,采用有限元分析中的梁单元来建立物理(动力学)模型,理论上最贴切,计算上最精确。柳有权(柳有权,2005)采用这样的方法模拟了柳树在风中的摇曳,绘制帧率也达到了0.6帧/秒。虽然相对于柳树,我们的树模型在几何上要简单得多,但对于大的森林场景,采用这一物理模型将无法满足实时计算的要求。因此,我们采用力学中相对简单的铰弹簧模型来模拟树的形变。

（1）枝条形变的分段计算

如图 4-12 所示，一根枝条在建模时就分为若干段，我们假定段与段之间以铰弹簧连接，假设每一段在风力作用下仅绕着其下端结点偏转而不发生绕轴扭转。

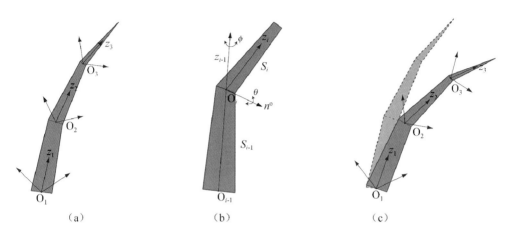

（a）　　　　　　　　　　（b）　　　　　　　　　　（c）

图 4-12　枝条变形。(a) 变形前的枝条及各段局部坐标系；(b) 第 i 段的两个偏转角；(c) 变形后的枝条

考虑一根枝条第 i 段 S_i 的受力情况，设其长度为 l，中轴方向为 z_i，则所受风力力矩为：

$$\boldsymbol{\tau}_w = l z_i \times \boldsymbol{F} \tag{4-14}$$

在此力矩作用下 S_i 将产生一个空间中的偏转角 Ω，为处理方便，将之分解成沿两个直观的方向 z_{i-1} 和 $\boldsymbol{n}^o$，其中 $\boldsymbol{n}^o = z_{i-1} \times z_i$（见图 4-12(b)），即绕 z_{i-1} 转动角 φ，绕 $\boldsymbol{n}^o$ 转动角 θ。此时铰弹簧模型变成一个复合系统，其状态由两个运动方程表征：

$$m\ddot{\varphi} + c\dot{\varphi} + k\varphi = \boldsymbol{\tau}_w \cdot z_{i-1},$$

$$m\ddot{\theta} + c\dot{\theta} + k\theta = \boldsymbol{\tau}_w \cdot \boldsymbol{n}^o \tag{4-15}$$

式中：m, c, k 分别为质量、阻尼系数和刚度系数，质量可近似计算为 $m = \dfrac{1}{3}\rho(r_1^2 + r_1 r_2 + r_2^2)l$，刚度系数和阻尼系数依次计算为 $k = E\,\bar{r}^2/l, c = \gamma k$，具体系数值和计算方法可参考力学资料。

采用改进的欧拉法来解方程组(4-15)，可以快速计算两个偏转角。我们将 S_i 相对于前一段 S_{i-1} 的形变以一个变换矩阵来记录：

$$\boldsymbol{M}_i = \boldsymbol{R}_{z_{i-1}}(\varphi)\,\boldsymbol{R}_{n}^{\circ}(\theta) \qquad (4-16)$$

式中：M_i 为第 i 段的形变，R 为对应不同角度 φ,θ 的变换矩阵。

那么，S_i 在全局坐标系中的总体形变还应该加上前面所有段（或所属父枝段）的形变叠加，计为：

$$\begin{cases} \hat{\boldsymbol{M}}_0 = \hat{\boldsymbol{M}}_{\text{father}}\,\boldsymbol{M}_0, (i=0) \\ \hat{\boldsymbol{M}}_i = \hat{\boldsymbol{M}}_{i-1}\,\boldsymbol{M}_i, (i>0) \end{cases} \qquad (4-17)$$

（2）叶簇的运动合成

对于树叶，我们采用过程式的方法来合成它在风中的运动。因为每一叶簇都附属于某一枝条，当枝条发生形变时，叶簇跟随枝条运动。此外，叶簇自身还绕其"悬挂点"作振荡性摆动，其摆幅和周期与受到的风力有关（见图 4-13）。

图 4-13　叶簇的运动

4.2.2.3　实现与结果

基于上文描述的混合式几何—图像的树表达模型，我们实现了一个参数化树建模的原型系统 TreeCAD（见图 4-14）。为保证模型的多样性，系统提供了 45 个参数，分别用于描述树的几何结构、外观与部分动力学属性。实际建模时，大部分的参数可以使用系统默认值，用户只需指定少量参数值。系统包含直观的交互界面，便于指定和修改常用参数。当一组参数被设置后，系统即时生成相应的树模型，需时约为 $10\sim30ms$。系统生成的树木模型通常只包含几千个三角面片，比传统的纯几何造型的方法生成的模型数据量低很多。另一方面，由于采用了图像的方法表示不同层次的细节（见图 4-15），树模型仍然具有很高的真实感。

在森林场景中，为了使场景更逼真，希望生成一批形态相似但又各不相同的树模型，以体现森林的特色。我们允许大部分参数作一定的浮动，这些浮动量取随机值，对同一模型参数进行多次建模例程就可以生成一批结构保持但细节各异的模型，完好地满足上述要求。这一方式不妨称之为"相似实例化"，比起对同一模型作不同的仿射变换,效果要好得多。

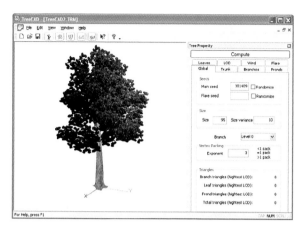

图 4 - 14 参数化树木建模系统   图 4 - 15 叶簇的 *LOD* 过渡

同时,我们将前面提出的针对层级结构的几何细节层次(GLOD)简化作了算法实现,并融合到树建模系统中。图 4 - 16 与图 4 - 17 分别展示了一棵树 3 种分辨率下的表示。

由 TreeCAD 系统所建的树模型,在形态真实感、表达效率和绘制方便之间取得了良好的平衡,又可用于形变计算和形态控制,完全可以满足虚拟现实/环境、计算机动画、系统仿真等应用的各方面要求。

图 4 - 16 一棵树按视距由近及远顺次排列的 3 个细节层次

我们还利用 OpenGL 1.4 的可编程图形功能实现了森林的动态绘制。在树的形变过程中,各个顶点的局部坐标保持不变,而只有各个局部坐标系发生变化。因此,形变计算的复杂度与树模型的几何复杂度无关,而仅与物理模型的复杂度,即与参与计算的铰弹簧个数有关。图 4 - 18 展示了单株树在形变序列中

图4-17　一棵树的枝条、叶簇及整体的 3 种分辨率表示。(a) 不同分
　　　　辨率下的枝条表示; (b) 不同分辨率下的叶簇图像; (c) 不同
　　　　分辨率下的树的整体效果

图4-18　一棵树形变序列中的典型帧

的若干帧,这株树共有 39 个局部坐标系,计算一次形变的时间约为 6～8ms,更
新一个局部坐标系花费约 0.2ms 的时间。在远离视点的情况下,降低动态细节
层次,能使物理模型更简单,形变计算量更小,虽然树的运动变得粗糙,但对整个
画面的整体视觉效果影响很小。

　　图4-19 展示了一个动态森林场景的模拟效果。场景中包含 5 大类共 2000
棵形态各异的树,所需内存约为 260MB。在绘制过程中,我们采用阴影图法实
现了动态阴影计算。在我们的测试平台上,平均绘制速度达到 35f/s。除了视域
裁剪剔除掉大量位于视域之外的树模型外,几何细节层次和动态细节层次的简

化对绘制速度的提升有显著作用。其中,几何细节层次简化减少了实际绘制的几何复杂度,也减少了 GPU 中的运算量;而动态细节层次简化减少了形变计算的次数,也减少了 CPU 中的运算及 CPU-GPU 之间的数据传输量。

图 4-19 包含多种树木的动态森林场景

4.3 风吹草动的实时模拟

草地的模拟是一个十分重要的方面,敕勒歌中唱到,"天苍苍,野茫茫,风吹草低见牛羊"。风吹草动的模拟可以大大增强自然场景模拟的真实感。但是目前国内外尚无一个很好的草地绘制系统,其主要原因在于草的种类、形状各异,且在草地上草的数量庞大,复杂的结构使其无论在造型、存储还是绘制上都存在相当大的困难,采用传统的方法很难对草地进行有效的建模和绘制。另一方面,动态自然景物的绘制已成为自然景观仿真的必然要求,人们已不再满足于静态的草地模拟效果。而风吹草动不仅涉及风与草的交互作用规律,也给草的具体造型提出了更高的要求。实时模拟风吹草动的动态场景是一项新的挑战。

4.3.1 相关工作

目前主要有三种方法对草地进行建模:① 粒子系统。早在 1985 年 Reeves 和 Blau 刚提出粒子系统时(Reeves and Blau,1985),就采用此方法绘制出一幅比较逼真的森林场景,成为早期计算机生成虚拟自然景物最具说服力的例子之一。然而,粒子系统构造的植被看起来有比较明显的人工痕迹,而且粒子系统的光照效果无法根据客观天气严格计算,因此缺乏光影真实感。同时由于计算量太大,该方法不适于实时绘制。② 纹元和体纹理(Meyer and Neyret,1998;Neyret,1996;Deussen *et al.*,1998)。纹元是指把整个立方体分成一系列小的立方体微元,每个微元代表一小块草,通过简单的参数来描述该子空间内草的分布特征。只要对纹理的映射尺寸、形状和方向引入一定的随机性以避免单一,所构造出来的自然场景的视觉效果就可以接近真实场景。这种方法的优点是可以简化场景,消除因采用几何面对草地造型引起的走样,使构造和绘制高度复杂的草地成为可能;缺点是由于绘制时实现比较复杂,运算时间复杂度较大,同时由于缺乏草的几何信息,对风吹草动的效果较难模拟。③ 实例化的方法(Perbet and Cani,2001;Hart and Defanti,2001;Deussen *et al.*,2002;Bakay *et al.*,2002;Guerraz *et al.*,2003),即根据草的具体形态特征,采用一些特殊几何模型来进行建模。如 Deussen 等(Deussen *et al.*,2002)采用点和线来模拟植物,Bakay 等(Bakay *et al.*,2002)采用细圆柱体来构造草。这种方法对单株草进行参数化建模,采用随机 L-系统的方法构造整个草地。但是它一般只适用于某一类草,对草的动态变形没有较好的表达方法,同时由于草地中的草的数量太多,绘制速度较慢。

以上工作主要集中于静态草地景观的模拟。对于动态草地,1996 年,Neyret(Neyret,1996)提出了基于纹元的模拟方法,其一是改变草表面的网格,其二是对一块草进行变形,其三是移动纹元来生成动画的不同帧。由于考虑了自阴影,结果的真实感较强,但是其绘制速度比较慢。2002 年,Perbet 和 Cani(Perbet and Cani,2001)提出了一种实时模拟草地的方法,采用三种不同类型的细节层(Levels of Detail,LOD)来表达草:三维几何、二维半的体纹理、二维纹理,不同类型的 LOD 之间可以互相转换。这种方法的绘制效率比较高,但是为了保证所采用的二维半体纹理的视觉效果,这种草的建模方法只适用于与地面平行的低视点情形。2003 年,Guerraz 等(Guerraz *et al.*,2003)扩展了上述草地模型来模拟移动的物体对草地的挤压等作用,但是该方法没有考虑具体的物理模型,也没有考虑草之间的碰撞,因此绘制的效果不是很理想。2002 年,Bakay 等(Bakay *et al.*,2002)提出了一种基于柱状的草的建模方法,每根草由带有参数的柱状物表示,草的运动根据局部风场向量来实现。但是,由于草都是由柱状物组成,生成的动态序列不是很流畅,而且该方法一般只适用于细长的草。

本节提出了一种新方法来实时绘制风吹草动的动态效果。首先抽取草的三维骨架线:草叶通过骨架线展成的多个四边形来表达,多边形的数量由 LOD 级别动态决定,再通过保长的骨架线 FFD 变形和带 α 测试的动态纹理映射,可以生成不同形状的带有叶脉细节的草。进一步地,在考虑风吹草动的物理特性基础上,通过骨架线的变形来实现草的运动,采用一种快速碰撞检测方法来避免草的互相贯穿。我们还采用一些简化及加速绘制技术,实时绘制出不同类型、不同风速下的草地场景。

4.3.2 草的建模

要准确地模拟草地场景,必须首先对单根草进行建模。

4.3.2.1 单根草的建模

传统的面片表示方法(如多边形或三角形)并不适于建立单株草的模型,这主要是因为:① 草叶的形状各异;② 草地上的草数量庞大;③ 草在风中摇曳时其形状不断变化。如果采用传统的面片表示来模拟草,很难定义风吹草动时草叶各面片的动态几何变换。

下面考察草的具体外形特征。如图 4 - 20 所示,草叶一般会沿纵向中轴叶脉弯曲,并沿横向稍卷曲,同时还带有丰富的叶脉信息。鉴于此,我们提出了一种基于骨架线对各种草的形状进行动态建模的方法。首先抽取单根草的横向和纵向轴线,构成一个三维骨架;然后对这些骨架线进行保长的变形,生成不同草的形状,插值骨架线网格展成草的叶面;最后将草叶纹理映射到叶面上,以表现其外观细节。

图 4 - 20   现实世界中草的形状

4.3.2.2   草的骨架线抽取

我们取展平的草叶拍照作为样本,图 4 - 21 是几种不同形状草叶的样本。从这些样本图片中,我们可以沿叶脉走向抽取草叶的竖向骨架线。

为了描述草叶的弯曲形状,并变形,我们设置了几条横向骨架线,横向骨架线的数量及位置可以根据显示该草叶时的细节层次决定。图 4 - 22 是单根草的骨架示意图。骨架线上的节点为 $Q_{lm}(l=0,2;m=0,1,\cdots,n)$，横纵向骨架线的交点为 $Q_{1m}(m=0,1,\cdots,n)$，这里 n 是横向骨架线的数量。这些横向和纵向的骨架线构成了单片草叶的骨架。

图 4-21　几种不同形状草叶的样本　　图 4-22　单根草叶的骨架

根据草的形状及变形特征，草叶的分段长度可以按照下式来确定：

$$l_i = (n_i/N)^{e_i} \cdot L \tag{4-18}$$

式中：l_i 表示节点 i 到草叶根部的距离，n_i 是分段编号，e_i 是长度分布指数，N 是分段的总数量，L 是草叶的总长度。

4.3.2.3　保长的 FFD 变形

要表现草叶的弯曲形状，需要对上面的骨架线进行变形。目前骨架线的变形方法主要有两种：① 轴变形(Lazarus *et al.*，1994)，即首先定义一条参数曲线作为变形体的轴线，将待变形物体上的点根据最近点规则嵌入参数曲线上对应点的局部坐标系中；当用户编辑控制曲线时，依附于曲线上的物体会随之变形。物体嵌入的局部坐标由曲线上的参数和旋转最小标架确定。② FFD(free form deformation) 变形。FFD 的思想是(Coquillart，1990；Sederberg and Parry，1986)：将变形物体嵌入一个简单而柔韧的实体中，随着包含体的变形，嵌入物发生相应的变形。FFD 方法包括以下 4 个步骤：① 构造一个足够大的三参数的自由体，如张量积 Bezier 体或 NURBS 体；② 将欲变形的物体"嵌入"自由体中，确定变形物体上各点在自由体中的参数；③ 调整自由体控制顶点的位置；④ 对变形体上各点，按新控制顶点计算自由体变形后该点的新位置，由此得到新的变形体。采用 FFD 变形方法，一方面变形是全局的，较易控制；另一方面草的三维骨架很容易嵌入 FFD 中，因此这里我们采用 FFD 变形方法。

首先将带有横纵向骨架的草叶嵌入一个 FFD 网格中 $\{P_{ijk}\}(i,j,k=0,1,\cdots,4)$（见图 4-23）。取一系列节点 $Q_{lm}(l=0,1,2;m=0,1,\cdots,n)$ 作为草叶的形状控制点，w 方向的宽度 L_w 与草叶的宽度相等。

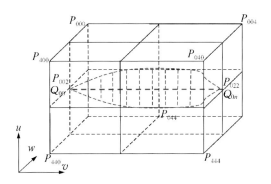

图 4-23 嵌入 FFD 网格的草叶

嵌入空间采用立方 Bezier 体，三维网格由 Bezier 体的控制顶点定义，64 个控制顶点 P_{ijk} 构成 $4\times4\times4$ 的网格，网格中的任意点的空间位置由下式决定：

$$B^3(u,v,w) = \sum_{i=0}^{3}\sum_{j=0}^{3}\sum_{k=0}^{3} P_{ijk}B_{i,3}(u)B_{j,3}(v)B_{k,3}(w) \qquad (4-19)$$

式中：$0\leqslant u,v,w\leqslant 1$，$B_{i,3}(u)$，$B_{j,3}(v)$，$B_{k,3}(w)$ 是立方体 Bernstein 基函数，p_{ijk} 是控制点。三维网格变形后，嵌入其中的草的骨架线 $Q_{lm}(l=0,1,2;m=0,1\cdots,n)$ 也会随之变形。我们主要进行两个方向的变形，一个是沿叶脉方向，一个是横向。

草叶在摇曳时它的长度保持不变，因此在草叶变形过程中必须保持其骨架线的长度不变。准确保持一条 Bezier 曲线长度不变是比较困难的，为了减小计算量，这里采用一个简单的方法：近似计算出每两个节点间骨架线在 FFD 变形前后的长度差异，通过一个收缩因子来近似维持其长度不变。

如图 4-24 所示，设 P_i 和 P_{i+1} 是一条骨架线上相邻的两个节点，l_{i0} 是这两个节点间变形前的长度，经过 FFD 变形后，这段骨架线变成一条 Bezier 曲线：

$$r(t) = \sum_{i=0}^{3} P_i B_{i,3}(t), \qquad t \in [0,1] \qquad (4-20)$$

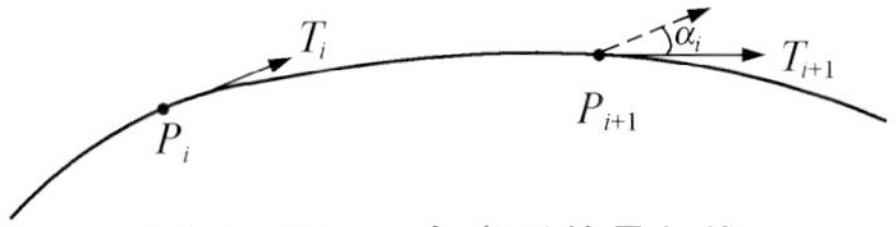

图 4-24 一条变形的骨架线

假设 T_i 和 T_{i+1} 分别为 P_i 和 P_{i+1} 的切向量，ε_i 是曲线的曲率，可以通过 FFD

变形参数获得,从而有:

$$\varepsilon_i = 1 - \cos\alpha_i = 2\sin^2\frac{\alpha_i}{2}, \qquad \alpha_i = T_{i+1} - T_i = \sqrt{\arcsin(\varepsilon_i/2)} \qquad (4-21)$$

这里 α_i 是切向量 T_i 和 T_{i+1} 间的夹角。

这时 P_iP_{i+1} 的长度为:$l_i = l_{i0}(\alpha_i/2\sin\alpha_i/2)$,收缩因子为:$\delta_i = l_{i0}/l_i = (\alpha_i/2\sin\alpha_i/2)$。这样我们可以调整下一点的坐标值:从 $r(t_{i+1}) = r(t_i) + \Delta r$ 到 $r(t_{i+1}) = r(t_i) + \Delta r \cdot \delta_i$。既然骨架线每一段的长度保持不变,草的总长度在变形过程中就保持不变。

在具体设计不同形状的草叶时,可按图 4-25 所示方式调整 Bezier 体的控制网格:控制多边形的两端切线的方向可在各自的上半圆锥内旋转,改变圆锥角和圆锥高,以实现叶面形状不同程度的弯曲。将不同弯曲程度的叶片按一定规则编号,在绘制每一片叶子

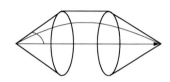

图 4-25　Bezier 曲线控制顶点选取

时,就可根据叶子的大小选取不同弯曲程度的叶片,同时可将该种草叶的不同颜色的纹理映射到叶片上。绘制时,可根据草叶的位置和绘制时的 LOD 层次选取合适的草叶纹理。

4.3.2.4　动态纹理映射

草叶上有丰富的叶脉细节,既然已生成每片草叶的三维骨架线,就可以通过带 α 测试的动态纹理映射来表现这些细节。

通常情况下,纹理图像是四边形的。我们以草叶的纵向骨架线为轴线,粘贴叶子的平面纹理图像,然后实施空间 FFD 变形,纹理图像便随同叶片在空中卷曲。注意,由于叶子的中脉位于纹理平面的中心线上,叶子中脉上各点的横向纹理坐标 s 均为 0.5。由于取叶子的实际边界实现纹理平面参数化较为困难,我们取包含草叶图像的一矩形区域作为纹理平面,并在纹理平面上设置不透明度,即将草叶图像所占据的纹理像素不透明度设置为 1,纹理平面上其余像素的不透明度则设置为 0。最后利用 OpenGL 的 α 测试实现对叶子的绘制,所绘制出的叶子具有叶脉细节,且颜色和形状真实感都较强。不同弯曲度的草叶被编号并保存在查找表中,以便实时绘制时调用。

该方法有两个优点:① 纹理映射基于草叶的叶脉骨架线,在变形过程中纹理的扭曲较小;② α 测试适合于硬件实现。

4.3.2.5　草的 LOD 表示

由于草地上草的数量庞大,而在远处的草,其细节又难以观察到,因此可运

用细节层(LOD)技术来加速绘制过程。我们根据视角和距离建立草地的多个细节层次,对不同的细节层次采用不同的叶片建模精度。当草相互遮挡时,采用遮挡剔除技术来简化计算。

如图 4－26 所示,草原的地表用网格来表示,地表网格上不同细节层次采用不同的颜色来显示。对于给定的视点,我们用一个有效的剔除算法计算出位于视域内的地表三角网格,然后根据每一网格到当前视点的距离与方位来决定它的细节层次;附着在该网格上的草也采用同一细节层次来建模。当观察者的位置变化时,各地表网格的细节层次也随之调整。由于仅仅绘制视域内的草和地形,计算量得以大大降低。

图 4－26　地形与草的细节层次

地表网格的细节层次是对生长在该网格上的草进行多精度几何建模的主要依据。$i=0$ 代表离视点最近。$i \leqslant n$,这里 n 是 LOD 的最大层次数,则 $n+1-i$ 可用来表示这个叶片建模时所取的面片数目。对于远距离的草,仅用一个面片来进行建模和绘制即可。

随着视点的移动,算法将自动调整每一草叶几何表示的细节层次。不同 LOD 表示之间的转换见图 4－27。$P_0 P_1 \cdots P_i \cdots P_N$ 和 $P_0{}' P_1{}' \cdots P_i{}' \cdots P_N{}'$ 是草叶的两个相邻 LOD 表示的骨架线。当从一个细节层次转换到另一层次时,草叶的长度和形状基本保持不变。L_i 和 $L_i{}'$ 通过下式计算,假设草叶的总弯曲角度为 α_{total},则

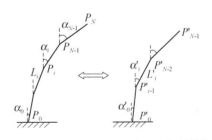

图 4－27　草的不同 LOD 表示之间的转换

$$
\begin{aligned}
L_i{}' &= L_i + L \cdot \left[\left(\frac{n_i}{N-1} \right)^{e_i} - \left(\frac{n_i}{N} \right)^{e_i} \right], \\
\alpha_i{}' &= \alpha_i + \left(\frac{L_i{}' - L_i}{L} \right) \cdot \alpha_{\text{total}}
\end{aligned}
\tag{4-22}
$$

式中:n_i 为第 i 段的 LOD 层数,N 为分段的总数,L_i 和 $L_i{}'$ 为第 i 分段的不同层级段的长度。

这种方法可保证草的细节层次的转换的平滑和有效。

4.3.3　风吹草动的模拟

4.3.3.1　风场的模拟

正如 Perbet 和 Cani(Perbet and Cani,2001)的方法,我们首先构造地面上的风场分布,然后实时确定受风影响的草地区域。那些被风吹过的草叶左右摇摆、弯曲或扭曲,如图 4-28 所示。当风作用于地形网格的某一个网格时,植根于该网格上的草都将受到局部风场中相应风力的影响。

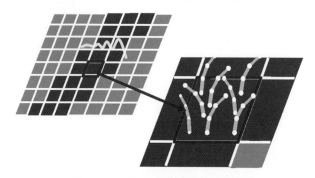

图 4-28　草受风作用区域的图示

如前所述,风可以通过风速和风向来表征。风速的取值方法与第 4.2.2.1 节相同,即由平均风速和随机风速两个部分组成。

可以对不同类型的风构造不同的风力模型。这里最常见的两类风力模型是:阵风和稳定风(冯金辉,1999)。阵风指的是风力从零开始逐渐加大,然后再逐渐减弱到零;稳定风是指风力增加至一定程度后保持该强度并存在微小的摆动,最后风力逐渐减弱为零。这两种风力模型可以表示如下(Shinya and Fournier,1992):

$$\bar{V}_{w_1} = \begin{cases} at+b, & 0 \leqslant t < t_c \\ c-d(t_c-t)/t_c & t_c \leqslant t \leqslant t_{max} \end{cases} \quad (4-23)$$

$$\bar{V}_{w_2} = \begin{cases} at+b, & 0 \leqslant t < t_c \\ c+d\sin t, & t_c \leqslant t < t_{min} \\ e-f(t_c-t)/t_c & t_{min} \leqslant t \leqslant t_{max} \end{cases} \quad (4-24)$$

式中:V 表示风速,t 表示时间。我们可以通过调整 a,b,c,d,e,f 的值来生成不同大小的风。

风穿越草地时常常会有一定的衰减,我们在风力上加上一个衰减系数 λ:$V'_w = \lambda \cdot V_w$。

风的方向也有很大的随机性(Perbet and Cani,2001),图 4-29 是不同类型风的方向,包括微风、旋风和大风。可以用向量 $\varphi = (\varphi_x, \varphi_y)$ 代表风向,对于旋风,$\varphi =$

$(-\sin t,\cos t),t \in (0,360)$；对于微风，$\varphi = (-\cos t_1,\sin t_2)$，这里 $t_1,t_2 \in (0,360)$，$t_2 = t_1 \cdot N_{\text{rand}}$，$N_{\text{rand}}$ 是一个随机数；对于大风，$\varphi = (\sin t,\cos t)$，$t$ 是一个常数。

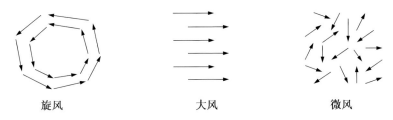

旋风　　　　　　　大风　　　　　　　微风

图 4 - 29　不同类型风的风向

4.3.3.2　风吹草动

在风的吹拂下，草的主要运动包括：① 沿叶脉方向的弯曲；② 沿横向的摆动；③ 侧向的稍许扭曲。

我们通过骨架线的变形来模拟草的运动。草在风中的摆动可以通过移动纵向骨架线上的节点来实现，草的扭曲可以通过改变草的法向来实现。注意到节点 $Q_{1m}(m=0,1,\cdots,n)$ 把纵向骨架线分成了几段，我们采用基于物理的方法来模拟前两种运动（见图 4 - 30）。

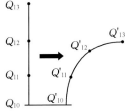

图 4 - 30　一棵摇动的草

设在节点 i 处弯曲的角度为 θ_{iy}，叶片在此处的刚度系数为 μ_i，根据胡克定律，叶片在节点 i 处的弹力为：

$$F_i = \mu_i \cdot \theta_{iy} \tag{4-25}$$

再考虑叶片的受力，由动量定律，有：

$$m \cdot v = F_g \cdot t \tag{4-26}$$

草叶的第 i 段受力为：$F_g = m \cdot v/t$，这里 m 为风的质量，

$$m = \rho \cdot V = \rho \cdot S \cdot v_w \cdot t \tag{4-27}$$

式中：ρ 是风的密度，v_w 是速度，S 是草的迎风面积，$S = L_{\text{grass}} \cdot W_{\text{grass}} \cdot \sin(\Delta\alpha_{w-g})$，$L_{\text{grass}}$ 和 W_{grass} 分别是草叶的长度和宽度，$\Delta\alpha_{w-g}$ 是草叶面与风向的夹角。因此作用在节点 i 处的风力可以表示为：

$$F_g = (\rho \cdot S \cdot v_w \cdot t) \cdot V/t = \rho \cdot S \cdot v_w^2 \tag{4-28}$$

根据草的受力平衡 $F_i = F_g$，草弯曲时每个节点处的纵向位移为：

$$\theta_{iy} = \rho \cdot L_{\text{grass}} \cdot W_{\text{grass}} \cdot \sin(\Delta\alpha_{w-g}) \cdot v_w^2/\mu_{iy} \tag{4-29}$$

一般情况下，草叶在摆动过程中，越靠近根部其运动幅度越小。因此我们加入了一个刚度系数 μ_{iy}，越接近根部取值越大。

类似地,我们可以计算出草叶运动时骨架线节点的横向位移 θ_{ix}:

$$\theta_{ix} = \rho \cdot L_{\text{grass}} \cdot W_{\text{grass}} \cdot \cos(\Delta\alpha_{w-g}) \cdot v_w^2 / \mu_{ix} \qquad (4-30)$$

同时在每个节点处叶片的扭曲量为:

$$\gamma_i = \rho \cdot L_{\text{grass}} \cdot W_{\text{grass}} \cdot v_w^2 \cdot \cos^2(\Delta\beta_{w-g}) / \mu_\gamma \qquad (4-31)$$

式中:$\Delta\beta_{w-g}$ 是风和叶片法向的夹角。因此,在每个节点处沿横向的位移为 $\sum\limits_i \theta_{ix}$,沿纵向的弯曲为 $\sum\limits_i \theta_{iy}$,沿轴向的扭曲量为:$\Delta\alpha = \sum\limits_i \gamma_i$。

这样我们就通过草的骨架线的运动和变形实现了风吹草动。在模拟过程中,因为考虑了草的具体形变的物理特性,从而既保证了运动的逼真性,又保证了计算的快捷性。

4.3.3.3 草的碰撞检测

由于草地上草的数量众多,前人在模拟草的运动时都没有考虑草之间的碰撞检测。但是当风吹草动时,草叶之间的碰撞是不可避免的,如果在模拟过程中不考虑碰撞检测,就很容易出现草叶互相穿透等谬误。

一方面我们必须进行草与草之间的碰撞检测,以增强草地场景的动态真实感;另一方面,考虑到草的数量太多,需采用特殊的方法来尽量简化碰撞检测的计算量。结合本节建模方法的特点,这里采用一种基于骨架的快速碰撞检测算法。该方法主要从两个方面对碰撞检测进行简化。

1) 既然草叶只与它周围的草叶发生碰撞,我们只将其与周围一定距离范围内的草进行检测。

对于每片草叶,当周围的某片草满足下列条件时,才与之进行碰撞检测:

$$|p - p_i| < d_\lambda, \qquad (4-32)$$

式中:p 和 p_i 是当前草叶和待检测叶片的根部位置;d_λ 是一个距离阈值,一般取作当前草叶的长度。

2) 求交计算简化为线与面的求交。既然草是由三维骨架线展成的,碰撞求交时不必进行曲面与曲面的求交,可以简化为骨架线展成的骨架多边形之间的求交;进一步地,可以简化为一根草的骨架线与另一根草的骨架多边形求交,详见图 4-31。

设 $P_0 P_1 \cdots P_i \cdots P_N$ 是一根草的骨

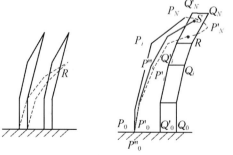

图 4-31 两根草叶的碰撞检测

架线，$Q_0 Q_1 \cdots Q_i \cdots Q_N Q_0{'} Q_1{'} \cdots Q_i{'} \cdots Q_N{'}$ 是另一根草的骨架多边形。如果 $P_i P_i{'}$ 的连线与另一根的骨架多边形相交，碰撞将发生。我们计算出圆弧 $P_N P_N{'}$ 与骨架多边形 $Q_0 Q_1 \cdots Q_i \cdots Q_N Q_1{'} Q_1{'} \cdots Q_i{'} \cdots Q_N{'}$ 的交点 S，圆弧 $P_N P_N{'}$ 是以 $P_{N-1}{'}$ 为圆心的。S 点即为 $P_N{'}$ 应该到达的位置，其他点 $P_i{'}$ 的位置可以通过一个等比例的位移得到。假设 $P_N{'} S$ 间的距离为 Δd，则 $P_i{'}$ 点的位移为 $\Delta d \cdot \dfrac{L - L_i}{L}$，这里 L_i 和 L 分别是第 i 段的长度和草的总长度。最后，$P_0 P_1 \cdots P_i \cdots P_N$ 应该移动到 $P_0{''} P_1{''} \cdots P_i{''} \cdots P_N{''}$，而不是 $P_0{'} P_1{'} \cdots P_i{'} \cdots P_N{'}$。

图 4-32 是考虑碰撞检测和不考虑碰撞检测的不同绘制结果，为了看得更清楚，我们把草画得比较稀疏，并局部放大。从图 4-32(a) 中可以看出，当未考虑碰撞检测时，许多草会发生互相交叉或刺穿，这在实际场景中是不可能发生的。图 4-32(b) 是考虑碰撞检测后的绘制结果。

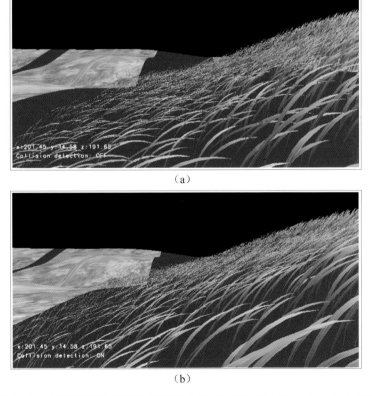

(a)

(b)

图 4-32　不考虑和考虑碰撞检测的不同绘制结果(放大图)。(a) 不考虑碰撞检测的放大绘制结果；(b) 考虑碰撞检测后的绘制结果

4.3.4 实　　现

4.3.4.1　GPU 加速

GPU 加速技术近年来被广泛地应用于计算机图形绘制中,在本节算法中,我们也利用 GPU 加速技术来加快草的动态绘制。

实验用的显卡是 NVIDIA GeForce FX 5800,编程工具采用 OpenGL Shader Designer 1.4。在每一个时间步长内进行草的动画变形和碰撞检测时,需要在 CPU 中计算草叶的新位置,并将这些数据传送到 GPU 中进行绘制。频繁的数据传送大大降低了系统的绘制效率(Lindholm *et al*.,2001),因此我们采用可编程 GPU 来加速绘制。

首先,初始化草地场景,包括初始草叶的生成、风场的构造等;然后每隔一个时间步长,计算每个草叶的新位置。这里输入 GPU 的初始数据包括草叶的位置和法向、风力的大小和方向。对于每片草叶来说,这大概需要 40 个字节的数据量,其中位置占 96bit,法向占 96bit,风力信息占 16bit 等。假如一片草地上有 1000 万棵草,那么就需要 400M 空间,但是现在的显卡显存一般不会超过256M,因此需要对数据进行压缩。我们将风力的大小映射到[0,1]之间,草的法向和风的方向映射为[0,255]间的一个整数值,其他数据采用类似的方法来压缩。这样每棵草的数据量将减少到大约 10bit。由于每棵草的运动计算方法是相同的,我们可以充分利用 GPU 的并行性。最后,更新草的位置并绘制整个场景。

由于大量的计算都是放在 GPU 中进行的,不仅避免了 CPU 和 GPU 间的频繁数据调度,而且充分利用了 GPU 的并行性。考虑到草的数量庞大,绘制速度的提升还是非常可观的。表 4-1 是采用 GPU 加速和不采用 GPU 加速的绘制效率比较,采用 GPU 加速绘制速度提高了约 11 倍。

表 4-1　采用 GPU 加速与不采用 GPU 加速的绘制效率比较

	草地上草的 数量	绘制草的运动所 用时间	碰撞检测所 用时间	总的绘制时间
不采用 GPU 加速	800 万	170ms	220ms	420ms
采用 GPU 加速	800 万	12ms	18ms	33ms

4.3.4.2　地形绘制技术

地形数据的获取有多种不同的方式,真实的地形数据可以从国家地质勘测局的数据库中获得,此外也可由多种技术构造人工地形数据,如手工绘制的等高图输入(Sederberg and Parry,1986)、采用分形方法产生的地形(Williams,1991)等。在本节地形的生成中,采用了手工输入数据和分形相结合的方法。手工输入数据包含地形的几何和空间数据。为了简便,手工输入数据只作为最初的模板,然后用随机分形产生细致的地形数据,得到各种地形图作为场景绘制的基础。同样,地形也采用 LOD 技术进行绘制,草根部的高度由其周围 4 个地表网格点高程值双线性插值得到。

我们还采用了其他绘制技术,包括:用环境映照技术绘制天空背景,用模糊技术消除反走样,用遮挡剔除技术加快绘制速度,在场景中添加几棵树和一些花使场景更显逼真等。

4.3.5　结　　果

采用上面的方法,我们在 PC 机上实时绘制出不同风速下的草地场景(大小约为 0.3km×0.5km,草的数量约为 1200 万),绘制效果详见图 4 - 33～图 4 - 35。绘制速度达到了 28f/s,可以以任意视点、任意速度在草地上漫游。

(a)

(b)

(c)

图 4 - 33　不同距离视点下的模拟草地场景。(a) 近处的草地场景;(b) 稍远处的草地场景;(c) 远处的草地场景

图 4 - 33 是不同距离视点下的草地场景,图 4 - 34 是不同类型风场下的草地场景,图 4 - 35 是在不同风场不同视点下的草地场景。从这些绘制效果图中可以看出,模拟结果还是非常逼真的。

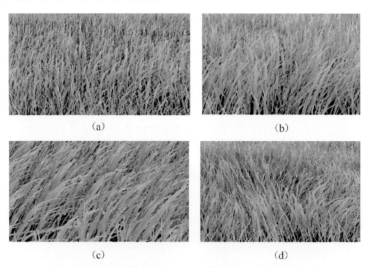

(a)　　　　　　　　　　　(b)

(c)　　　　　　　　　　　(d)

图 4 - 34　不同类型风场下的风吹草动。(a) 微风下的风吹草动;(b) 小风下的风吹草动;(c) 大风下的风吹草动;(d) 旋风下的草地场景

(a)　　　　　　　　　　　(b)

(c)　　　　　　　　　　　(d)

图 4 - 35　不同风场和不同视点下的草地场景。(a) 微风下的草地;(b) 旋风下的草地;(c) 大风下的草地;(d) 直升机造成的风场下的草地

与其他方法相比较,本章提出的基于骨架线的方法,具有如下优点:

1) 有利于草的参数化动态建模。通过保长的 FFD 变形和动态纹理映射,我们可以用参数化的方式生成带有丰富细节的不同类型、不同几何形状的草。

2) 有利于风吹草动的模拟。考虑草在风中摇曳的物理特性,采用基于骨架线的变形,很容易模拟草在风中的运动,碰撞检测也可实时实现。

3) 有利于 LOD 简化和硬件加速。骨架线的简单表达有利于减少输送到 GPU 的数据量,可充分利用可编程 GPU 的并行性。

表 4-2 是采用 LOD 和不采用 LOD 的绘制速度比较,它表明了我们的动态 LOD 建模方法的有效性。表 4-3 是我们的方法与 Perbet 和 Cani,以及 Guerraz 的方法(Perbet and Cani,2001;Guerraz *et al.*,2003)、Bakay 的方法(Bakay *et al.*,2002)的比较,以上两种方法是迄今为止模拟草的两种较好的方法。从这些表中可以看出,本节提出的方法在绘制结果和绘制速度上都优于已有的方法。

表 4-2 采用 LOD 和不采用 LOD 的绘制效率比较

	草地大小	绘制速度
不采用 LOD	$(0.3 \times 0.3) km^2$	3f/s
采用 LOD	$(0.3 \times 0.3) km^2$	29f/s

表 4-3 我们的方法与其他方法的比较

	草地大小	草的几何表达	碰撞检测	GPU加速	绘制效果	绘制速度
Guerraz 方法 (Guerraz *et al.*,2003)	$(0.1 \times 0.1) km^2$	无	无	无	一般	18f/s
Bakay 方法 (Bakay *et al.*,2002)	$(0.1 \times 0.1) km^2$	柱状	无	有	较逼真	14f/s
我们的方法	$(0.3 \times 0.1) km^2$	四边形	有	有	非常逼真	28f/s

4.4 基于生物学原理的花朵绽放的模拟

花朵绽放是自然界中最常见的生命现象,人们常常惊诧于那种绚烂的美。花朵绽放往往只是短暂一瞬,因此很少有人能够亲眼观察到花朵绽放的连续过程。虽然采用现代拍摄技术,人们有机会在电子或数字媒体前欣赏这一过程的回放,但要付出一定代价:较长的影像采集时间和较多的摄录资源。即便采取现代拍摄技术,也会因为影像资料固有的特点,很难直接融合到数字媒体与娱乐的其他领域(如计算机游戏)中去。人们企图利用通用建模工具(如 3DSMAX 等)和动画技术(Key-Frame Morphing)来模拟花朵绽放的连续过程,但结果都差强人意。

利用图形学技术来模拟花朵绽放有诸多困难。一方面,较之草和树,花的形态和结构都要复杂得多,利用常规方法很难为花朵快速建立结构正确、形态逼真的模型。另一方面,植物学和生物学尚未建立一个描述花的生长发育的量化模型,无法为花朵绽放的计算机模拟提供直接可用的理论依据。因此,在图形学领域,迄今为止尚未提出针对花朵绽放模拟的有效算法。显然,研究花朵绽放过程的真实感模拟具有开创性意义,而又充满挑战。

近年来,人们对花朵的快速建模进行了新的探索(Ijiri *et al.*,2005;2006),利用基于草图的方法快速建立花的真实感模型,取得了较好的效果。另一方面,Prusinkiewicz 曾提出利用 L-系统的扩展——微分 L-系统(dL-system,differential L-system)来模拟植物的连续生长过程(Prusinkiewicz *et al.*,1993)。受这两者的启发,我们提出了一个解决方案:以基于草图的方法建立花的几何模型,以生物学驱动的方法来模拟花朵绽放。即,采用基于草图的交互方式,依植物学规则快速建立花苞和成花的三维几何模型;将两个模型分解和比对,建立符合生物学原理的动态生长模型,在此基础上计算花朵在开放过程中的连续形变。由于花瓣是花朵中可见面积最大、花开过程中形变最大的部分,也最能引起人们的关注。

下面主要以花瓣为例展开,花的其他组件则可依相似的方式实现。基于该方案,我们实现了花朵的多态快速建模和花朵绽放的真实感模拟,在易用性、效率和真实感上都取得了满意的效果。

4.4.1 基本概念

在描述我们的方案之前,首先给出相关概念和辅助性工作。

4.4.1.1 基于草图的三维建模

对于 3D 模型的建模、剪辑和操控,现有建模工具(如 3DSMAX、Maya)提供的交互功能为:控制点修改、多菜单以及参数调整。虽然这些是进行精确操作的常规方式,但却让设计人员偏离了他们更为习惯的思考和工作模式。而基于草图的交互界面,就像提供了一支笔和一块画板,它允许用户在二维平面上通过画笔来实现三维模型的生成和编辑,相当直观有效。因此,基于草图的交互方式越来越受到用户的青睐,成为精确交互方式的有效补充。

基于草图的交互方式的核心在于定义一套从二维到三维的映射法则。目前,定义这些法则的方法有:利用对称关系、能量最小化、基于优化算法以及求解约束,等等。

4.4.1.2 叶序规则

在植物学中,叶序用来描述一株植物的器官(枝条、叶子、花瓣等)如何排布在茎秆的四周,通常分为对生、互生、螺旋及轮生四类模式。对于花而言,螺旋模式最为普遍。在这一模式中,两个连续的器官所形成的角度(投影到底面)称为离散角或旋转角,可以由下式计算:

$$\theta = \frac{F_n}{F_{n+2}} \cdot 360, (n = 0,1,2,3,\cdots) \qquad (4-33)$$

式中:F_n 为 Fibonaci 级数。

由这一计算式可得到一系列值:180,120,144,135,138.45,137.14,它们基本覆盖了所有的植物种类。如果不特别指明类属,则可以使用式(4-32)的极限值 137.5,称为 Fibonaci 角,它是植物学中的黄金角。我们将在花朵建模的过程中用这一角度来确定花瓣绕中心轴的转角。

4.4.1.3 生长参数

在生物学和生命科学领域,对生长机理和发育过程的描述有多种形式,Streit等(Streit *et al.*,2005)就曾采用其中常用的生长激素的区域分布差异理论对植物的生长进行建模。2003 年,Rolland-Lagan 等(Rolland-Lagan *et al.*,2003)就提出过一个生长描述方式,依其观点,生长机体的形状变化依赖于其组成部件的生长特性。在一个时间点上,在每个生长区域的生长属性由以下三个参数界定:尺寸的增加率(生长率)、各方向生长变化比(各向异性)以及相对于规范坐标系的生长方向(方向)(见图 4-36)。这些参数一般通过生物实验测量得到。显然,这种描述方法更直观,更适合于图形学实现。

图 4-36 三个生长参数的定义

4.4.1.4　生长函数

在生物学上,常用生长函数来描述连续生长过程,诸如单个细胞扩展、结点间的伸长、分枝角度逐渐增大等。这样的函数可以通过对统计数据拟合得到。具体地,高等植物的生长函数呈 S 型,即起始时增长缓慢,然后逐渐加快,接近最大值时,增长又趋向平缓。S 型的生长函数通常用 Velhurst 的 Logistic 函数来表示(见图 4 - 37(a)),其表达式如下:

$$\frac{\mathrm{d}x}{\mathrm{d}t} = r(1 - \frac{x}{x_{\max}})x \tag{4-34}$$

上式进行迭代求解时需选择一个合理的非零初始值 x_0,以保证初始生长量和初始生长率不为 0。

为了得到一个连续的显式表达形式,我们可以定义一个以时间 t 为自变量、在区间 T 的两端一阶导数均为 0、从 $x_{\min}$ 单调上升到 $x_{\max}$ 的函数来替代隐式方程(4 - 33)。显然,三次函数很容易满足这样的要求。采用曲线定义的 Hermite 形式,可以得到(见图 4 - 37(b)):

$$x(t) = -2\frac{\Delta x}{T^3}t^3 + 3\frac{\Delta x}{T^2}t^2 + x_{\min} \tag{4-35}$$

式中:$\Delta x = x_{\max} - x_{\min}, t \in [0, T]$。

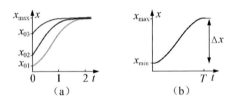

图 4 - 37　生长函数的两种形式。(a) 三个具有不同初
始值 x_0 的 Logistic 函数;(b) 三次函数

4.4.2　基于草图的花朵建模

基于草图的建模方法为快速构建原型提供了非常直观、方便的接口,通过它可快速建立花朵的两个静态模型(绽放前和绽放后),用以构建花朵的动态生长模型。我们根据几何约束和叶序规则来建立从二维到三维的映射法则,生成花朵的三维几何。

4.4.2.1　花瓣几何建模

由示意性表示花朵外形的二维笔画到最终的三维几何形体,核心问题在于如何将概念性的设计意图转换为几何定义,即建立映射法则。这里采用与(Ijiri *et al*.,2005)相同的方案。下面以花瓣为例说明。

我们用 B-样条曲面来表示花瓣。初始时只需勾勒三笔,表示花瓣外形的轮廓和主脉,系统将自动生成一组分别在 u 方向(行)和 v(列)方向均匀分布的B-样条曲面控制顶点(见图 4-38(a)),并在基平面上建立一个平的 B-样条曲面;然后可以在 u 方向上画出一笔,表示对花瓣横断面形状的修改,系统将找到与修改笔画距离最近的一行控制顶点,并把它们标记为目标控制点。修改笔画被投影到目标控制点且与基平面垂直的平面内(称为垂直修改面),并以一条 B-样条曲线来拟合它(见图 4-38(b))。随后,系统将目标控制点映射到这条 B-样条曲线上,即为目标控制点新的空间位置。最后,在 B-样条曲面控制顶点的每一列上做三次 B-样条内插,求得其余所有控制顶点的新位置。基于新的控制顶点,系统重新生成一个空间卷曲的 B-样条曲面(见图 4-38(c)),作为花瓣的几何模型。用户可以重复修改笔画改变花瓣的形状,直到得到所希望的花瓣模型;用户还可以将生成的花瓣模型存为花瓣模板,以便重复使用。

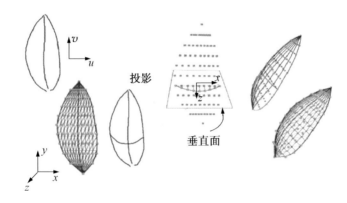

图 4-38　花瓣的几何建模。(a) 在基平面上定义花瓣外形轮廓
和主脉;(b) 将修改笔画投射到垂直修改面内;(c) 生
成空间卷曲的花瓣几何

4.4.2.2　花苞结构建模

为了构建花朵的动态生长模型,我们需要建立一个初始状态下的花苞模型和一个终止状态下的成花模型。前面已讨论过花的主要部件——花瓣的几何模型建立,现在只需指定花朵中各花瓣的空间结构,然后进行组装,即可建立完整的花朵模型。我们依然通过基于草图的方式来进行结构建模。

用户首先在平面上画出一条表征花苞外形轮廓的曲线笔画(见图 4-39(a)),系统将此曲线作为第一个花瓣初始状态下的主脉。按叶序规则,围绕中心轴每隔 137.5°,系统生成一条 B-样条曲线来逼近用户输入的曲线,它将作为一个新的花瓣主脉(见图 4-39(b)),我们称该样条曲线为初始定位线。当花苞的所有初始定位线都确定后,系统将花瓣几何模型置放于各初始定位线上,使花瓣的主脉与初始定位线对齐,即可得到花瓣的几何模型(见图4-39(c))。

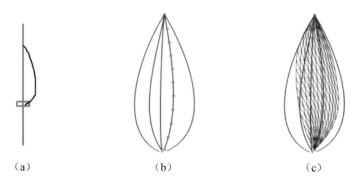

（a）　　　　　　　（b）　　　　　　　（c）

图4-39　花苞模型的组装。(a)画一条曲线笔画;(b)系统生成
B-样条曲线;(c)花瓣的几何模型建立

4.4.2.3　成花结构建模

成花模型的建立与花苞模型基本相似,即简单指定花的几何结构。用户画出一条离开中心轴的自由曲线(见图4-40(a)),系统将它作为第一个花瓣在终止状态下的主脉。在每根初始定位线的局部坐标系下,系统将依据用户笔画生成一根终止定位线。类似于花苞建模的方法,成花的几何模型也可很快建立起来(见图4-40(b))。

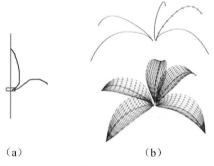

（a）　　　　　　　（b）

图4-40　成花模型的组装。(a)画一条离开中心轴的自由曲线;(b)成花的几何模型建立

当然,我们不一定非要生成花苞和成花的几何模型,只要是花开期中任意两个状态下的模型就可以用来构建动态生长模型。

4.4.3　花瓣的生长模拟

基于Rolland(Rolland *et al.*, 2005)对生长过程的描述,我们推导出三个生长参数来描述花瓣的生长变化,分别针对花的初始状态和终止状态模型的一系列元素进行对比和分析,提取出描述花瓣几何变化的生长参数集。如果结合生物学中的生长函数,构建出花瓣的动态生长模型,再依据此生长模型计算出花瓣的连续形变,即可模拟花朵绽放的整个过程。

4.4.3.1　生长参数的指定

植物生物学家通常用跟踪方法或克隆分析技术来观测植物器官的生理演变，用测量比对法估计出生长参数。与之不同，我们先分析对比不同阶段的几何模型，提取出生长参数，然后再计算花瓣的生长变化。

原始的生长参数原本用于刻画植物器官的性质。为了实现上的方便，我们将它们移植到花瓣的几何——B-样条的控制网格上来，这样，花瓣的形状将通过一种间接的方式来调控。首先，将一个花瓣的初始和终止状态的控制网格划分成相同数量的一系列小格子，分别在 u 和 v 方向上按序作标记。初始状态和终止状态上具有相同 u,v 标签的两个格子称为相应格子对。然后，我们为每一个格子分配一个位于其中心的生长属性椭圆，椭圆的短轴和长轴分别平行于格子的平均 u 方向和 v 方向，长度取格子 u 方向和 v 方向平均长度的比例（见图 4 - 41）。

对于每一相应格子对，我们比较两者的生长属性椭圆，提取其局部生长参数。如图 4 - 41 所示，从初始椭圆的长轴方向到终止椭圆的长轴方向的变换称为主生长方向（primary direction, pd），以一个四元数记录；初始椭圆的长轴长度与终止椭圆的长轴长度的比率称为近轴变异（adaxial variation, dv）；相应短轴长度的比率称为离轴生长变异（abaxial variation, bv）。后面两个参数的定义不同于 Rolland 模型（Rolland-Lagan *et al.*, 2003）中的"生长率"和"各向异性"，但其作用是等同的，而我们定义的这两个参数对控制和计算更为直观和有效。计算每一个格子上生长属性椭圆的上述三个参数，即可描述花瓣上这一局部区域的生长变化。

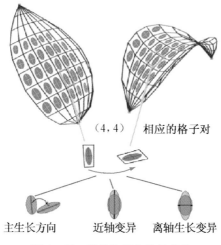

　　　　　　　　　　（4,4）　相应的格子对

主生长方向　　　近轴变异　　离轴生长变异

图 4 - 41　花瓣的三个生长参数

4.4.3.2 动态生长模型的建立

有了描述生长变化的生长参数之后,还需要找到一个函数,以计算连续时间步上的生长变化。生物学中的生长函数可以用来计算花瓣的连续形变。利用时间调控上的灵活性,我们推导了一个结合 Logistic 函数和三次函数两者优点的混合型生长函数。

事实上,方程(4-33)对时间 t 的一阶微分方程等价于下面的形式:

$$\frac{\mathrm{d}x}{\mathrm{d}t} = c\,\frac{\Delta x}{T}\left(1 - \frac{t}{T}\right)\frac{t}{T} \qquad (4-36)$$

式中:T 为变化的点时间,c 为常数,Δx 为变化量。

式(4-35)与 Logistic 函数很相近,唯一的差别是式(4-35)的增长率是一个常数 c(对于方程(4-34)所示的三次函数,此值为6),而 Logistic 函数则有一个可变的增长率 r。我们以可变量 g 替代 c,这样做的直接好处是仍然可以改变时间区间 T 以调整总的生长时间,而这一项是 Logistic 函数所不具有的。因此,可以推导出以下的混合型生长函数:

$$G(t;g,T) = -g\,\frac{\Delta G}{3T^3}t^3 + g\,\frac{\Delta G}{2T^2}t^2 + G_{\min} \qquad (4-37)$$

式中:$\Delta G = G_{\max} - G_{\min}$,$t \in [0,T]$。只需改变增长率 g 和时间跨度 T 这两项参数的值,就可以通过这一混合型生长函数非常灵活地调控花开的进程。

生长参数和生长函数都确定后,即可获得花瓣的动态生长模型(dynamic growth model,DGM),我们将它表示为生长函数 G 和生长参数集 P 的联合形式:

$$\mathrm{DGM}:\begin{cases} G_P(t;g,T), \\ P = (pd,dv,bv) \end{cases} \qquad (4-38)$$

这样可以很方便地基于生长函数计算花开过程生长参数中的近轴变异 dv 和离轴变异 bv 的连续值。而对于主生长方向 pd 的连续变化,可利用四元数的球面线性插值方法进行计算。为了协调上述三个参数变化的速率,引入一条速度曲线(鲍虎军等,2000;彭群生等,2002),先将球面线性插值的入口参数进行调整,然后再进行插值计算。如果速度曲线与定义的生长函数相吻合,就能获得步调一致的变换效果。

4.4.4 实验结果

为验证上文描述的算法,我们做了实验。实验的测试平台为一台配备 P4 2.4G CPU,1GB 内存,NVIDIA 6800 GT 图形加速卡的台式机。

我们实现了一个可生成花朵快速绽放画面的原型平台,并进行了若干试

验。第一个例子是金百合。无需专业的植物学和生物学知识，一个普通用户
就可以画一些概念性的笔画来表达他的设计意图，如花瓣形状、花朵的布局结
构等。系统将自动地生成用户所希望的花朵几何模型。建模时间一般不超过
3 分钟。图 4-42 和 4-43 展示了系统生成的花瓣几何样式。很显然，花朵的
形状体现了用户的设计意图，显示了造型的直观性。此外，用户只需指定少量
参数，如生长率 g 和时间跨度 T，系统即可计算出表现花朵绽放过程的连续形
变序列，展示花朵的绽放过程。这个计算过程大概持续 1～2 分钟。图 4-42
展示了一朵金百合花绽放过程中的模型序列。

图 4-42　金百合花开过程中的连续变形序列

为了生成影片般真实感的花开动画，我们采用了局部可变形的预计算
辐射传输算法(Sloan *et al*.，2005)(LDPRT)和高动态光照技术(HDR)来绘
制整个场景，这里我们使用了 Direct 3D 9.0 中的实现版本。图 4-43 给出
了相应的绘制结果。

（a）　　　　　　　　　　　　（b）

（c）　　　　　　　　　　　　（d）

图 4 - 43　两种花开放的画面效果。(a) 采用 LDPRT 绘制金百合的效果；(b) 采用 LDPRT＋HDR 绘制金百合的效果；(c) 采用 LDPRT 绘制荷花的效果；(d) 采用 LDPRT＋HDR 绘制荷花的效果

4.5　小　　　结

本章讨论了典型植被景观的真实感模拟技术。针对树的特点，提出了一种多分辨率混合式树表达模型，进而以基于随机过程中的谱分析方法，构建出物理真实的风场；然后，建立基于铰弹簧的物理模型，求解树受风力作用的动力学方程，计算枝条在风力作用下的形变；最后，实现了真实风场下森林场景的实时动力学模拟，其形态真实感和运动真实感都令人满意，实时效率也达到了可交互的程度。实验表明，我们的方法在真实感和绘制效率上比以往工作具有更大优势。

针对大规模草地的模拟，提出了一种基于骨架线的模拟风吹草动的建模和绘制方法。首先从展平的单棵草的图像中获得草的三维骨架线，通过骨架线保长的 FFD 变形和带 α 测试的动态纹理映射，可以生成不同形状的草。在绘制时可根据草叶离观察者的距离调整其细节层次表达。然后在考虑风吹草动的物理特性基础上，通过骨架线的变形来实现草的运动，我们还引入了碰撞检测及加速绘制技术。最后绘制出不同类型、不同风速下的草地场景，平均绘制速度达到了 28f/s。

针对花,我们提出了一套基于草图的花开模拟的新解决方案,即采用基于草图的交互方式,依植物学规则建立花苞和成花的几何模型;然后将两个模型分解和比对,建立基于生物学原理的动态生长模型,并以之计算花朵在开放过程中的连续形变。该方案简化了花开模拟的计算,又使得花开的连续过程符合生物学原理。我们可以更直观、更高效地构建花朵多个状态下的模型,并生成花开的真实感动画。实验结果表明我们的方案在易用性、效率和真实感上都能取得令人满意的效果。

将来的工作包括:① 考虑草地的重光照和自阴影技术来增强绘制结果的真实感;② 优化风草的交互模型,包括提供更多的交互方式;③ 大规模户外场景的实时绘制,包括草地、树木、花、动物等;④ 将多分辨率混合式树的建模与绘制技术推广应用到更多树种和更为普遍的力学条件下;⑤ 对基于草图的建模方法进行改进,扩大可模拟植物的范围,对动态生长模型进行扩展,以丰富可模拟表现的生长发育形态;⑥ 对花瓣等器官的表面进行精细的几何描述,采用基于物理的绘制方法(如 BSSRDF),真实地再现花朵表面细节波动起伏以及半透明的效果。

【参考文献】

[1] Alex R,Ignacio M,Geoge D. 2004. Volumetric reconstruction and interactive rendering of trees from photographs[J]. ACM Transactions on Graphics,23(3):720 - 727.

[2] Alexa M,Müller W. 2000. Representing animations by principal components[J]. Computer Graphics Forum,19(3):411 - 418.

[3] Aono M,Kunii T. 1984. Botanical tree image generation[J]. IEEE Computer Graphics and Applications,4(5):10 - 34.

[4] Arikan O. 2006. Compression of motion capture databases[J]. ACM Transactions on Graphics,25(3):890 - 897.

[5] Bakay B,Lalonde P,Heidrich W. 2002. Real time animated grass[C] // G. Drettakis, H. P. Seidel(eds.), Proc. Eurographics' 2002. Saarbrucken, Germany:The Eurographics Association:52 - 60.

[6] Beaudoin J,Keyser J. 2004. Simulation levels of detail for plant motion [C] // Proceedings of ACM SIGGRAPH/Eurographics Symposium on Computer Animation:297 - 304.

[7] Berka R. 1997. Reduction of computations in physics-based animation

using level of detail[C] // 13th Spring Conference on Computer Graphics: 69 − 76.

[8] Bloomenthal. 1985. Modeling the mighty maple[J]. Computer Graphics, 19(3): 305 − 311.

[9] Boudon F, Prusinkiewicz P, Federl P, Godin C, Karwowski R. 2003. Interactive design of bonsai tree models[J]. Computer Graphics Forum, 2003, 22(3): 591 − 599.

[10] Briceo H M, Sander P, McMillan L, Gortler S, Hoppe H. 2003. Geometry videos: A new representation for 3D animations[C] // Proceedings of ACM Symposium on Computer Animation 2003. California: 136 − 146.

[11] Bromberg E, Jonsson A, Marai G E, McGuire M. 2004. Hybrid billboard clouds for model simplification[C] // ACM SIGGRAPH, 2004 Poster Compendium.

[12] Carlson D, Hodgins J. 1997. Simulation levels of detail for real-time animation[C] // Proceedings of Graphics Interface: 297 − 303.

[13] Chang C F, Bishop G, Lastra A. 1999. LDI tree: A hierarchical representation for image-based rendering [C] // Proceedings of ACM SIGGRAPH,1999. Los Angeles, CA: ACM Press: 291 − 298.

[14] Chenney S, Arikan O, Forsyth D. 2001. Proxy simulation for efficient dynamics[C] // Proceedings of Eurographics, Short Presentation.

[15] Chiba N, Ohshida K. 1996. Visual simulation of leaf arrangement and autumn colours[J]. Journal of Visualization and Computer Animation, 7: 79 − 93.

[16] Coquillart S. 1990. Extended free-form deformation: A sculpturing tool for 3D geometric modeling[J]. Computer Graphics, 24(4): 187 − 193.

[17] Decaudin P, Neyret F. 2004. Rendering forest scenes in real-time[C] // Proceedings of Eurographics Symposium on Rendering: 93 − 102.

[18] de Reffye P, Edelin C, Franon J, Jaeger M, Puech C. 1988. Plant models faithful to botanical structure and development[C] // Proceedings of ACM SIGGRAPH' : 151 − 158.

[19] Deussen O, Lintermann B. 1997. A modeling method and user interface for creating plants[C] // Proceedings of Graphics Interface 1997: 189 − 198.

[20] Deussen O, Hanrahan P, Lintermann B, Mech R, Pharr M, Prusinkiewicz P.

1998. Realistic modeling and rendering of plant ecosystems[C] // Cohen M (eds.), Proceedings of SIGGRAPH' 1998. Orlando, Florida: ACM Press: 275 - 286.

[21] Deussen O, Colditz C, Stamminger M, Drettakis G. 2002. Interactive visualization of complex plant ecosystems[C] // Thomas J, Swan J E (eds.), Proceedings of IEEE Visualization 2002. Boston, MA, USA: IEEE Computer Society, 120 - 128.

[22] Dischler J M, Maritaud K, Ghazanfarpour D. 2002. Coherent bump map recovery from a single texture image[C] // Proceedings of Graphics Interface 2002, Canada, 201 - 208.

[23] Ebert D S, Musgrave F K, Peachey D, Perlin K, Worley S. 2003. Texturing & Modeling: A Procedural Approach[M]. 3rd edition. San Francisco: Morgan Kaufmann.

[24] Elizondo D, Hoogenboom G, McClendon R W. 1994. Neural network models for prediction of flowering and physiological maturity of soybean [J]. Transactions of the American Society of Agriculture Engineers, 37 (3): 981 - 988.

[25] Fuhrer M, Jensen H W, Prusinkiewicz P. 2004. Modeling hairy plants [C] // Proceedings of Pacific Graphics: 217 - 226.

[26] Galbraith C, Prusinkiewicz P, Davidson C. 1999. Goal oriented animation of plant development [C] // Proceedings of 10th Western Computer Graphics Symposium: 19 - 32.

[27] Garland M, Heckbert P S. 1997. Surface simplification using quadric error metrics[C] // Proceedings of ACM SIGGRAPH' 1997: 209 - 216.

[28] Giacomo T D. 2001. An interactive forest [C] // Proceedings of Eurographics Workshop on Computer Animation and Simulation: 65 - 74.

[29] Gortler S J, Grzeszczuk R, Szeliski R, Cohen M. 1996. The lumigraph [C] // Proceedings of ACM SIGGRAPH'1966, Now Orleands, Louisana: 43 - 54.

[30] Guerraz S, Perbet F, Raulo D, Faure, F, Cani M P. 2003. Procedural approach to animate interactive natural sceneries [C] // Nadia Magnenat-Thalmann(eds.), Proceedings of Computer Animation and Social Agents, 25:

73 - 78.

[31] Gupta S，Sengupta K，Kassim A A. 2002. Compression of dynamic 3D geometry data using iterative closest point algorithm[J]. Computer Vision and Image Understanding，87(1 - 3)：116 - 130.

[32] Hart J，Defanti T. 2001. Efficient antialiased rendering of 3D linear fractals[J]. ACM Computer Graphics，25(4)：91 - 100.

[33] Heckbert (CMU). 1999. Image Based Modeling and Rendering[C]// ACM SIGGRAPH Course Notes ♯39.

[34] Hoppe H. 1996. Progressive meshes [C] // Proceedings of ACM SIGGRAPH：99 - 108.

[35] Ibarria L，Rossignac J. 2003. Dynapack：Spacetime compression of the 3D animations of triangle meshes with fixed connectivity [C] // Proceedings of ACM SIGGRAPH/Eurographics Symposium on Computer Animation：126 - 135.

[36] Ijiri T，Owada S，Okabe M，Igarashi T. 2005. Floral diagrams and inflorescences：Interactive flower modeling using botanical structural constraints[J]. ACM Transactions on Graphics，24(3)：720 - 726.

[37] Ijiri T，Owada S，Igarashi T. 2006. Seamless integration of initial sketching and subsequent detail editing in flower modeling[J]. Computer Graphics Forum，25(3)：617 - 624.

[38] ISO/IEC JTC1/SC29/WG11，a. k. a. MPEG (Moving Picture Experts Group). 1999. Standard 14496 - 16，a. k. a. MPEG - 4 Part 1：Systems，Published by ISO.

[39] Jakulin A. 2000. Interactive vegetation rendering with slicing and blending[C]// Proceedings of Eurographics 2000 (Short Presentations). Eurographics.

[40] James D L，Fatahalian K. 2003. Precomputing interactive dynamic deformable scenes[J]. ACM Transactions on Graphics，22(3)：879 - 887.

[41] James D L，Twigg C D. 2005. Skinning mesh animations[J]. ACM Transactions on Graphics，24(3)：399 - 407.

[42] Karni Z，Gotsman C. 2000. Spectral compression of mesh geometry[C]// Computer Graphics (SIGGRAPH' 2000)：279 - 286.

[43] Khodakovsky A，Schroder P，Sweldens W. 2000. Progressive geometry compression[C]// Computer Graphics (SIGGRAPH' 2000)：271 - 278.

[44] Kircher S，Garland M. 2005. Progressive multiresolution meshes for deforming surfaces[C]// Proceedings of ACM/Eurographics Symposium on Computer Animation：191 - 200.

[45] Lacewell J D，Edwards D，Shirley P，William B. 2006. Stochastic billboard clouds for interactive foliage rendering[J]. Journal of ACM Graphics Tools，11(1)：1 - 12.

[46] Mündermann L，MacMurchy P，Pivovarov J，Prusinkiewicz P. 2003. Modeling lobed leaves[C]// Proceedings of CGI 2003：60 - 65.

[47] Lazarus F，Coquillart S，Jancene P. 1994. Axial deformations：An intitutive deformation technique[J]. Computer-Aided Design，26(8)：607 - 613.

[48] Lengyel J E. 1999. Compression of time-dependent geometry[C]// Proceedings of the 1999 Symposium on Interactive 3D Graphics (SI3D' 1999)：89 - 95.

[49] Levoy M，Hanrahan P. 1996. Lightfield rendering[C]// Proceedings of ACM SIGGRAPH：31 - 42.

[50] Lindenmayer A. 1968. Mathematical models for cellular interaction in development I. Filaments with one-sided inputs [J]. Journal of Theoretical Biology，18：280 - 289.

[51] Lindholm E，Kilgard M，Moreton H. 2001. A user programmable vertex engine[C]// Eugene Fiume(eds.)，Proceedings of SIGGRAPH' 2001. Los Angeles，CA，USA：ACM Press，149 - 158.

[52] Lu Z，Willis C，Paddon D. 2000. Surface animation for flower growth [C]// Proceedings of Mathematical Methods for Curves and Surfaces，Oslo：263 - 272.

[53] Mantler S，Tobler R F，Funhrmann A L. 2003. The state of the art in real-time rendering of vegetation[C]// VRVis Center for Virtual Reality and Visualization.

[54] Marschner S R，Westin S H，Arbree A，Moon J. 2005. Measuring and modeling the appearance of finished wood[C]// Proceedings of ACM SIGGRAPH' 2005，CA：727 - 734.

[55] Marshall D，Fussell D，Campbell-III A T. 1997. Multiresolution rendering of

complex botanical scenes[C]//Proceedings of Graphics Interface：97 – 104.

[56] Max N，Ohsaki K. 1995. Rendering trees from precomputed Z-buffer views [C]//Proceedings of the 6th Eurographics Workshop on Rendering：165 – 174.

[57] McMillan L，Bishop G. 1995. Plenoptic modeling：An image-based rendering system[C]//Proceedings of ACM SIGGRAPH，1995：39 – 46.

[58] Mech R，Prusinkiewicz P. 1996. Visual models of plants interacting with their environment[C]// Proceedings of ACM SIGGRAPH' 1996：397 – 410.

[59] Meyer A，Neyret F. 1998. Interactive Volumetric Textures[M]. Eurographics Rendering Workshop 1998. New York：Springer Wein：157 – 168.

[60] Meyer A，Neyret F，Poulin P. 2001. Interactive rendering of trees with shading and shadowing[C]//Proceedings of Eurographics Workshop on Rendering 2001：183 – 196.

[61] Mohr A，Gleicher M. 2003. Deformation sensitive decimation[R]. Technical Report，University of Wisconsin.

[62] Möller T，Haines E. 2003. Real-Time Rendering[M]. San Francisco：Morgan Kaufman Publisher.

[63] Mündermann L，MacMurchy P，Pivovarov J，Prusinkiewicz P. 2003. Modeling lobed leaves[C]//Proceedings of CGI：60 – 65.

[64] Neubert B，Franken T，Deussen O. 2007. Approximate image-based tree-modeling using particle flows[J]. ACM Transactions on Graphics，26(3)：88.

[65] Neyret F. 1996. Synthesizing verdant landscapes using volumetric textures[C] // Pueyo X，Schrder P（eds.），Eurographics Rendering Workshop 1996. New York：Springer Wein：215 – 224.

[66] O'Brien D，Fisher S，Lin M. 2001. Automatic simplification of particle system dynamics[C]//Proceedings of IEEE International Conference on Computer Animation：210 – 219.

[67] Okabe M，Owada S，Igarash T. 2005. Interactive design of botanical trees using freehand sketches and example-based editing[C]//Proceedings of Eurographics' 2005. Computer Graphics Forum，24(3)：487 – 496.

[68] Onishi K，Hasuike S，Kitamura Y，Kishino F. 2003. Interactive modeling of trees by using growth simulation[C]// Proceedings of the

ACM Symposium on Virtual Reality Software and Technology：66 – 72.

[69] Ono H. 1997. Practical experience in the physical animation and destruction of trees[C]//Proceedings of Computer Animation and Simulation：149 – 159.

[70] Oppenheimer P. 1986. Real time design and animation of fractal plants and trees[C]//Proceedings of ACM SIGGRAPH' 1986, Dallas, Texas：55 – 64.

[71] Ota S, Tamura M, Fujimoto T, Muraoka K, Chiba N. 2004. A hybrid method for real-time animation of trees swaying in wind fields[J]. The Visual Computer, 20(10)：613 – 623.

[72] Paola M D. 1998. Digital simulation of wind field velocity[J]. Journal of Wind Engineering and Industrial Aerodynamics, 74 – 76：91 – 109.

[73] Perbet F, Cani M P. 2001. Animating prairies in real-time[C]//Spencer S N (eds.), Proceedings of the Symposium on Interactive 3D Graphics' 2001. New York：ACM Press：103 – 110.

[74] Prusinkiewicz P. 1998. Modeling of spatial structure and development of plants[J]. Scientia Horticulturae, 74：113 – 149.

[75] Prusinkiewicz P, Hanan J. 1990. Lindenmayer Systems, Fractals, and Plants[M]. New York：Springer-Verlag.

[76] Prusinkiewicz P, Hammel M S, Mjolsness E. 1993. Animation of plant development[C]//Proceedings of SIGGRAPH' 1993, New York：351 – 360.

[77] Prusinkiewicz P, James M, Mech R. 1994. Synthetic topiary[C]// Proceedings of ACM SIGGRAPH：351 – 358.

[78] Prusinkiewicz P. 2004. Modeling plant growth and development[J]. Current Opinion in Plant Biology, 7(1)：79 – 83.

[79] Qin X, Nakamae E, Tadamura K, Nagai Y. 2003. Fast photo-realistic rendering of trees in daylight[J]. Computer Graphics Forum, 22(3)：243 – 252.

[80] Quan L, Tan P, Zeng G, Wang J D. 2006. Image-based plant modeling [J]. ACM Transactions on Graphics, 25(3)：599 – 604.

[81] Reeves W T, Blau R. 1985. Approximate and probabilistic algorithms for shading and rendering structured particle systems [J]. Computer Graphics, 19(3)：313 – 322.

[82] Remolar I, Chover M, Belmonte O, Ribelles J, Rebollo C. 2002. Geometric simplification of foliage [C] // Proceedings of Eurographics'

2002 (Short Presentations): 397 – 404.

[83] Rolland-Lagan A, Bangham J, Coen E. 2003. Growth dynamics underlying petal shape and asymmetry[J]. Nature, 422(13): 161 – 163.

[84] Rolland A, Kautz J, Lehtinen J, Snyde J. 2005. Precomputed radiance transfer: Theory and practice[C] // ACM SIGGRAPH Course Notes 10.

[85] Runions A, Fuhrer M, Lane B, Federl A. 2005. Modeling and visualization of leaf venation patterns[J]. ACM Trans actions on Graphics, 24(3): 702 – 711.

[86] Sakaguchi T, Ohya J. 1999. Modeling and animation of botanical tree for interactive virtual environment[C] // Proceedings of ACM Symposium on Virtual Reality Software and Technology: 139 – 146.

[87] Schaufler G. 1995. Dynamically generated impostors[C] // Proceedings of GI Workshop on Modeling, Virtual Worlds, Distributed Graphics, Bonn, Germany.

[88] Sederberg T W, Parry S R. 1986. Free-from deformation of solid geometric models[J]. Computer Graphics, 20(4): 151 – 160.

[89] Shade J, Gortler S J, He L, Szeliski R. 1998. Layered depth images[C] // Proceedings of ACM SIGGRAPH: 231 – 242.

[90] Shamir A, Bajaj C, Pascucci V. 2000. Multi-resolution dynamic meshes with arbitrary deformations[C] // Proceedings of the IEEE Visualization Conference VIS'2000: 423 – 430.

[91] Shamir A, Pascucci V. 2001. Temporal and spatial level of details for dynamic meshes[C] // Proceedings of ACM Symposium on Virtual Reality Software and Technology: 77 – 84.

[92] Shinya M, Fournier A. 1992. Stochastic motion-motion under the influence of wind [C] // Proceedings of Eurographics. Switzerland: Eurographics Association, 11(3): 163 – 172.

[93] Shlyakhter I, Rozenoer M, Dorsey J, Teller S. 2001. Reconstructing 3D tree models from instrumented photographs [J]. IEEE Computer Graphics and Applications, 21(3): 53 – 61.

[94] Simiu E, Scanlan R H. 1985. Wind Effects on Structures[M]. 2nd Edition. New York: Wiley.

[95] Sloan P P. 2005. Precomputed Radiance Transfer: Theory and Practice

[C] // ACM SIGGRAPH Course Notes ♯10.

[96] Sloan P P, Luna B, Snyder J. 2005. Local deformable precomputed radiance transfer[J]. ACM Transactions on Graphics, 24(3): 1216 – 1224.

[97] Stam J. 1997. Stochastic dynamics: Simulating the effects of turbulence on flexible structures[J]. Computer Graphics Forum (Proceedings of Eurographics 1997), 16(3): 159 – 164.

[98] Streit L, Federl P, Sousa M C. 2005. Modelling plant variation through growth[J]. Computer Graphics Forum, 24(3): 497 – 506.

[99] Tieleman H W. 1995. Universality of velocity spectra[J]. Journal of Wind Engineering and Industrial Aerodynamics, 56: 55 – 69.

[100] Viennot X, Eyrolles G, Janey N, Arques D. 1989. Combinatorial analysis of ramified patterns and computer imagery of trees[C] // Proceedings of ACM SIGGRAPH: 31 – 40.

[101] Wang L, Wang X, Tong X, Lin S, Hu S, Guo B, Shum H. 2003. View-dependent displacement mapping[J]. ACM Transactions on Graphics, 22(3): 334 – 339.

[102] Wang L, Wang W, Dorsey J, Yang X, Guo B, Shum H Y. 2005. Real-time rendering of plant leaves[J]. ACM Transactions on Graphics, 24(3): 712 – 719.

[103] Wang X, Wang L, Liu L. 2003. Interactive modeling of tree bark. Proceedings of Pacific Graphics: 108 – 110.

[104] Wang X, Tong X, Lin S, Hu SM, Guo BN, Shum HY. 2004. Generalized displacement maps. Proceedings of Eurographics Symposium on Rendering: 227 – 233.

[105] Ward K, Lin M, Lee J, Fisher S, Macri D. 2003. Modeling hair using level-of-detail representations[C] // Proceedings of Computer Animation and Social Agents: 41 – 47.

[106] Weber J, Penn J. 1995. Creation and rendering of realistic trees[C] // Proceedings of ACM SIGGRAPH: 119 – 128.

[107] Wei X, Zhao Y, Fan Z, Li W, Stover S Y, Kaufman A. 2003. Blowing in the wind[C] // Proceedings of ACM Symposium on Computer Animation, San Diego, the United States: 75 – 85.

[108] Wejchert J, Haumann D. 1991. Animation aerodynamics[J]. Computer

Graphics, 25(4): 19 – 22.

[109] Williams L. 1991. Shading in two dimensions[C] // Proceedings of Graphics Interface: 143 – 151.

[110] Wu E, Chen Y, Yan T, Xiaopeng Zhang. 1999. Reconstruction and physically-based animation of trees from static images[C] // Proceedings of Eurographics Animation Workshop 1999, Italy,: 157 – 166.

[111] Xu H, Gossett N, Chen B. 2006. Knowledge-based modeling of laser-scanned trees[C] // Proceedings of SIGGRAPH 2005 Sketches, Los Angeles, CA, (Conditionally accepted to ACM Transaction on Graphics, 2006).

[112] Zhang H, Hua W, Wang Q, Bao H J. 2006. Fast display of large-scale forest with fidelity[J]. Journal of Computer Animation and Virtual Worlds, 17(2): 83 – 97.

[113] 鲍虎军, 金小刚, 彭群生. 2000. 计算机动画的算法基础[M]. 杭州: 浙江大学出版社.

[114] 冯金辉, 陈彦云, 严涛, 等. 1998. 树在风中的摇曳——基于动力学的计算机动画[J]. 计算机学报, 21(9): 767 – 773.

[115] 冯金辉. 1999. 树在风中的摇曳——基于物理的计算机动画[D]. 北京: 中国科学院软件研究所.

[116] 胡包钢, 赵星, 严红平, 等. 2001. 植物生长建模与可视化——回顾与展望[J]. 自动化学报, 27(6): 816 – 835.

[117] 柳有权, 王文成, 吴恩华. 2003. 树在风中摇曳的快速生成系统[J]. 第3届全国虚拟现实与可视化会议. 系统仿真学报, 增刊, 1(15): 9 – 41.

[118] 柳有权. 2005. 基于物理的计算机动画及其加速技术的研究[D]. 北京: 中国科学院软件研究所.

[119] 彭群生, 鲍虎军, 金小刚. 2002. 计算机真实感图形的算法基础[M]. 北京: 科学出版社.

[120] 王长波. 2006. 基于物理模型的自然景物真实感绘制[D]. 杭州: 浙江大学计算机学院.

[121] http://www.paradigmsim.com/.

[122] http://www.kurtz-fernhout.com.

[123] http://www.idvinc.com/speedtree.html.

［124］http：// www. xfrogdownloads. com/greenwebNew/news/newStart.
　　　　html.

［125］http：//www. cpsc. ucalgary. ca/Redirect/bmv/index. html.

［126］http：//www. lenne3d. com/en/news/index. php.

［127］http：//www. jfp. co. jp/bonsai_dl/.

［128］http：//forsys. cfr. washington. edu http：//www. onyxtree. com.

［129］http：//amap. cirad. fr/.

［130］http：//3dnature. com/foresters. html.

［131］http：//forsys. cfr. washington. edu/envision. html.

［132］http：//www. mscsoftware. com/products/patran. cfm.

千里莺啼绿映红，水村山郭酒旗风。
南朝四百八十寺，多少楼台烟雨中。
——《江南春》杜牧

气象
景观

第5章 气象景观的模拟

烟雨朦胧下的西湖美景常常令人流连忘返,漫天飞舞的雪花让天地浑然一体,美不胜收……各种自然景观常常与气象密切相关,而气象景观的模拟也是自然景观模拟的重要部分,对于计算机游戏动画、驾驶仿真、虚拟战场、交通导航、灾害救援、建筑环境设计等都有着十分重要的意义。

5.1 气象景观的模拟技术概述

要实现气象景观的绘制,就必须先了解气象景观形成的物理机制,如雨滴的生成及下降过程会受重力、风力及空气阻力作用的影响,雪花在空中的飞舞则受局部气流场的控制。基于这些物理机制,我们的模拟才能更加真实。

5.1.1 降雨的原理

日常气象最常见的就是下雨和飘雪。中国的大部分地区每年有 1/4 时间是雨季。

首先先了解雨滴在云层中是如何生成的。在云层中,当上升气流携带云凝结核和水汽到达一定高度,空气接近饱和或达过饱和后,水汽便在凝结核上凝结,形成云滴胚胎,并继续上升和凝结,增长成云滴。当云滴相互接近时,会发生碰撞合并而形成更大云滴,这种现象称为云滴碰并增长。其中某些较大云滴由于其重力大于空气阻力,在云层中开始下降,在下降过程中与上升或下降的小云滴发生碰撞合并,这称为重力碰并。如此进行下去,它们就可以长成雨滴,一般雨滴的半径在 200 微米到几毫米之间。

雨滴的几何形状是由雨滴半径所决定的,在直径小于 2mm 的情况下,雨滴是球状的;当直径在 2~6mm 之间时,雨滴为汉堡包形状,可以近似看作是椭球状;在直径大于 6mm 时,雨滴会分裂为若干个小雨滴。

雨滴在下落过程中主要受到重力和空气黏滞阻力两种力的作用。空气黏滞阻力随着速度的加快而增大。当雨滴刚刚下落时，阻力很小，且小于重力，导致雨滴产生沿竖直方向的加速度。但随着时间的增长，雨滴坠落的速度会越来越快，与此同时，空气阻力也逐渐变大，导致加速度逐渐变小，下落速度增长越来越缓慢。最终当空气阻力与雨滴重力相等时，加速度降为零，此时雨滴坠落的速度维持在一个恒定值，我们称此时的速度为雨滴下落的终速度。

5.1.2 降雪的基本原理

与其他自然景象相比，雪景有其独特魅力。冬日里的漫天飘雪是大家所期盼的美景，漫天飘舞的雪花常常给人一种无与伦比的美感。

在自然界中，雪是固态的降水。降雪形成过程包括三个阶段：晶核的形成、雪晶的生长和融合、雪花的自然沉降。受晶核种类、雪晶发育和生长环境条件的影响，自然界中形成的雪花形态各异。

1）晶核的形成。雪晶生长始于雪晶核，在自然界，雪晶核的成核有四种主要基本模式：凝华成核、凝结—冻结成核、沉浸—冻结成核和接触—冻结成核（William and Cotton，2000）。凝华成核指在冰晶形成过程中，水蒸气直接转变成雪晶核。凝结—冻结成核指水蒸气先在气溶胶颗粒上凝结成微小液滴，然后再冻结成雪晶核。沉浸—冻结成核指气溶胶颗粒浸入小液滴中而使其冻结形成雪晶核。接触—冻结成核指过冷液滴和气溶胶颗粒接触而成核。

2）雪晶的生长和融合。雪晶的形状由生长环境所决定，环境温度和水蒸气的过饱和度影响水分子在雪晶核上的吸附、凝固和雪晶的成长。研究表明：随着温度的降低，雪晶的形状交替发生三次转变，即在 $-4\,℃$ 时由板状变成棱柱状，在 $-10\,℃$ 时再变成板状，在 $-22\,℃$ 时又变成棱柱状。随着水汽过饱和度的增加，雪晶形状发生了以下变化：从实心板状—空心板状—扇形板状—枝状，或从实心棱柱—空心棱柱—针状，如图 5-1 所示。

当水汽过饱和度较小时，棱面的生长速率比底面慢得多，冰晶生长成棱柱状，其内部经常是空的；当过饱和度较大时，棱面的生长速率比底面快，于是便生长成板状雪晶；当过饱和度很大时，板状雪晶的棱角迅速生长，形成枝状或针状雪晶。

3）雪花的自然沉降。由于水汽凝结促使冰晶增长，以及与其他雪花碰撞导致雪花的重量越来越大，当垂直向下的力大于向上的力时，雪花开始下降。雪花在下降过程中，由于和周围空气流之间的交互作用，会成螺旋形路线下落，并且自身会绕着重心旋转。我们会在 5.3 节给出具体分析。

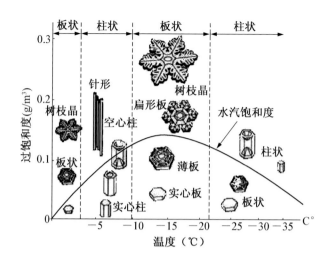

图 5 - 1　雪晶形状随温度和过饱和度的变化而变化

4）雪花大小的分布与温度的关系。它们之间的关系可由一个经验公式（Libbrecht, 2001）描述：

$$D = \begin{cases} 0.015 \cdot |T|^{-0.35}, & T \leqslant -0.061 \\ 0.04 & T > -0.061 \end{cases} \qquad (5-1)$$

式中：D 指雪花直径；T 指温度。由式（5-1）得到的分布存在 $\pm 50\%$ 的不确定性，为此可加上一个随机数来表示这一不确定因素。

雪花的密度与雪花的直径成反比（Rasmussen *et al.*, 1998）：

$$\rho_{\text{snowflake}} = \frac{C}{D} \qquad (5-2)$$

其中，反比例常数 C 为 0.170kg/m^2。

5.1.3　龙卷风的基本原理

龙卷风是一种灾难性自然景象。历史上发生在美国勃兰登堡的一场龙卷风造成了 329 人丧生、4000 多人受伤、24000 多个家庭惨遭厄运，损失高达 7 亿多美元！龙卷风在我国也时有发生，2000 年 7 月 13 日一场龙卷风袭击了江苏北部地区，造成了近 1000 人受伤，20 余人死亡，约 4000 户房屋倒塌，数十万亩农作物受灾，通信、交通一度中断！

大多数龙卷风都是在湿热空气与干冷空气交锋时产生的。湿热空气与干冷空气的交锋导致大气流动的不稳定，从而产生强大的涡旋运动。涡旋中心处的气压急剧下降，导致周围的大气不断涌入。剧烈的大气压强变化会对周围物体产生强大的冲击,这也正是龙卷风引起巨大破坏力的原因所在。龙卷风内部的风速高达每小时 300 英里(Flora,1953)。

作为最严重的自然灾害之一,龙卷风问题及其预防一直是物理学和气象学领域里所关注和研究的热点。龙卷风动态场景的真实感建模与绘制在自然灾害预防与救援、科学计算可视化、计算机游戏动画等领域有着重要的应用价值。龙卷风场景也经常出现在灾难影片中,由于其拍摄难度大、危险性高,影视特技方法被广泛采用,但是代价非常高昂。在三维场景中模拟龙卷风时,需要通过几百万粒子的高速旋转来实现,对机器配置要求很高。在这种情况下,开发人员一般会根据实际龙卷风的数据资料来对其运动进行建模。首先模拟龙卷风的大致形态,然后交互调整它的运动轨迹、对周围物体的破坏作用等,比如当龙卷风卷过一个村庄时,哪栋房屋被卷走,以什么角度、形态被吹到空中,都得依赖于手工控制。显然,其交互过程非常繁琐,一般只有专业人员才可以胜任。因此,如何基于物理模型真实感地模拟龙卷风的动态变化场景及其与周围物体的交互作用,已经成为图形学领域中一个具有挑战性的研究课题。

5.1.4 沙尘暴的基本原理

沙尘暴是一种非常强大的风暴,它携带大量的沙尘,经常发生在沙漠及其邻近地区。沙尘暴来临时,黄沙蔽日,天色昏暗,路上行人皆捂鼻匆匆而过……

沙尘暴通常是由经地面加热产生的对流气流引起的。当空气被加热时,将变得不稳定,这种不稳定会导致高空对流层中气流与低空气流的混合,从而产生强烈的地面风。地面风卷起沙粒和尘粒,形成黄色的固体沙墙,可高达 1500 米。

沙尘暴使周围环境的能见度大大降低,容易诱发严重的交通意外事故。此外,人们吸入大量的沙尘粒子后可能会引起严重的呼吸系统疾病。因此,沙尘暴不仅是一种严重的气象灾害,而且是严重的全球环境问题之一。沙尘暴景观的模拟对于防灾抗灾、环境防护等都有着不同寻常的意义。

5.2 动态雨景的实时建模与绘制

下雨时雨滴的形态、运动各异,同时雨滴还将与大自然中的空气、光线、水面、地物等发生交互作用,产生雾气、涟漪、湿润等景象,因此要真实感地模拟下雨的动态场景是十分困难的。

5.2.1 相关工作

直接绘制下雨场景的工作比较少。1983 年,Reeves (Reeves,1983)最早提出采用粒子系统来生成包括雨在内的动态自然景观。其后,大部分雨景的模拟都利用粒子系统模拟雨滴的形态(Luo et al.,2004)。1990 年,Nakamae 等(Nakamae et al.,1990)考虑马路地面的反射、散射等物理特性和表面的微观几何形状,模拟了下雨时的地面湿润效果,效果比较逼真。但是他们的方法并未涉及雨的模拟。2002 年,Starik (Starik,2002)对一段晴天的视频进行图像处理,生成同一场景雨天的视频效果,但是该方法不能改变视点,同时由于缺乏物理模型的支持,其真实感效果有待进一步改进。2003 年,Narasimhan 和 Nayar(Narasimhan and Nayar,2003)采用简单的物理模型,在一张图像上加上了不同的天气效果,包括下雨和下雪。该方法也是一种图像处理的方法,但无法展示下雨的动态效果。2004 年,Wang 和 Wade(Wang and Wade,2004)提出了一种新的绘制雨雪的方法,他们将纹理映射到一个双面锥上,并通过硬件纹理变换来实现下雨的效果。对于雨滴,Kaneda 等模拟了下雨时雨滴在玻璃车窗上的效果(Kaneda et al.,1993);此后,又模拟了雨滴沿一个表面滑落的过程(Kaneda et al.,1999)。

在光线散射效果的模拟方面,1990 年,Kaneda 等(Kaneda et al.,1991)引用 Nishita and Nakamae(Nishita and Nakamae,1986)提出的天空光照模型来进行雾场景的绘制,但该方法模型过于简单,没有考虑雨雾天气中大气粒子的特性,同时计算非常耗时。1997 年,Jackel and Walter(Jackel and Walter,1997)提出了多粒子模型方法,通过分段计算光路上的散射效果来绘制天空场景。该方法采用太阳光作为直射光源,但彩虹与天空背景的融合显得不够真实。Nishita 等(Nishita et al.,1987)提出了考虑光照强度空间分布的点光源模型来绘制聚光灯、车灯发出的光束。2005 年,Sun 等(Sun et al.,2005)提出了新的解析方法,采用直接的公式来模拟复杂的体散射,使人工光源散射模型的实时绘制成为可能。但该方法只实现了各向同性光源(点光源)的实时绘制,不适用于各向异性光源(如车灯、聚光灯等)的散射模型。

以上工作或主要侧重于雨的形态建模,或通过图像处理的方法加入简单的雨雾效果。目前还没有见到能够逼真地模拟动态雨景的研究工作,特别是在雨线的动态生成以及雨与周围环境的交互作用等方面,甚少有人涉及。

本节提出了一种新的基于物理机制的雨景动态建模与绘制方法。首先根据雨滴的形态特点,建立了基于元球的统一雨滴模型;然后根据不同降雨量建立天空中雨滴密度的统计模型;通过对雨滴粒子的受力分析,构造出雨滴的运动模型,模拟它们与水面、路面的交互作用;根据雨滴对光线的散射作用,建立雨天特有的多粒子自然光散射模型、雨夜灯光散射的实时计算模型,以及雨后彩虹的成像模型;最后通过基于人眼视觉特性的颜色转换模型及衍射模型,实时绘制出不同时间、不同降雨量、不同风力条件下的动态雨景效果。

5.2.2 雨滴的形态及运动建模

雨滴的形态及运动建模是雨景模拟中的首要问题。

5.2.2.1 几何建模

(1)基于元球的雨滴模型

由气象学知识可知,雨滴的形状是由雨滴半径决定的,雨滴的直径从 0.1mm 变化到 6mm 时,其形状将从球状依次变换为汉堡包状和椭球状;当雨滴的直径大于 6mm 时,雨滴将分裂为若干个小雨滴。基于雨滴的连续变化特性,我们采用元球模型来模拟雨滴的几何形状。

当雨滴的直径小于 2mm 时,我们设雨滴的形状为圆球状,然后随着雨滴半径的逐渐增大,圆球状雨滴就渐变形成了椭球状雨滴。我们采用两个元球的组合模型来模拟雨滴,如图 5-2 所示。

图 5-2 不同半径雨粒子的不同形状

为了保证雨滴渐变尽可能真实,我们使用势函数来控制元球的表面。这里采用 Wyvill 的六次多项式势函数(Yu *et al*.,1998):

$$f(r,R_i) = \begin{cases} -\dfrac{4}{9}\left(\dfrac{r}{R_i}\right)^6 + \dfrac{17}{9}\left(\dfrac{r}{R_i}\right)^4 - \dfrac{22}{9}\left(\dfrac{r}{R_i}\right)^2 + 1, & 0 \leqslant r \leqslant R_i \\ 0, & r > R_i \end{cases} \quad (5-3)$$

式中:r 为雨滴的半径,R_i 为某待定系数。此函数具有以下良好性质:$f(0,R_i) = 1$,$f'(0,R_i) = 0$,$f(R_i,R_i) = 0$,$f'(R_i,R_i) = 0$,$f_i(R_i/2,R_i) = 1/2$;该函数可保证元球变形、融合和分裂时曲面足够光滑,计算量也比较小。

对于不同的元球,它所对应的等势面应该满足:

$$f(x,y,z) = \sum_{i=0}^{2} q_i f_i - T_0 \quad (5-4)$$

式中:T_0 是一个阈值常数,q_i 和 f_i 分别是第 i 个元球的密度值和势函数。设定适当的 T_0,就可以生成比较好的雨滴变形、融合和分裂效果。

由于雨滴的形态可变,我们采用元球思想预先生成 10 个渐变的雨滴模型,以便在绘制时调用。另外可采用 LOD 思想,对于最靠近视点的雨滴采用最精细的模型,然后逐渐过渡;在较远的地方,可采用球形甚至雨线模拟雨滴。

(2)雨滴分布统计模型

对于不同降雨量的雨,最大的区别不是雨滴的形状,而是不同大小雨滴的分布。我们给出一个关于雨滴的统计模型(Best,1950):

$$F(r) = 1 - e^{-(\frac{r}{a})^n} \tag{5-5}$$

式中:$F(r)$ 为包括在半径从 $0 \sim r$ 范围内雨滴的累积质量,r 为雨滴半径,n 为指数,a 为与降水强度及含水量有关的参数。对于亚热带的雨,$n=2.25$,而 a 值则视降水强度的不同而有所不同(见表 5-1)。这样,就可以得到不同降雨量时不同半径雨滴的分布。

表 5-1　a 值与降水强度的关系

降水强度(mm·h^{-1})	0.5	1.0	2.5	5.0	10	25
a(mm)	1.11	1.30	1.61	1.89	2.22	2.74

5.2.2.2　运动建模

(1)雨滴下落的极限速度

雨滴在下落过程中主要受到重力和空气黏滞阻力这两种力的作用,雨滴的运动方程可以写成:

$$m \frac{dv}{dt} = mg - F_s \tag{5-6}$$

式中:m 为雨滴的质量,v 是雨滴与介质的相对运动速度,F_s 是质点所受到的空气阻力。由于雨滴质量很小,F_s 可以采用斯托克斯公式表示(Mutchler,1967):

$$F_s = 6\pi \eta r v \tag{5-7}$$

式中:F_s 称为斯托克斯阻力,η 为空气的黏滞系数。式(5-7)表明,阻力与相对运动速度和 r 的一次方成正比。

对于每一个雨滴,根据式(5-6)和(5-7)即可求得雨滴下落的终速度:

$$v_s = \frac{mg}{6\pi \eta r} = \frac{\frac{4}{3}\pi r^3 \rho_w g}{6\pi \eta r} = \frac{2}{9} \cdot \frac{\rho_w g}{\eta} \cdot r^2 \tag{5-8}$$

式中:ρ_w 为雨滴的密度,即水的密度。取 $\rho_w = 1.0 \times 10^3 \, kg/m^3$,$g = 9.8 m/s^2$,$\eta =$

$1.72 \cdot 10^{-5}[\mathrm{kg/(m \cdot s)}]$(0℃时空气的黏滞系数),将上述数值代入式(5-8)
可得:

$$v_s \simeq 1.26 \times 10^8 r^2 \qquad (5-9)$$

式中:r 以 m 为单位。式(5-9)表明,雨滴下降的终速度与其半径 r 的平方
成正比。

以上是雨滴在无风条件下自由下落的终速度,据此可以计算出任意半径的
雨滴下落终速度。

(2)雨滴的碰撞与分裂

下雨时,不同雨滴间可能发生碰撞,并且两个雨滴在碰撞后有可能合并成为一
个大雨滴。为简化起见,我们假设碰撞前后质量无损耗,碰撞过程中遵循动量守恒
定律。若碰撞前两个雨滴粒子的质量分别为 m_1 和 m_2,终速度分别是 v_1 和 v_2,碰
撞后的速度为 v,则依据动量守恒定律,有以下公式:$m_1 v_1 + m_2 v_2 = (m_1 + m_2)v$ 于
是就有:$v = \dfrac{m_1 v_1 + m_2 v_2}{m_1 + m_2}$,此为碰撞后合成雨滴粒子的速度。

设两个雨滴粒子的直径分别为 d_1 和 d_2,合并后的雨滴粒子直径为 d,由于
$m = \rho V = \dfrac{1}{6}\pi \rho d^3$,可以得出质量与直径之间的关系:$\dfrac{m_1}{m_2} = \left(\dfrac{d_1}{d_2}\right)^3$,进而得到合成
后的雨滴粒子质量与其直径的关系:$\dfrac{m_1 + m_2}{m_2} = \left(\dfrac{d}{d_2}\right)^3$,可求出 $d = \sqrt[3]{d_1^3 + d_2^3}$。

在雨滴下落过程中,由于空气黏滞阻力不断增大,致使雨滴形状改变,由球
状逐渐变成了扁椭球状。当雨滴直径不断增大时,则可能分裂成若干个小雨滴。
另外,雨滴在下落过程中也会发生碰撞合并。

由于雨滴的数量众多,这里我们简单地假设大雨滴在分裂过程中均分为
两个小雨滴,且分裂过程中动能守恒。设大雨滴的质量为 m,终速度为 v,直径
为 d,则分裂后的两个相对小的雨滴质量均为 $\dfrac{1}{2}m$,且设分裂后的小雨滴直径
为 d_0。

根据动量守恒定律,$mv = \dfrac{1}{2}mv_1 + \dfrac{1}{2}mv_2$,根据动能守恒定律,$\dfrac{1}{2}mv^2 = \dfrac{1}{2}mv_1^2$
$+ \dfrac{1}{2}mv_2^2$。从而可以算出 $v_1 = v_2 = v$。由于质量比等于直径比的立方,即 $\dfrac{\frac{1}{2}m}{m} =$
$\left(\dfrac{d_0}{d}\right)^3$,求得 $d_0 = \dfrac{d}{\sqrt[3]{2}}$,由 d_0 可求得小雨滴的终速度。

5.2.2.3 风雨交互作用

(1) 雨的受力分析

当雨较大时多半是风雨交加,因此风对雨滴的作用是不能忽略的。地层表面的风大多为水平方向,故风力也可以看成是水平方向的。在水平方向的空气阻力作用下,雨滴经过一定时间后,水平方向的速度达到一个最大值,并以此速度运动下去。此速度为水平方向的终速度。

设风力为 F_w,水平方向的黏滞阻力为 f,则:$F_w = 0.5kV_w$,这里 k 值的大小随气压、气温和湿度变化而变化。在常温(15℃)和 1 标准大气压下,k 值为 $0.125\mathrm{kg \cdot s^2/m^4}$。$V_w$ 为风速,设风速由两个部分组成:平均风速 $\overline{V_w}$ 和随机风速 $\widetilde{V_w}$,即风速为:$V_w = \overline{V_w} + \widetilde{V_w}$,详见式(4-22)。

由流体力学原理可知(Catalfamo,1997),空气水平黏滞阻力 f 为:

$$f = \frac{1}{2}\rho C_d S v^2 \tag{5-10}$$

式中:ρ 是空气密度,S 是雨滴在与流速垂直平面上的最大横截面积,C_d 叫做阻力系数,它与气流雷诺数有关。雷诺数是一个无量纲的数,即为 $\mathrm{Re} = \dfrac{\rho l v}{\eta}$,$l$ 是与雨滴横截面相联系的特征长度,η 为空气的黏滞系数,v 是雨滴的速度。在 $0 < \mathrm{Re} < 2 \times 10^5$ 的范围内,C_d 与 Re 的关系为:

$$C_d \approx \frac{24}{\mathrm{Re}} + \frac{6}{1+\sqrt{\mathrm{Re}}} + 0.4 \tag{5-11}$$

对于球形雨滴,$S = \pi r^2$,$l = 2r$;当 $\mathrm{Re} < 1$ 时,式(5-11)中的第二、三项相比之下可以忽略,$C_d \approx \dfrac{24}{\mathrm{Re}} = \dfrac{12\eta}{\rho r v}$,则 $f = 6\pi\eta r v$。显然,这与雨滴下落时的空气阻力是一致的。

雨滴在重力、风力和水平阻力的共同作用下,其运动方程(5-6)变为:$m\dfrac{\mathrm{d}v}{\mathrm{d}t} = F - 6\pi\eta r v$,其中 F 为雨滴的重力、所受到的风力 F_w 的合力。

又由初始条件 $v(0) = 0$,解方程可得:$v(t) = \dfrac{F}{6\pi\eta r}(1 - e^{-\frac{9\eta t}{2\rho_w r^2}})$,式中 ρ_w 为空气的密度,r 为雨滴的半径。令 $t \to \infty$,则可得雨滴在风雨交加时的终速度为:$v = \dfrac{F}{6\pi\eta r}$。

（2）涟漪模拟

雨滴坠落到水面上，还会与水面发生交互作用而产生涟漪效果。由于产生涟漪的雨滴的数量众多，如果采用传统的涟漪生成方法，如隐式曲面或波动方程等，其计算将会非常耗时。这里采用基于元胞自动机的思想来模拟水面涟漪效果。

元胞自动机是一种离散的动力学系统，它通过局部邻域的简单演化规则形成整个系统的复杂变化（Wolfram，1983）。首先将水面离散成网格，每个网格结点即是一个元胞，该元胞的状态即该处涟漪的高度。

根据 Navier-Stokes 方程，可得涟漪的运动方程（Chen $et\ al.$，2001）：

$$A_r \cdot \frac{\partial H}{\partial t} + \sum_{i=1}^{n} \beta_i (\mathbf{F} \cdot \mathbf{n})_i l_i = 0 \qquad (5-12)$$

式中：A_r 为网格的有向面积，H 为高度，t 是时间，$\mathbf{F}$ 是涟漪的惯性力，β_i 是权重因子，$\mathbf{n}$ 是边界法向量，l_i 是该网格的边长长度，n 是邻域网格结点的数目，对于矩形网格一般是 4 或 8。我们用最简单的方式对时间进行离散：$\frac{\partial H}{\partial t} = \frac{H(t+1)-H(t)}{\Delta t}$。经推导，可以得到离散网格上涟漪随时间变化的规则：

$$H_j(t+1) = H_j(t) - \frac{\Delta t}{A_{jr}} \sum_{i=1}^{n} \beta_i (\mathbf{F} \cdot \mathbf{n})_{ji} l_{ji} \qquad (5-13)$$

当一个雨滴落到某一个网格上时，该点的高度变为：$H_k(t) = H_k(t) - \frac{\delta mv}{\delta t}$，这里 m 和 v 为该雨滴的质量和速度。有风吹来时，上式变为：$H_k(t) = H_k(t) - \frac{\delta mv}{\Delta t} - \frac{\lambda F_w}{\Delta t}$，这里 F_w 是风力大小，δ、λ 为参数。

基于上面的演化规则可以生成考虑了降雨和风吹影响的涟漪效果。因为无需构造复杂的涟漪几何形态，也不需要求解流体方程，所以计算量比较小。

5.2.3 雨景中的光照效果建模

下雨时，雨滴与来自不同光源的光线发生交互作用，如自然光、车灯光、路灯光、聚光灯等，从而生成不同的光散射效果，这也正是雨景的典型特征之一。这里主要考虑两方面：一是雨滴与自然光的交互作用，二是雨滴与人工光的交互作用。

5.2.3.1 自然光散射模型

（1）多粒子散射模型

晴朗天气下大气的主要成分为各种气体分子和尘埃微粒，当光线与气体分子发生交互时，主要呈现 Rayleigh 散射的特性。而在下雨天气，大气中包含不同大小的粒子,包括雨滴、气溶胶粒子(雾粒子)、空气分子等。雨滴的直径分布一般在 $0.1\sim6.0\text{mm}$ 之间,图 5-3 是不同的降水量下雨滴粒子的直径分布(Philip,2004),雨滴的密度按雨滴的大小呈指数规律递减。大雨滴在降雨中所占的比例很小,但在整个场景仍占一定的量,且其呈现出更明显的散射效果。雨滴比大气中的其他粒子尺寸大,当光线与雨滴交互时,主要表现出巨粒子散射所呈现出的几何光学特性。

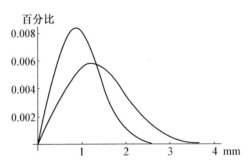

图 5-3 不同降雨量时雨滴的粒子分布

不同粒子对光线的散射效果主要取决于粒子的半径大小。与晴天不同,雨天的散射是由于天空的漫射光与雨滴等多种不同尺度的大气粒子发生交互,所以天空光来自各个方向,计算复杂。同时,各种粒子对光线散射的特性不同,基于传统 Rayleigh 散射或 Mie 散射的单一粒子散射模型不再适用。为此我们建立雨天的多粒子散射模型,更加真实地模拟雨天大气散射效果。

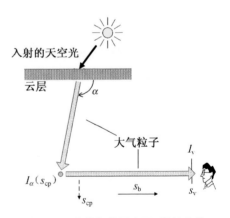

图 5-4 光线与粒子交互,散射光线

我们首先采用传统的大气散射公式建立精确的雨天大气散射模型。图 5-4示例了天空中的一条光线与视线方向某一粒子交互,朝视点的方向散射光线。沿视线方向所接收的总散射光强是天空各方向光线与视线方向上所有粒子交互散射到视点的光照强度的和,如下式所示:

$$I_v = \int_0^{2\pi}\int_0^{\pi}\int_{s_{cp}=s}^{s_v} I_\alpha(s_{cp}) \sum_{i=0}^{N_s-1}\left[D_{\alpha,i}(\lambda,\theta)p_i(s_{cp})\right]\cdot\exp\left[-\sum_{i=0}^{N_s-1}\gamma_i\int_{s_{cp}}^{s_v}p_i(s_b)\mathrm{d}s_b\right]\mathrm{d}s_{cp}\,\mathrm{d}\alpha\mathrm{d}\delta$$

$$(5-14)$$

式中：$I_a(s_{cp})$ 表示天空光沿 α 方向入射到 s_{cp} 位置处的光强，$D_{a,i}(\lambda,\theta)$ 表示 s_{cp} 处的相位函数，$p_i(s_{cp})$ 表示 i 粒子在 s_{cp} 局部空间内的密度，γ_i 表示 i 粒子的散射系数，N_s 表示在雨雾条件下大气中不同散射粒子的个数，包括不同大小的雨滴、气溶胶粒子、气体分子等。内积分公式的前半部分表示 α 方向处的天空光与大气粒子交互后，散射到视线方向的强度；后半部分表示从 s_{cp} 到视点光强所受的能量衰减。外积分则累计天空光从不同方向发射过来的光线在 s_{cp} 处的散射效果。当 $N_s = 1$ 时，式（5 - 14）即为单粒子散射模型对应的光照强度。

　　显然，式（5 - 14）无解析表达且计算非常耗时，因此必须对该式进行简化。雨天时，天空被云层所覆盖，太阳光受云层的吸收、反射、散射后大为削弱，因此各向漫射的天空光是大气散射的主要光源。由于雨天天空的漫射性质，可以将天空中各个方向入射到任意点的光强看成一个整体。由于该入射光是天空中各个方向发射出来的光线的集合体，从整体来看不具有方向性，因此可采用统一的相位函数。这里我们引入 Nishita 和 Nakamae（Nishita and Nakamae，1986）的天空光模型，将整个天空域看成一光源。为加速计算，按角度 δ 采样将整个天空域分割成若干个发光带，发光带的强度由采样光线的强度确定。入射到大气中任意点 P 的光强是天空域各光带入射到 P 点的光强的积分和，公式如下：

$$I(s_i) = \sum_{i=1}^{N} \omega_i \int_0^\pi L(\alpha,\delta)\sin\alpha\exp[-t(s_i)]\mathrm{d}\alpha \qquad (5 - 15)$$

式中：N 表示发光带个数，ω_i 表示光带的角宽度，$L(\alpha,\delta)$ 表示天空光的强度。$t(s_i)$ 表示天空中各个发光带到 P 点的光学路径。这里我们采用 CIE 全阴天光强分布模型：$L(\theta) = L_z(1 + 2\cos\theta)/3$，其中 L_z 表示天顶的光强，与太阳在空中的高度有关；θ 表示发光带和天顶的角度，天空光强在天顶最强，向地平线方向则不断削弱；考虑到直接计算天空光非常耗时，为了简化起见，入射到空中任意点的光强可以作为高度的函数，我们预先为每一高度计算入射光强，创建查找表，以便运算时调用。

　　为避免对视线方向上的每一粒子进行散射光强的计算，考虑到粒子浓度在一定区域内变化比较平缓，我们引入散射体的概念（Jackel and Walter，1997），即按照视线方向上的粒子浓度和入射的天空光强分布对视线穿过的大气进行分段采样，每一段内的某类型粒子的浓度取其在该段内的平均数，可将它们看作一个整体。采样路径的分段要综合考虑大气粒子浓度和入射的天空光强随高度而产生的变化，使其在段中近似恒定，分段数可根据绘制的精度调整，由此避免了沿视线方向的逐点采样。如图 5 - 5(a)所示，虚线和实线分别表示不同粒子的浓度和入射天空光强随高度变化的情况,我们可以把变化较缓的部分分割成一个区段,将它看作一个整体。

经过以上简化后,我们可以把式(5-14)简化为:

$$I_V = \sum_{j=0}^{N_{sv}} I_V^i \qquad (5-16)$$

如图5-5(b)所示,视线方向上散射到人眼的总光强是视线上 N_{sv} 个采样段中的粒子散射到人眼的天空光强的和。

现在我们来讨论其中任一采样段散射光强 I_v^j 的计算,如图5-5(c)所示。先考虑 SV_j 采样段散射天空光到 s_j 的光强:

$$I_s^j = \int_{s_j}^{s_{j+1}} I_a^j(s_V) \sum_{i=0}^{N_s-1} D_i[\lambda] \rho_{i,j}(s_V) \exp\left[-\sum_{i=0}^{N_s-1} \gamma_i \int_{s_j}^{s_v} \rho_{i,j}(s) ds\right] ds_V \qquad (5-17)$$

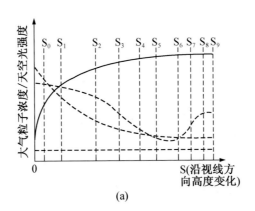

(a)

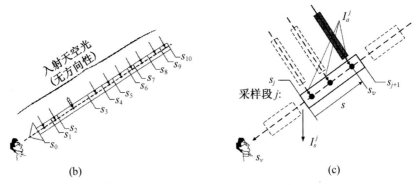

(b) (c)

图5-5 简化雨雾天的大气散射模型。(a) 不同粒子的浓度和入射天空光强
随高度的变化;(b) 把分布在视线方向的粒子分成若干个散射体,入
射到人眼的总光强是天空光经由各个散射体散射后到这视点的光强
和;(c) 任意一散射体的计算

式中：I_a^j 表示入射到 s_V 的天空光强，$D_i[\lambda]$ 表示天空光与 i 粒子交互的相位函数，N_s 表示不同散射性质的粒子个数，$\rho_{i,j}(s_V)$ 表示在 $[s_j, s_{j+1}]$ 采样段中 i 粒子的密度，γ_i 表示 i 粒子的散射系数。内积分取值 s_j 到 s_V 表示该段散射体引起的光强衰减，外积分取值 s_j 到 s_{j+1}，从而获得第 R_j 采样段内所含粒子的散射光强。

如图 5-4(c)所示，在一个采样段中，$\rho_{i,j}(s_V)$，$I_a^j(s_V)$ 可以看成常数，对公式(5-17)作如下简化：

$$I_s^j = I_a^j \frac{1 - \exp\left[-(s_{j+1} - s_j)\sum\limits_{i=0}^{N_s-1} \rho_{i,j}\gamma_i\right]}{\sum\limits_{i=0}^{N_s-1} \rho_{i,j}\gamma_i} \cdot \sum\limits_{i=0}^{N_s-1} \rho_{i,j}D_i[\lambda] \qquad (5-18)$$

光强 I_s^j 从 s_j 位置传输到视点位置还要经过采样路径 SV_0 到 SV_{j-1} 的衰减，于是天空光经 SV_j 采样段散射最终到达人眼的光强可表示为：

$$I_v^j = I_s^j \exp\left[-\sum\limits_{i=0}^{N_s-1} \gamma_i \sum\limits_{j=0}^{N_j-1} \rho_{i,j}(s_{j+1} - s_j)\right] \qquad (5-19)$$

式中：N_j 表示从 R_j 到采样段的个数。当粒子（雨粒子）密度固定时，$\sum$ 中的 ρ 与采样段的高度无关。上式中的 $\sum\limits_{i=0}^{N_s-1} \rho_{i,j}D_i[\lambda]$ 可表示为 $\sum\limits_{i=0}^{N_s-1} \rho_i D_i[\lambda]$，$\sum\limits_{i=0}^{N_s-1} \rho_{i,j}\gamma_i$ 可表示为 $\sum\limits_{i=0}^{N_s-1} \rho_i \gamma_i$，$\sum\limits_{j=0}^{N_j-1} \rho_{i,j}(s_{j+1} - s_j)$ 可表示为 $\rho_i(s_{N_j} - s_0)$。

将式(5-19)代入式(5-14)得到入射到人眼的光线总强度 I_v^{sum}。

（2）地面湿润效果模拟

实际上，下雨时地面的湿润效果主要是由于地面的雨水与光线作用的结果。我们首先采用高度场生成凸凹的地面，并根据高度将地面分为三类区域（Nakamae *et al.*，1990）：干地、湿地、水洼，对于不同的区域采用不同的处理方式。

对于干的区域，主要是地面漫反射，镜面反射很少，因此不会有高光。对于湿的区域，由于水的影响，湿润的地面镜面反射系数增大，其漫反射系数减小，整体反映为带有一定漫反射的镜面反射，以致会形成湿地上模糊的倒影。对于水洼，一部分光折射进入水里，一部分光反射回来进入了人眼。

根据菲涅尔公式，有：

$$R = \frac{1}{2}\left[\frac{\sin^2(i_1 - i_2)}{\sin^2(i_1 + i_2)} + \frac{\tan^2(i_1 - i_2)}{\tan^2(i_1 + i_2)}\right] \qquad (5-20)$$

式中:R 为反射率,i_1 为入射角,i_2 为折射角。如果忽略光线在水中的能量损失,水洼的反射率:$R = R_1 + (1 - R_1)(1 - R_2)$,其中 R_1 为发生第一次折射时(光线由空气射入水中)的反射率,R_2 为发生第二次折射时(光线由水中射入空气)的反射率。

对于其他景物在水洼和湿地上的倒影,首先计算出景物投影到路面的位置和灯影的位置。无论在水面上还是在地面上,倒影都会随着视点的移动而变换。然后将景物的纹理贴到路面上,借助 OpenGL 的混合算法即可实现简单的倒影效果。水洼上的灯影会真实地倒映灯的形状,湿地上的灯影会拉伸,并有减弱的趋势,雨滴的溅落会产生涟漪效果。

5.2.3.2 灯光散射模型

与雨天自然光的散射效果不同,雨夜中路灯、聚光灯更多地反映了人工光与雨雾粒子的交互作用。下面分别讨论路灯和聚光灯的散射模型。

(1) 各向同性点光源(路灯)散射模型

对于点光源的散射,传统上采用基于空间离散的体绘制方法(Nishita *et al.*,1987),即基于光源光照强度的空间分布,对照明空间进行离散采样,采用预计算存储散射强度,并采用硬件加速等方法来加速绘制。但是这些方法必须先对空间采样,计算复杂,存储量大,无法达到实时的绘制速度。同时由于预处理缘故,常常只能针对给定类型的粒子、场景和视点,不易交互改变场景参数来绘制新的效果。为此,我们引入一个新颖的解析方法来精确计算雨雾条件下的单次散射效果。

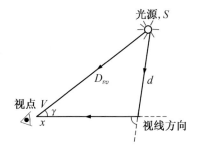

图 5 - 6　点光源散射模型

如图 5 - 6 所示,点光源 S 发光强度为 I_0,与视点 V 相距 D_{sv},SV 与视线夹角为 γ,则人眼在视线方向上接收到的总光强是视线方向上的所有粒子散射光强之和。标准的点光源散射公式为:

$$L(\gamma, D_{SV}, \beta) = \int_0^\infty \beta k(\alpha) \frac{I_0 e^{-\beta d}}{d^2} e^{-\beta x} dx \qquad (5-21)$$

式中:β 表示大气粒子浓度,$k(\alpha)$ 是相位函数,$\frac{1}{d^2}$ 为点光源的发光特性,在整个光线传输路径 $d + x$ 上光强呈指数衰减。

注意到式(5-21)是不可解析计算的,需要用数值计算的方法,这必将耗费大量的计算时间,无法达到实时。

Sun 等(Sun *et al.*,2005)考虑物理参数间的内在联系,通过一系列的参数替换,将上式变换为:

$$L = A_0(D_{SV},\gamma,\beta)\int_{\gamma/2}^{\pi/2}\exp[-A_1(D_{SV},\gamma,\beta)\tan\varepsilon]d\varepsilon \qquad (5-22)$$

对式中各符号说明我们进而将式(5-22)的计算分解成两个部分:① 依赖于场景中物理参数的可解析的数学表达式 A_0,A_1,这里 $A_0(D_{SV},\gamma,\beta)$,$A_1(D_{SV},\gamma,\beta)$ 分别与物理参数 D_{SV},γ,β 相关;② 独立于物理参数的二维数值表。$F(u,v) = \int_0^v\exp(-u\tan\varepsilon)d\varepsilon$,该函数是不可解析的,但它是纯粹数值的(和具体的物理参数无关),所以可以通过预处理的方式,只需计算一次,将其保存到二维表中。

将①②两部分相结合,得到散射光强的计算公式:

$$L = A_0\left[F\left(A_1,\frac{\pi}{2}\right) - F\left(A_1,\frac{\gamma}{2}\right)\right] \qquad (5-23)$$

式中:A_0,A_1 为式(5-22)中的数学表达式,函数 $F\left(A_1,\frac{\pi}{2}\right)$,$F\left(A,\frac{r}{2}\right)$ 可查表得到。

对式中各符号进行说明! 这样,即用具体的解析表达式实现了复杂的体散射模型的实时绘制。

(2) 各向异性点光源(聚光灯)散射模型

前面所述实现了各向同性点光源散射效果的实时绘制。但对于各向异性的光源(如聚光灯),其朝各个方向发出的光照强度并不一致,不能简单地把光源的发光强度看成一个常量,故前面的方法就不再适用了。需要进行特殊的处理,以实现各向异性光源散射效果的实时绘制。

如图 5-7 所示,A 为点光源,在圆锥体 ACE 中发光,中心轴 AD 处光强最强,发光强度随着发射光线方向与中心轴 AD 的夹角的增大而逐渐递减为零(如 AC、AE 处),从而增加了散射光计算的复杂性。同时,因为各向异性光源只在圆锥体内发光,所以在进行散射光强计算时需要考虑照明范围。

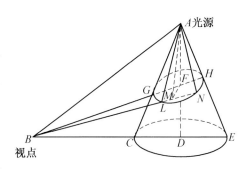

图 5-7 聚光灯散射模型

Nishita 和 Nakamae(Nishita and Nakamae,1986)提出了各向异性光源的光强分布表达式 $I(\theta) = I_0 [(1-q)(\cos\theta - \cos A)/(1 - \cos A) + q]$,其中 I_0 为中心光轴的发射光强,θ 为发射光线与中心轴偏转角,A 为发光的最大圆锥角,q 为控制边缘柔和系数。在此我们取 $q=0$,光强柔和递减。

由图 5-7 所示各向异性光源的散射光强表达式为:

$$L(\theta, D_{SV}, \beta, \gamma^*) = \int_{BL}^{BN} \beta k(\alpha) \cdot \frac{I_0(\cos\theta - \cos A) e^{-\beta d}}{d^2(1 - \cos A)} \cdot e^{-\beta x} \, dx$$

$$= \int_{BL}^{BN} \beta k(\alpha) \cdot \frac{I_0 \cos\theta e^{-\beta d}}{d^2(1 - \cos A)} \cdot e^{-\beta x} \, dx - \int_{BL}^{BN} \beta k(\alpha) \cdot \frac{I_0 \cos A e^{-\beta d}}{d^2(1 - \cos A)} \cdot e^{-\beta x} \, dx = L_1 - L_2$$

$$(5-24)$$

式中:γ^* 为 AB 与视线方向 BN 的夹角,$I_0(\cos\theta - \cos A)/(1 - \cos A)$ 为发射光强(随发光方向与中心轴的夹角变化)。可由 BL 及 BN 确定照明范围,在视线 BN 方向上,只有 LN 段间的大气粒子与光线进行散射,其他参数的物理含义和式(5-21)相同。L_2 式中的光强为常数,可用各向同性点光源(路灯)散射模型中的方法进行计算,我们把注意力放到 L_1 的计算上,即:

$$L_1(\theta, D_{SV}, \beta, \gamma^*) = \int_{BL}^{BN} \beta k(\alpha) \frac{I_0 \cos\theta e^{-\beta d}}{d^2(1 - \cos A)} e^{-\beta x} \, dx \qquad (5-25)$$

根据余弦定理,可得

$$d = \sqrt{D_{SV}^2 + x^2 - 2x D_{SV} \cos\gamma^*} \qquad (5-26)$$

基于图 5-6 所示三角关系,可得 $\cos\theta$ 的表达式(参见图 5-5)。把相位函数 $k(\alpha)$ 归一到 $1/4\pi$(此方法也能扩展到一般的相位函数表达式(Sun et al., 2005)),则式(5-25)变为:

$$L_1(\theta, D_{SV}, \beta, \gamma^*) = \frac{\beta I_0 D_0}{8\pi\sin\alpha(1 - \cos A)} \int_{BL}^{BN} \frac{e^{-\beta d}}{d^3} \cdot e^{-\beta x} \, dx$$

$$- \frac{\beta I_0 D_1}{4\pi\sin\alpha(1 - \cos A)} \int_{BL}^{BN} \frac{x e^{-\beta d}}{d^3} \cdot e^{-\beta x} \, dx$$

$$(5-27)$$

显然,只需要求解出式(5-27)即可得到任意位置的光线强度,但是式(5-27)不能解析求解。一种最直观的想法是把上述表达式分解为两个表达式,一个是与物理参数有关的可解析的表达式,另一个是独立于物理参数的二维数值表,这样就可以直接求出式(5-27)的值,而不必沿袭传统的体绘制方法。

对此,我们先用表达式 $t = \beta x$,$T_{SV} = \beta D_{SV}$ 来替换积分式,这样做消除了 β 与距

离的依赖关系,在一定程度上降低了复杂度;然后再用 $z = t - T_{SV}\cos\gamma^*$ 来替换,可得:

$$L_1 = A_0(T_{SV}, \gamma^*, \beta) \int_{\sin\left[\arctan\left(\frac{\beta BL - T_{SV}\cos\gamma^*}{T_{SV}\sin\gamma^*}\right)\right]}^{\sin\left[\arctan\left(\frac{\beta BN - T_{SV}\cos\gamma^*}{T_{SV}\sin\gamma^*}\right)\right]} e^{-A_2(T_{SV}, \gamma^*) \cdot \frac{1+x}{\sqrt{1-x^2}}} dx + A_1(T_{SV}, \gamma^*, \beta) FL$$

$$(5-28)$$

其中

$$A_0(T_{SV}, \gamma^*, \beta) = \frac{\beta^3 I_0 D_0 e^{-T_{SV}\cos\gamma^*}}{8\pi\sin\alpha T_{SV}^2 \sin^2\gamma^* (1-\cos A)} - \frac{\beta^2 I_0 D_1 \cos\gamma^* e^{-T_{SV}\cos\gamma^*}}{4\pi\sin\alpha T_{SV} \sin^2\gamma^* (1-\cos A)}$$

$$(5-29)$$

$$A_1(T_{SV}, \gamma^*, \beta) = \frac{\beta^2 I_0 D_1 e^{-T_{SV}\cos\gamma^*}}{4\pi\sin\alpha T_{SV}\sin\gamma^* (1-\cos A)} \qquad (5-30)$$

$$A_2(T_{SV}, \gamma^*) = T_{SV}\sin\gamma^* \qquad (5-31)$$

式中:FL 是一个条件积分,具体形式参见《基于物理模型的自然景物真实感绘制》(王长波,2006)。

尽管式(5-28)看起来仍很复杂,但实际上已经是一个很简单的形式,因为我们已经将大部分物理因子从被积函数中有效地分离出来,更重要的是,A_0,A_1,A_2 是与 x 无关的,所以在被积函数中可以视为常数。

我们设定如下的几个特殊函数来替代式(5-28)中不可解析的积分式:

$$F_0(u,v) = \int_0^v \exp(-utg\varepsilon)d\varepsilon, F_1(u,v) = \int_0^v \exp\left(-u\frac{1+\varepsilon}{\sqrt{1-\varepsilon^2}}\right)d\varepsilon,$$

$$F_2(u,v) = \int_1^v \exp\left(-u\frac{1-\sqrt{1-\varepsilon^2}}{\varepsilon}\right)d\varepsilon, F_3(u,v) = \int_1^v \exp\left(-u\frac{1+\sqrt{1-\varepsilon^2}}{\varepsilon}\right)d\varepsilon$$

$$(5-32)$$

这四个函数虽然是不可解析的,但它们是纯数值的(和具体的物理参数无关)。如图 5-8 所示,平面坐标分别表示 u 和 v 的取值,其中 $0 \leqslant u \leqslant 10$,$v$ 的取值由函数 F_0, F_1, F_2, F_3 的积分界值决定,分别为 $0 \leqslant v \leqslant \pi/2$,$-1 \leqslant v \leqslant 1$,$0 \leqslant v \leqslant 1$,$0 \leqslant v \leqslant 1$。图 5-8(a)、(b)、(c)、(d)的纵坐标分别表示 F_0, F_1, F_2, F_3 不可解析函数的积分值,可以看到各个函数的取值是平滑、有界的,所以可以通过预处理的方式,只需计算一次,将其保存到二维数值表中,绘制时实时调用即可。

综上所述,我们把一个看起来计算量很大的各向异性光源单散射公式(5-28)转换成一个与场景中物理参数相关的可解析公式和一个不可解析但独立于物理参数的二维数值表,从而实现了复杂的各向异性光源单散射效果的实时计算。我们的方法能应用到各种场景,能交互变换视点、光照和大气粒子浓度。

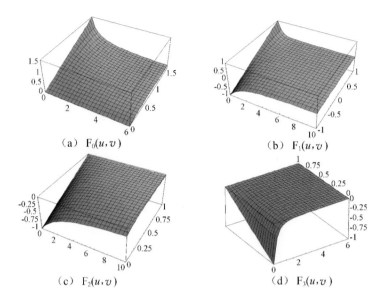

(a) $F_0(u,v)$ (b) $F_1(u,v)$

(c) $F_2(u,v)$ (d) $F_3(u,v)$

图 5-8 指定函数 $F_0(u,v)$, $F_1(u,v)$, $F_2(u,v)$, $F_3(u,v)$ 的三维数值表示;x,y 平面表示 u,v 的取值,纵坐标表示对应的函数值。(a) $F_0(u,v)$;(b) $F_1(u,v)$;(c) $F_2(u,v)$;(d) $F_3(u,v)$

5.2.4 下雨场景的绘制

本节介绍基于视觉暂存的雨线绘制和基于人眼的衍射效果、光强颜色转换及场景绘制流程。

5.2.4.1 考虑视觉暂留的雨线绘制

在上面各节中,我们已经能够模拟雨滴的形状和外观,然而在雨天,人眼看到的常常是雨线,而不是雨滴,这是由于人眼的视觉暂留效应。下面介绍基于视觉暂留的雨线绘制方法。

(1) 基于视觉暂留的雨线模型

视觉暂留是人眼的视觉特征之一,如图 5-9(a)所示,图中矩形表示进入眼睛的光信号强度,虚线表示人眼感受到的光信号强度,光信号从 A 点开始刺激眼球,AB 时间段为能量积累的过程,在 B 点达到视觉亮度最大值;如果光信号刺激强度不变,则眼球感知的视觉亮度将保持稳定。光信号结束后,人眼上接收到的能量需经过一定时间才能消失,在这段时间内视觉亮度依然存在,但会随着时间的推移(BC 时间段)而逐步减弱,这个过程被称作人眼的视觉暂留效应。

空中下降的雨滴同样在人眼中产生视觉暂留效应,雨滴轨迹在人眼中形成雨线图,雨滴下落某一瞬间的图像在人眼中残留约 $60\sim200\text{ms}$ 后消失。

图 5-9(a)描述了人眼感知的雨滴光信号强度随时间的变化,图 5-9(b)显示了下落的雨滴在人眼感知的视觉暂留的时间内形成雨线的过程。

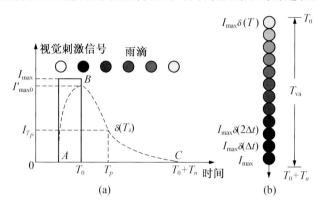

图 5-9　雨线形成过程。(a)人眼的视觉暂留机理;
(b)雨线上各时刻雨滴的视觉信号强度计算

(2)一条雨线的视觉形状

Garg 和 Rousseau 等人(Garg,2006;Rousseau,2006)通过对雨滴的精确采样来绘制雨滴,每个雨滴由超过 10000 个顶点的三角形网格表示,绘制非常耗时。这里将依据雨滴下落的轨迹和人眼视觉暂留的衰减模型来计算雨线上各点的视觉信号强度。

如图 5-9(a)所示,假设在 T_0 时刻人眼感知的雨滴的视觉信号强度为 $I_{\max}$,则在 T_p 时刻,该雨滴的视觉信号强度 $I_{T_p} = I_{\max}\delta(T_p)$,衰减因子 $\delta(T_p)$ 可以根据人眼的视觉响应曲线预先计算得到。图 5-9(b)显示了一个雨滴在下降的不同时刻在人眼视网膜上留下的图像,由于视觉暂留,它们连成雨线;如果两条或者更多的雨线在相同像素位置上重叠,则它们在人眼中的视觉信号强度将叠加。

(3)雨线的长度

雨线的长度由两方面因素决定:一是雨滴下落的速度,二是视觉暂留延迟时间。雨滴下落速度由雨滴的半径及雨滴的运动方程决定。根据实验,人眼的视觉暂留时间范围在 $0.05\sim0.2\text{s}$ 之间(Garg and Nayar,2004),这里我们取视觉暂留时间为 0.1 秒。雨线长度 L 可以表示为:$L = V_s(a) * T_{va}$,其中 $V_s(a)$ 是半径为 a 的雨滴的自由下落速度,T_{va} 是视觉暂留延迟时间(见图 5-9(b))。显然,不同半径的雨滴下降时将形成不同的雨线长度。当两个雨滴发生碰撞,或者被风吹后,可能发生雨滴融合或者分裂,从而形成新的雨线。

　　注意雨滴在下落过程中会受到气流的影响,因此雨线的轨迹并不总是一条直线,甚至可能是不连续的。下面我们引入雨滴的震荡模型。雨滴的震荡是由气流产生的空气动力和雨滴的表面张力引起的,Frohn 等(Frohn *et al.*,2002)使用多种球形谐波的组合模式来表示雨滴的震荡,但实时渲染这个模型的计算很复杂,雨滴的震荡主要呈现为 3 种形状,因此为了快速建立雨滴震荡模型,我们使用三种形状雨滴的随机编号来替代初始雨滴形状,用以干扰雨线的稠密度来实现简单的效果。

　　图 5 - 10 是我们的方法与其他方法所绘制雨线的对比结果,图 5 - 10(a)是在未考虑视觉暂留效应的情况下由 OpenGL 中的线绘制函数直接渲染得到的,从上到下取均匀颜色;图 5 - 10(b)由灰度的线性插值渲染得到;图 5 - 10(c)是考虑视觉暂留和震荡得到的结果。由此可以看出,我们的模型所生成的雨线在形状和色彩上更逼真。

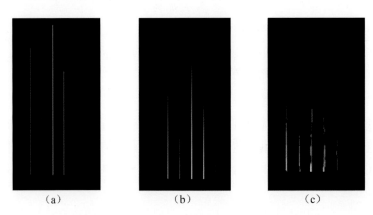

（a）　　　　　　　　（b）　　　　　　　　（c）

图 5 - 10　模拟雨线图。(a) OpenGL 中线绘制函数渲染的雨线;(b) 由灰度线性插值渲染的雨线;(c) 考虑视觉暂留和震荡后渲染的雨线

5.2.4.2　考虑人眼衍射的光线绘制

　　人眼由于瞳孔和眼睫毛的特殊结构,在接收强光(如路灯光、车灯光)时,在视觉系统中会产生圆孔衍射和光栅衍射效果,形成平时看到的路灯周围的光晕和光芒。在光线效果的绘制中,增加衍射效果能有效地提高场景的真实感。

　　Nakamae 等(Nakamae *et al.*,1990)模拟了车灯的衍射效果,但是他们没有考虑人眼对于衍射光的分辨能力。当我们观察车灯时,两个前向车灯发光,同时在人眼中产生衍射效果。当车距离视点很远时,只能看到一个很大的圆形光亮斑;当车向视点方向驶来时,光亮斑逐渐变成椭圆形,最后分成两个可分辨的光亮斑。Rayleigh 判据可用来解释这个现象:当一个发光点的衍射斑中心位于另一个发光点的衍射斑边缘(第一衍射极小)时,恰可分辨两物。此时两个发光点(两个前向灯)对人眼中心所张的角 δ 称为最小分辨角。$\delta = 1.22\dfrac{\lambda}{D}$,$\lambda$ 为发射光的波长,D 为瞳孔的直径。发光点与人眼中心的张角决定了衍射光斑的光能分布,可根据车和视点以及两车灯之间的距离,实时计算出衍射光强的分布叠加,从而绘制出逼真的车灯衍射效果。

5.2.4.3　基于视觉的光强颜色转换

根据前面的思想,已可以求出光线与雨雾交互作用后进入人眼的光谱强度分布。但要绘制逼真的散射效果,还必须将该光谱能量转化为人眼可感知的颜色。

根据人眼视觉理论:人眼对图像上中等亮度区域的灰度变化较为敏感,而对高亮度及低亮度区域的灰度变化不大敏感。也就是说人眼对于高能量光亮度区域和低能量光亮度

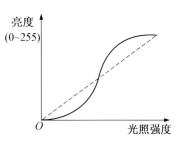

图 5-11　能量—亮度强度转换

区域的分辨率大大低于中等能量光亮度区域的分辨率。因此,传统的能量与亮度的线性转换方法并不符合人眼的视觉特征。为此我们提出一种基于人眼视觉的能量—亮度转换模型,如图 5-11 所示,虚线为传统的线性转换曲线,我们在这里采用类似于双对数的曲线来模拟,公式如下:

$$\begin{cases} 255[\log(x-a)+b], & x \geqslant a+1 \\ 255[-\log(-x+a+2)+b], & x < a+1 \end{cases} \quad (5-33)$$

式中:x 为光照强度;a,b 为曲线变形参数,并且满足如下条件 $10^b = a+2$,$10^{1-b} = I_{max} - a$,I_{max} 为最大光照强度。这样可使模拟出的散射效果更加逼真,更加符合人眼的视觉感知。

5.2.4.4　场景绘制

由于雨景与周围环境关系很大,因此绘制时也要使雨景与其他景物能够无缝拼接,逼真自然。这里我们采用整体绘制的方法。

首先建立三维场景,包括建筑物、田野、公路、路灯等模型,然后构造雨滴的形态,并考虑雨滴的特征,模拟不同雨量下雨滴的大小分布、下落终速度以及风速对于雨滴的影响;然后计算大气散射和灯光散射,通过预处理和简化技术,快速计算出进入视点的光能。当雨滴落到地面时,绘制涟漪及地面湿润效果。最后交互地改变天气条件,包括雨量的大小、光源方向、下雨时刻等,就可以绘制出

不同条件下的动态雨景,并能够交互地在场景中进行漫游观察。

5.2.5 结　　果

　　基于上面的方法,我们建立了雨的形态及运动模型,模拟了雨与周围环境包括大气、灯光、地面、风等的交互作用。同时我们在浙江大学 CAD&CG 国家重点实验室的 P4 3.0,1G RAM,NVIDIA Geforce 6800 显卡的微机上实现了不同条件下动态雨景的真实感模拟,绘制速度为平均 26f/s。

　　图 5-12 绘制的是白天雨场景的动态漫游效果,其中图(a)为雨不太大的情景,可以看到此时能见度比较高;图(b)为大雨时的场景,雾很浓。采用我们方法

|(a)|(b)|

图 5-12　白天动态雨场景。(a) 中雨(雾较淡);(b) 大雨(雾很浓)

绘制的雨雾效果远优于直接采用 OpenGL 的雾函数的绘制效果。图 5-13 绘制的是夜晚雨场景的动态漫游效果,不同的灯光在雨场景中产生了逼真的散射及衍射效果,包括自然光散射、路灯、车灯、聚光灯以及地面湿润效果等。图 5-14 为不同时刻、不同降雨量下的雨场景动态变化过程,图(a)为小雨,图(b)为中雨,图(c)为大雨,图(d)为雨过天晴。图 5-15 是下雨时水面的涟漪效果。从模拟结果可以看出,我们的绘制效果非常逼真。

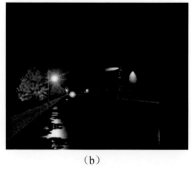

|(a)|(b)|

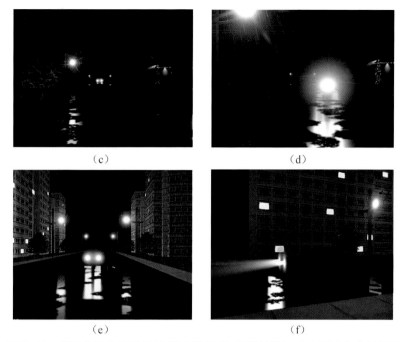

图 5-13　夜晚的动态雨场景(包括各种散射、衍射效果)。(a) 雨中汽车的远观
效果(车灯呈单圆形);(b) 雨中汽车的远观效果(车灯呈椭圆形);
(c) 雨中汽车行驶渐近的效果(两车灯分离);(d) 车灯直射到观察者
眼睛时的效果;(e) 行驶更近时的效果;(f) 汽车驶近时的侧视效果

图 5-14　不同时刻不同降雨量的动态雨场景变化。(a) 小雨(无风);
(b) 中雨(风向右);(c) 大雨(风向左);(d) 雨过天晴

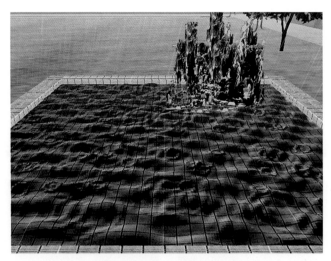

图 5 - 15　下雨时的水面涟漪

5.3　飘雪场景的模拟

风雪场景的计算机模拟在现实生活中意义很大。风和雪的防治是自然灾害防治中的一个重要课题。强降雪会严重阻碍公路和铁路交通。在山区,位置不恰当的挡风板和建筑物会引发雪崩,因此,为了预测雪的沉积,人们往往花费数年甚至更长时间来进行观测。值得注意的是,不同地域获得的数据没有重用性,对于地形不同或者风场特征不同的情况,需要重新观测。因此,对风雪交互作用的真实感模拟可以帮助人们预测风过后雪沉积的位置,对防治公路积雪、保护山区设施、保证交通畅通有重要作用,进而预防雪崩。

然而,对于像风场、飘雪这些不规则运动物体的模拟至今尚无统一的方法。同时,由于雪花自身很轻,随风飘动时受到风场及漩流等的交互作用,其飘动过程既具有一定的规律性,又有很大的随机性,非常复杂,而雪在地面上的沉积也受到重力、侵蚀等诸多因素的影响,因此采用传统的图形学方法构造和绘制风雪场景困难很大。

5.3.1　相关工作

至今为止,模拟冬天雪景的研究工作还不太多。Reeves(Reeves,1983)最早采用粒子系统来模拟降雪,但由于规则简单,所以构造的场景真实感不强。Nishita 等(Nishita *et al.*,1997)采用 Metaball 来构造和绘制积雪场景,并模拟了光线在雪表面的散射。Fearing(Fearing,2000)介绍了一个复杂的积雪模型和稳定性模型来构造由几何面表达的雪,绘制出迄今为止最漂亮的虚拟积雪场景,但其建模过程和场景数据非常复杂,绘制速度很慢。Premoze 等(Premoze *et al.*,1999)在绘制阿尔卑斯山时考虑了高山的积雪构造,但由于尺寸大,所以绘制效果比较粗糙。陈彦云等(陈彦云等,2006)采用体纹理映射和位移映射技术构造出较为逼真的积雪场景。Ohlsson(Ohlsson,2004)采用深度图片来计算地面上每个网格处雪的数量,并进行遮挡剔除,较快地绘制出积雪场景,但仍需要大量的预处理工作。Feldman 和 O'Brien(Feldman and O'Brien,2002)通过求解三维 Navier-Stokes 方程来模拟雪在地面上的沉积效果,但其真实感稍显不足。Haglund 和 Hast(Haglund and Hast,2002)用三角面片来模拟雪片,并通过计算一个记录每个采样点雪高度的矩阵来模拟雪的沉积过程。Thiis(Thiis,2003)对雪在大型建筑物周围的沉积效果进行了数值模拟。

上述工作大多侧重于积雪效果的模拟,对飘雪场景及风雪的交互作用则很少涉及。目前对飘雪和风雪交互作用的研究主要限于数值模拟,如 Masselot 和 Chopard(Masselot and Chopard,1995)分析了风对雪的作用,但仅限于二维,而且没有给出较为逼真的模拟场景;Sumner 等(Sumner *et al.*,1999)通过不同高程的压力来计算雪沉积对地面形状的影响,着重于物理特性的模拟;Langer 和 Zhang(Langer and Zhang,2003)采用三维逆傅立叶变换对场景图像进行处理,并用一系列二维图像序列重建出下雪的场景,但该方法实际上是一种图像处理的方法,由于没有考虑风雪的交互作用,所以真实感不强;Corripio 等(Corripio *et al.*,2004)对雪在风力作用下的飘移效果进行了简单的数值模拟;对于风场的模拟,Wejchert 和 Haumann(Wejchert and Haumann,1991)建立了一个基于空气动力学的风场模型,但计算量较大;Wei 等(Wei *et al.*,2003)模拟了羽毛在风中的运动。

本节在充分考虑风雪具体物理特性的基础上,对经典的 Boltzmann 方程进行离散,建立了基于微观动力学的三维风场模型;在综合考虑风雪交互作用的基础上,给出了风对雪的传输、侵蚀机理及雪的沉积规则,并经过适当的简化加速,实时地绘制出不同大小、不同方向风速下真实感较强的风雪场景。

5.3.2　风场模型

在研究风雪场景的计算机模拟时,风场模型的建立是最重要的环节。一方面要模拟出自然界中真实的风场;另一方面要减少计算量,以便可以实时地生成飘雪场景。

众所周知,风即流动的空气。空气的运动既有很强的规律性,又受到很多随机因素的影响。研究宏观风场的动力学特性，一般有两种不同的途径（Wylie，1984）：一种途径是以连续介质为基本假设，认为流体质点连续地充满了流体所在的整个空间，遵循质量、动量、能量守恒定律，并借助于其扩散、黏性等输运特性建立流体力学方程，其中最经典的就是 Navier-Stokes 微分方程。由于Navier-Stokes 方程组是非线性方程组，很多情况下都难以求出解析解，要实时求解包括漩流和风雪交互作用的风场十分困难。另一种途径是以统计物理学为基础的微观力学方法。这一方法是从流体由大量的微观粒子所构成这一事实出发，认为流体的宏观特性是这些大量微观粒子运动的统计平均结果。统计物理学研究的并不是某个粒子的运动特性，而是研究由这些粒子所组成的粒子微团的分布变化规律。1872 年，Boltzmann 从分子运动论和统计物理的理论出发，推导出来的微分积分型的 Boltzmann 方程能很好地描述粒子微团的分布变化规律（Chapman and Cowling，1970）。由于 Boltzmann 方程是从微观动力学的角度来描述的，所以比从连续介质假设导出的 Navier-Stokes 方程有更深的物理内涵。Chapman 和 Enskog 的研究表明，Navier-Stokes 方程只是 Boltzmann 方程的一个低阶近似（Chapman and Cowling，1970）。

Boltzmann 方程的表达式如下：

$$\frac{\partial f}{\partial t} + \xi_1 \frac{\partial f}{\partial x} + \eta \frac{\partial f}{\partial y} + \xi \frac{\partial f}{\partial z} + X \frac{\partial f}{\partial \xi_1} + Y \frac{\partial f}{\partial \eta} + Z \frac{\partial f}{\partial \xi} + \int \mathrm{d}\omega_1 \int b \mathrm{d}b \int \mathrm{d}\varphi V(ff_1 - f'f'_1) = 0$$

$$(5-34)$$

式中：$f = f(r,v,t)$ 为分布函数，$v = v(\xi,\eta)$ 为粒子的速度，$r = r(x,y,z)$ 为粒子的坐标，$F = F(X,Y,Z)$ 为作用在粒子上的外力，f 和 f_1 分别为碰撞前后两粒子速度的分布函数，V,φ,b,ω_1 为表示碰撞期间两粒子相对运动的变量，$\mathrm{d}\omega_1$ 为 $\mathrm{d}\xi_1,\mathrm{d}\eta,\mathrm{d}\xi$ 的简写。它实际上把分布函数的变化率 $\frac{\partial f}{\partial t}$ 归结为连续运动（中间的六项）和碰撞（末项）两个因素。

从 Boltzmann 方程的表达式看，该式求解也非常困难。为此我们引入离散运动论的思想，即认为流场是运动粒子的宏观效应，对时间和空间进行离散，将风流场划分为网格，格点处沿有限个采样方向运动的空气粒子状态由分布函数描述。我们假定 Boltzmann 方程中的粒子沿网格线运动，并在网格点上根据一定的规则相互碰撞，各格点上粒子分布动态演化在宏观上反映了空气粒子的运动规律。该法解决了纯自动机所引起的统计噪音较大的问题。在任一格点上，我们用在 $[0,1]$ 上连续取值的 f_i 来描述粒子出现的概率，而非离散的 $F_i \in \{0,1\}$。

则可以由 Boltzmann 方程式(5－34)导出无外力项的离散速度 Boltzman 方程(Bhatnagar *et al*.,1991)：

$$\frac{\partial f_i}{\partial t} + e_i \nabla f_i = \Omega_i \qquad (i = 0,1,\cdots,b) \qquad (5-35)$$

式中：e_i 为粒子运动速度；f_i 是分布函数，表示以速度 e_i 运动的粒子数；Ω_i 是碰撞函数，反映粒子间相互碰撞的影响。每个离散粒子可有 $b+1$ 个运动方向，其中 $e_0 = 0$ 对应于静止粒子。

根据 Boltzmann 的 H 定理，处于非平衡态的系统总是以绝对的优势几率趋向平衡态(Chen and Doolen,1998)，即由于粒子的运动和碰撞，各粒子在离散的时间步上从一个格点移动到另一格点，且弛豫地趋于平衡，在该过程中遵守质量和动量守恒。因此可以采用 BGK 近似(Bhatnagar *et al*.,1991)，将 Ω_i 这个非线性项用线性算子代替：

$$\frac{\partial f_i}{\partial t} + e_i \nabla f_i = \frac{1}{\tau}(f_i^{\text{eq}} - f_i) \qquad (5-36)$$

该式右项被称为 BGK 碰撞项，其中 f_i 是当前的粒子数密度，f_i^{eq} 称为局部平衡分布函数，τ 是弛豫时间，反映了非平衡态趋向平衡态的快慢。

将方程(5－36)离散化，得：

$$\frac{\left[f_i(x,t+\Delta t) - f_i(x,t) \right]}{\Delta t} + \frac{\left[f_i(x+e_i\Delta t,t+\Delta t) - f_i(x,t+\Delta t) \right]}{e_i \Delta t}$$

$$= \frac{1}{\tau} \left[f_i^{\text{eq}}(x,t) - f_i(x,t) \right] \qquad (5-37)$$

上式的左项表示了由分布函数 f_i 描述的空气粒子由网格点 x 向 $x+e_i$ 的迁移，e_i 就是迁移的速度，同时 $|e_i|$ 也是离散后的两格点间距离。

如果采用二维米字形格子(Wylie,1984)，即离散粒子可以沿着如图 5－16所示的 8 个方向运动，也可以在 0 处静止不动，则(5－37)式具体为：

$$f_i(t+\Delta t,x_a + \boldsymbol{c}_i\Delta t) - f_i(t,x_a) = \frac{1}{\tau}\left[f_i^{\text{eq}}(t,x_a) - f_i(t,x_a) \right], i = 0,1,2,\cdots,8$$

$$(5-38)$$

这里，$f_i(t,x)$ 的定义是：在时刻 t、位置 x 处，运动速度为 $\boldsymbol{c}_i$ 的粒子的密度。上式即为 Boltzmann 方程的 Bhatnagar-Gross-Krook(BGK)近似。

整个过程可以分解成两步(Clappier,1991)：

（1）碰撞阶段：

$$\widetilde{f}_i(t,x_a) = f_i(t,x_a) - \frac{1}{\tau}[f_i(t,x_a) - f_i^{eq}(t,x_a)] \qquad (5-39)$$

（2）传播阶段：$f_i(t+\Delta t,x_a+c_i\Delta t) = \widetilde{f}_i(t,x_a)$，其中 $\widetilde{f}_i$ 表示由分布函数描述的各空气粒子的碰撞后状态。

碰撞阶段是完全局部的，且传播阶段的计算量很小。以上两个方程是显式的，故很容易实现。

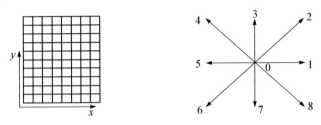

图 5 - 16　二维网格剖分及离散速度向量

于是，在每个格点处，空气粒子的密度 ρ 和宏观速度 u 可用分布函数表示如下：

$$\begin{cases} \rho(x,t) = \sum_{i=0}^{8} f_i(x,t) \\ u_a(x,t) = \frac{1}{\rho}\sum_{i=0}^{8} c_i f_i(x,t) \end{cases} \qquad (5-40)$$

现在我们来确定局部平衡分布函数 f_i^{eq}。它是由空气粒子局部密度 ρ 和速度 u 决定的，并且根据空气动力学的空气输送理论，在大气层底部的空气运动速率符合一个 Fermi-Dirac 分布（Masselot，2000）：

$$f_i^{eq} = \frac{1}{1 + \exp(-A - \boldsymbol{B} \cdot \boldsymbol{c}_i)} \qquad (5-41)$$

其中的 A 和 $\boldsymbol{B}$ 保证局部密度 ρ 和速度 u 守恒。对它作 Taylor 二阶展开，得到如下形式（Chen and Doolen，1998）：

$$\begin{cases} f_i^{eq} = \omega_i\rho(A_0 + A_1 c_{ia}u_a + A_2 c_{ia}c_{i\beta}u_a u_\beta + A_3 U^2), \ i=0,1,2,\cdots,8 \\ f_0^{eq} = \rho(B_0 + B_3 u^2) \end{cases} \qquad (5-42)$$

式中：下标 a,β 表示 $\boldsymbol{c}_i$ 的 x,y 坐标分量，采用张量记法，每一项中相同下标表示求和；$U = \sqrt{u^2+v^2}$；$\omega_i, A_0, A_1, A_3, B_0, B_3$ 等均为待定系数。由于空气粒子在运动过程中始终满足质量和动量的守恒：$\sum_i \Omega_i = 0, \sum_i \Omega_i \boldsymbol{c}_i = 0$，将式（5-40）

代入即得：

$$\sum_i f_i^{\text{eq}} = \rho, \sum_i \boldsymbol{c}_i f_i^{\text{eq}} = \rho u_i \qquad (5-43)$$

将式(5-42)代入式(5-43)，同时考虑到米字型网格的对称性规律，可以确定近地风场情况下式(5-42)中所对应待定系数的取值：$\omega_0 = 4/9$(静止粒子)，$\omega_1 = \omega_3 = \omega_5 = \omega_7 = 1/9$(水平和垂直粒子)，$\omega_2 = \omega_4 = \omega_6 = \omega_8 = 1/36$(对角线粒子)，$A_0 = \rho/2, A_1 = 9/2, A_3 = -3/2, B_0 = 1 - (5/18)\rho$，$B_3 = -2/3$。

更加常见的 Taylor 二阶展开的表达式为(Masselot, 2000)：

$$f_i^{\text{eq}} = \rho \, \omega_p \left[1 + \frac{c_{i\alpha} u_\alpha}{c_s^2} + \frac{1}{2} \left(\frac{c_{i\alpha} u_\alpha}{c_s^2} \right)^2 - \frac{u_\alpha u_\alpha}{2c_s^2} \right] \qquad (5-44)$$

该式与式(5-42)本质上是相同的。其中 u_α 是 u 的 α 维分量，c_s 是音速，ω_p 是权重，关于矢量 $\boldsymbol{c}_i$ 满足条件 $p = p(i) = \parallel \boldsymbol{c}_i \parallel^2$。这些参数随着所使用的模型不同而不同，且必须满足基本的守恒定理和各向同性的特性。

不难证明，从上面推导出的离散微观动力学方程可以恢复出如下的宏观动力学方程：

$$\begin{cases} \dfrac{\partial \rho}{\partial t} + \dfrac{\partial \rho u}{\partial x} + \dfrac{\partial \rho v}{\partial y} = 0, \\[2mm] \dfrac{\partial u}{\partial t} + u \dfrac{\partial u}{\partial x} + v \dfrac{\partial u}{\partial x} = -\,g \dfrac{\partial \rho}{\partial x} + fv, \\[2mm] \dfrac{\partial v}{\partial t} + u \dfrac{\partial v}{\partial x} + v \dfrac{\partial v}{\partial y} = -\,g \dfrac{\partial \rho}{\partial y} - fu \end{cases} \qquad (5-45)$$

式(5-45)即经典的空气动力学连续方程 Navier-Stokes 方程。因此，我们的离散风场计算方法完全可以逼真地模拟风场的连续变化。该方法继承了原 Boltzmann 方程的物理本质，在保留了离散运动算法的简单性优点的同时，又克服了其非伽利略不变性和计算噪声等缺点，具有精度高、容易考虑微观的动力机制等优点。

5.3.3 风雪场景的建模

5.3.3.1 风场建模

风雪场景的建模可以分为两个主要组成部分：一是风场的建模，二是雪花的建模及其与风的交互作用。

（1）三维风场模型

由于我们要模拟的是真实感的风雪场景，所以将上面的风场构造方法扩展到三维。如图 5-17 所示，将三维空间离散成网格，总的格点数是 $N_x \times N_y \times$

N_z。在每个网格格点处,风场分布用 $F_i(r, t)$ 表示,r 是格点,t 代表时间,风流体可能沿 i 个方向运动,F_i 是沿 i 方向运动的空气粒子密度,c_i 表示方向。

三维情况下的网格模型(Chopard *et al.*,2000)有多种,如 $D3Q15$、$D3Q19$、$D3Q27$ 等($D3$ 表示三维,Qq 表示在每个元胞处,粒子有 q 个不同的运动方向)。各种模型的参数详见表 5-2)。

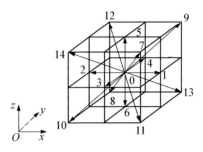

图 5-17　三维风场离散速度向量

表 5-2　$DdQq$ 模型的各个参数 [①]

	ω_0	ω_1	ω_2	ω_3	ω_4	c_s^2	C_2	C_4
$D1Q3$	2/3	1/6	0	0	0	1/3	1/3	1/9
$D1Q5$	1/2	1/6	0	0	1/12	1	1	1
$D2Q7$	1/2	1/12	0	0	0	1/4	1/4	1/16
$D2Q9$	4/9	1/9	1/36	0	0	1/3	1/3	1/9
$D3Q15$	2/9	1/9	0	1/72	0	1/3	1/3	1/9
$D3Q19$	1/3	1/18	1/36	0	0	1/3	1/3	1/9
$D3Q27$	1/3	0	1/36	0	0	1/3	1/3	1/9

这里为了加快计算速度,以便实时模拟风场,我们采用图 5-17 所示的 $D3Q15$ 模型,即离散网格速度的方向从 $i=0$ 到 $i=14$。每个格点处的空气粒子的流动方向 $\boldsymbol{c}_i$ 的取值如下(Mei *et al.*,2000):

$$\boldsymbol{c}_i = \begin{cases} (0,0,0), & i=0,\text{静止粒子} \\ (\pm 1,0,0)c,(0,\pm 1,0)c,(0,0,\pm 1), & i=1,2,\cdots,6;Group\ \text{I} \\ (\pm 1,\pm 1,\pm 1)c, & i=7,8,\cdots,14;Group\ \text{II} \end{cases}$$

(5-46)

每个格点处的风流场密度为:$\rho = \sum\limits_{i=0}^{14} F_i$;速度场为:

---

① $DdQq$:d 是维数,q 是粒子不同速度方向的数目。ω_p 是和方向 c_i 相关的权重,其中 $p = \|\ c_i\ \|^2$。c_s^2 是音速平方。C_2,C_4 对于任意的 α,β,δ 和 γ,满足:

$\sum\limits_{i=1}^{q} \omega_{\|\ C_i\ \|} C_{i\alpha} C_{i\beta} = c_s^2 \delta_{\alpha\beta}$ 和 $\sum\limits_{i=1}^{q} \omega_{\|\ C_i\ \|} C_{i\alpha} C_{i\beta} C_{i\delta} C_{i\gamma} = C_4 (\delta_{\alpha\beta}\delta_{\gamma\delta} + \delta_{\alpha\gamma}\delta_{\beta\delta} + \delta_{\alpha\delta}\delta_{\beta\gamma})$,其中 $\delta_{\alpha\beta}$ 是 Kronecker 函数。

$$u = \frac{1}{\rho} \sum_{i=0}^{14} F_i c_i \qquad (5-47)$$

与式(5-38)类似,三维离散的风场动力学模型可用下式表达:

$$F_i(r + c_i, t + \Delta t) = F_i(r,t) + \frac{1}{\tau} \left\{ F_i^{\text{eq}} \big[u(r,t), \rho(r,t) \big] - F_i(r,t) \right\} \qquad (5-48)$$

其中 τ 是松弛时间,一般为 0.5 左右;$F_i^{\text{eq}}(u,\rho)$ 是平衡分布:

$$F_i^{\text{eq}}(u,\rho) = \omega_i \rho \left[1 + \frac{c_{i\alpha} u_\alpha}{c_s^2} + \left(\frac{c_{i\alpha} u_\alpha}{c_s^2} \right)^2 - \frac{u_\alpha \cdot u_\alpha}{2c_s^2} \right], i = 0,1,\cdots,14 \qquad (5-49)$$

式中:$c_{i\alpha}$ 代表网格方向矢量 c_i 的空间坐标分量 α,$c_s^2 = \frac{1}{3}$,待定参数 ω_i 的取值

如下:

$$\omega_i = \begin{cases} 2/9, & i = 0, \text{静止粒子} \\ 1/9, & i = 1,2,\cdots,6; Group\ \mathrm{I} \\ 1/72, & i = 7,8,\cdots,14; Group\ \mathrm{II} \end{cases} \qquad (5-50)$$

可以通过调整松弛时间 τ 来改变空气流的黏滞度 v,它们之间的关系是:

$$v = \frac{2\tau - 1}{6} \qquad (5-51)$$

$\tau \to 0.5 \Rightarrow v \to 0$,从而可以得到非常大的 Reynolds 数(Reynolds 数和黏滞度 v 成反比)。而大 Reynolds 数正是很多流体(包括风场)的物理特性之一。

(2)边界条件(Masselot and Chopard,1995)

风的运动会受地形、建筑物、障碍物(挡风墙)等影响(见图 5-18)。边界条件的正确设置是风场模拟过程中十分重要的环节。以下从初始条件、固体的阻挡、左右边界和上下边界四个方面讨论边界条件的设置。

1)初始条件:初始时每个格点上的 F_i 均设为平衡状态,即给定各格点的 ρ,再根据每个方向的不同权重 ω 计算出 F_i。虽然这样做在一般情况下是正确的,但由于风场是一个复杂系统,完全对称的初始化有可能使系统出现数值上的不稳定。故按照下列表达式对系统进行初始化:

$$F_i(r,0) = \rho \omega_i + \varepsilon_0 \big[\Xi(1) - 1/2 \big] \qquad (5-52)$$

其中 ε_0 是一个很小的常数(数量级为 10^{-2}),$\Xi(1)$ 是一个在 $[0,1]$ 上均匀分布的随机数。新加入的随机量部分破解了因完全对称可能出现的问题,降低了过早出现数值不稳定的可能性(松弛时间 τ 越接近 1/2,风险越大)。

2)固体的阻挡:这种情况发生在风流经地表突出的地形、建筑物及人为设

置的挡雪墙等固定物体时。将物体边界处的格点状态设为坚实(solid),每个进入此类边界的粒子速度取反($c_i = -c_i$)。实际上就是将粒子的 F_i 取反,即:

$$F_i(r_{\text{solid}}, t) \leftarrow F_{i-(-1)^{i \bmod 2}}(r_{\text{solid}}, t) \tag{5-53}$$

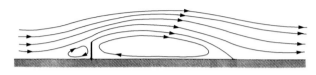

图 5 - 18　挡板对风场的影响

　　另一种情况发生在风流动过程中遇到可变的固体边界。例如在降雪过程中某些物体的形状在不断地改变,雪沉积到地面以后变成坚实的表面等。同理,对这些边界也应采用反弹条件,即在每个时间步对每个格点进行探测,看它是否变为坚实(solid)的格点。如果是,则应用反弹条件。

　　3)左右边界:在离散空间的左右两侧,我们设置开放边界,对进入的风速不加限制:$u_{\text{hor}} \leftarrow u_\infty$,并允许风场经过足够长的时间来达到平衡,这与实际情况相符。

　　4)上下边界:场景的边界还有上边界和下边界。上边界即天空,在上边界处,沿垂直方向风速为 0,水平方向风速则不限。具体地,当到达上边界时,我们只需要将垂直方向风速改为 0 即可:$u_{\text{vert}} \rightarrow 0$。下边界也就是地面,该边界处的格点为坚实格点,该格点所有粒子的动量始终为 0。我们将地面边界设置为反弹边界,将到达地面格点处的所有运动着的粒子的 F_i 取反。

5.3.3.2　雪的运动建模

　　风中飘舞的雪花主要受到三种力作用:重力、风力和雪花之间的碰撞力。雪花众多但发生碰撞的几率较小,这里暂不考虑雪花之间的碰撞。重力始终向下,我们用 mg 来描述。下面着重研究风力对雪的作用。

　　在降雪期间,风对雪花的影响主要体现在以下几个方面(Thiis,2003):

　　1)雪花在风中的飘舞飞动,包括随风的规则运动和不规则运动。

　　2)雪粒子沿地面的飘移跳动,主要指在地表一定高度以下在风力作用下雪的飘移。

　　3)雪粒子受到风的侵蚀作用,即强风旋涡卷起已沉积的表层雪粒子,并传输到较远的地方。

　　我们采用雪粒子来刻画雪粒子与风粒子在风场空间中的相互作用,并依据一组描述沉积、碰撞、黏结力、侵蚀和重力作用等的局部演化规则,再现雪在风中的飘动、旋转、飞舞等效果。

用 $S_i(r,t)$ 表示每个网格格点上雪粒子的分布，$i\in\{0,\cdots,14\}$，S_i 为整数，它等于沿第 i 方向运动的雪粒子数（S_0 表示粒子保持静止状态）。

雪粒子和风场间相互作用主要有风对雪的传输机制、侵蚀规则和雪的沉积规则三种，下面分别讨论。

（1）风对雪的传输（Bang et al.，1994）

如果忽略惯性作用，则可以假定雪花随着风的速度场 $u(r,t)$ 运动，同时受重力作用。设受重力影响，雪花沿垂直方向降落速度为 $-u_g$。位于格点 $r=(r_x,r_y,r_z)$ 的雪花经 τ 时间运动到 $r'=(r'_x,r'_y,r'_z)$，$r'(t+\tau)=r(t)+(u-u_g)\tau$，即：

$$r'_x = r_x + u_x\tau,\quad r'_y = r_y + u_y\tau,\quad r'_z = r_z + (u_z - u_g)\tau \qquad (5-54)$$

但是，按这种方式计算出来的 $r'(t+\tau)$ 不一定正好落在三维空间的网格格点处，这里我们可以采用两种方法进行处理。

1）基于概率的方法。

我们把雪粒子的传输看作随机过程，有：$r(t+\tau)=r(t)+v_i\tau$，式中，v_i 为雪粒子的速度矢量，是图 5-17 中立方体网格有关的 14 个速度矢量之一。对于每个粒子，选择一个 v_i，格点 r 处雪花沿该方向的运动速度，即该格点处所有粒子相应速度分量的平均：

$$< r(t+\tau) - r(t) > = (u - u_g)\tau \qquad (5-55)$$

以 xoy 平面为例，对应图 5-17 中的横轴和纵轴正、负方向速度向量，取 v_1，v_2，v_3，v_4。对于每个粒子，若 $|u_x| > \Delta\Gamma/\Delta t$ 且 $|u_y - u_g| > \Delta\Gamma/\Delta t$（$\Delta\Gamma$ 是网格尺度，Δt 是单位时间），雪花将沿 x 或 y 方向移动一步。当 $|u_x| < \Delta\Gamma/\Delta t$ 或者 $|u_y - u_g| < \Delta\Gamma/\Delta t$ 时，我们引入 4 个运动概率 P_x，P_{-x}，P_y，P_{-y}，分别描述沿 x 或 y 轴的正、负方向的运动：

$$P_x = \max\left(0, \frac{v_1 \cdot (u - u_g)}{v^2}\right) \qquad P_{-x} = \max\left(0, \frac{v_2 \cdot (u - u_g)}{v^2}\right)$$
$$P_y = \max\left(0, \frac{v_3 \cdot (u - u_g)}{v^2}\right) \qquad P_{-y} = \max\left(0, \frac{v_4 \cdot (u - u_g)}{v^2}\right) \qquad (5-56)$$

因为 v_1 和 v_2 及 v_3 和 v_4 方向相反，故 P_x 和 P_{-x} 不可能同时非零（P_y 和 P_{-y} 同样）。即雪花要么在 x 方向走一步，要么在 y 方向走一步，详见图 5-19。

为了用这种方法确定雪花的运动走向，在区间 $[0,1]$ 选择均匀分布的 2 个随机数 q_x，q_y。如果 $q_x < P_x$（或 $q_x < P_{-x}$），则雪花将沿 x 方向运动（或沿 $-x$ 方向运动）；相反，则不允许雪花沿水平方向运动。

那么在 xoy 平面,雪花粒子的平均速度 $\langle v \rangle$ 为:

$$\langle v \rangle = P_x v_1 + P_{-x} v_2 + P_y v_3 + P_{-y} v_4 \qquad (5-57)$$

因为 P_x 和 P_{-x} 必有一个为 1,一个为 0(P_y,P_{-y} 也是一样),且 $v_1 = -v_2$,$v_3 = -v_4$,同时 v_1 和 v_3 是正交的,取:

$$\langle v \rangle = \left[\frac{v_1 \cdot (u - u_g)}{v^2} \right] v_1 + \left[\frac{v_3 \cdot (u - u_g)}{v^2} \right] v_3 = u - u_g \qquad (5-58)$$

式(5-58)表明,虽然飘动的雪花沿网格边界运动,但其平均位置随着预期的速度流 $u - u_g$ 而变化。

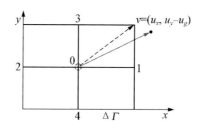

图5-19　基于概率的风对雪的传输作用

对同一个格点的每片雪花都重复上述过程。对于 y 轴和 z 轴的运动,可采用完全相同的算法。这样,既模拟了雪花飘动的随机性,又保证了雪花飘动在宏观上的物理准确性。

2) 基于连续插值的方法。

上面所述的基于概率的方法实现比较简单,计算量小,但由于雪花只能沿着网格线运动,模拟的精度将取决于剖分网格的分辨率,当网格较稀时,可能会呈现些许跳跃。为此我们采用另一种连续插值的方法。

假设当前雪粒子位于空间 r' 处,r' 周围的 8 个三维网格点为 $P_i (i = 0, 1, \cdots, 7)$,在 P_i 处风场的速度为 $v_i (i = 0, 1, \cdots, 7)$;如果 r' 不位于某一个三维空间的网格格点上,则可通过线性内插法确定 r' 处风场的速度 v_r',如图 5-20 所示。

特别地,假设 P_i 的坐标为 $(x_i, y_i, z_i)(i = 0, 1, \cdots, 7)$,令 $\Delta x = \dfrac{(x - x_0)}{\Delta \Gamma_x}$,$\Delta y = \dfrac{(y - y_0)}{\Delta \Gamma_y}$,$\Delta z = \dfrac{(z - z_0)}{\Delta \Gamma_z}$,其中 $\Delta \Gamma_x$,$\Delta \Gamma_y$,$\Delta \Gamma_z$ 分别表示沿 x,y,z 方向相邻网格的长度,则有:

$$V_r' = (1 - \Delta x)(1 - \Delta y)(1 - \Delta z) \cdot V_0 + (1 - \Delta x)(1 - \Delta y) \cdot \Delta z \cdot V_1 +$$
$$(1 - \Delta x)(1 - \Delta z) \cdot \Delta y \cdot V_2 + (1 - \Delta y)(1 - \Delta z) \cdot \Delta x \cdot V_3 +$$

$$(1-\Delta x)\Delta y \cdot \Delta z \cdot V_4 + (1-\Delta y) \cdot \Delta x \cdot \Delta z \cdot V_5 +$$
$$(1-\Delta z) \cdot \Delta x \cdot \Delta y \cdot V_6 + \Delta x \cdot \Delta y \cdot V_7 \qquad (5-59)$$

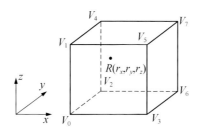

图 5 - 20 基于连续插值的风对雪的传输作用

运用该方法能够准确计算出每一时刻雪花的位置,但是计算量较上面基于概率的方法大。

(2)雪的沉积

雪的沉积是风雪场景模拟的重要部分。从上文中看到,雪花在飘动过程中是被动的,它受到风和重力的影响,对风的反作用很小。然而雪沉积后就变成了坚实的固态,从而对风产生反作用。在降雪过程中,受雪沉积的影响,地形将实时变化,这意味着风场的边界条件是实时变化的。

在模型中,网格格点的状态要么是坚实的,如地面硬土或已完全沉积的雪;要么是空的,即在此格点处风流和雪花还可以继续运动。雪花飘落到达地面后,可能沿着地表面滚动,也可能稳定下来,堆积并改变地面的形状。

这里我们也可以采用两种不同的方法来实现。

1)基于概率的方法。根据 $D3Q15$ 模型的具体网格结构,采用如下的堆积规则:

● 若正下方格点状态为"坚实",且左右邻格点均"坚实",雪花在此处稳定并沉积;

● 若正下方格点状态为"空",粒子以概率 1 向正下方下落;

● 若正下方格点状态为"坚实",且左右邻格点均"空",雪花以相同的概率下落至左下方或右下方任一状态为"空"的格点处;

● 若左邻格点或右邻格点其中之一为"坚实",且左下/右下格点状态为"空",则它以某一随机概率 $p(p<1)$ 下落。

具体堆积规则如图 5 - 21 所示,对于图 5 - 21(a)中所示的四种情况,最上面的粒子将稳定下来;而对于图 5 - 21(b)中所示的四种情况,雪粒子将滚落下来。

由于雪花粒子众多,这里采用多粒子模型,即只有当某个格点接收到的雪花数大于一指定的阈值时(可取 10),该格点才变成与地面一样的坚实格点。考虑到实时绘制的要求,对于雪沉积时的不稳定变形、坍塌等复杂情况暂不作考虑。

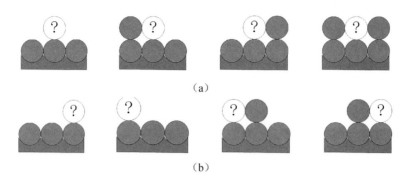

图 5 - 21　雪粒子的沉积规则。(a) 雪粒子将稳定的情况;(b) 雪粒子将滚落
　　　　的情况

2) 基于地面高度场的方法。我们可以通过地面高度场的实时变化来表现雪的沉积。首先获得地面的高度场 $h(x,y)$,这里的地面包括地形、建筑物、人造的防雪栅栏,等等。然后将高度场离散成网格 $h(x_i,y_j)(i=0,1,\cdots,m;j=0,1,\cdots,n)$。当一片雪花下降到高度 $h(x_i,y_j)$ 后,在那里沉积。当许多雪花在同一位置沉积后,该位置的高度将被增加并且更新。于是,伴随着雪花的落下,地面高度场不断变化。

同样地,基于多粒子模型,当一个位置上沉积的雪花数量超过某一阈值时,该位置的高度将增加 1,即 $h(x_i,y_j)=h(x_i,y_j)+1$。在地表每一位置都累计落到该处的雪花,并通过不同灰度值来反映某处雪花沉积的数量,随着该处积雪量的增加,该地表网格慢慢变成全白。

(3) 风的侵蚀作用

在一定条件下,风可能刮走一些已沉积的雪粒子,即当满足适当的侵蚀条件时,坚实的雪粒子在竖直方向上被风以随机的速度卷起。在侵蚀过程中,一方面雪粒子被速度很快的风粒子推着移动;另一方面飘动的雪粒子也增加了风流体的黏滞度,从而使侵蚀变缓。

我们用侵蚀面的风速来表达侵蚀速率(Clappier,1991):

$$\theta = \theta_c(C_{sat} - C_{salt}) \tag{5-60}$$

这里,θ 是侵蚀速率,侵蚀系数 $\theta_c = \dfrac{h}{t_{sat}}$,$h$ 是跳跃层的高度,t_{sat} 是达到饱和的时间,C_{sat} 是跳跃层的粒子饱和度,C_{salt} 是当前粒子的饱和度。饱和度定义为:

$$C_{sat} = eff\left(1 - \frac{u_{s-thres1}^2}{u_1}\right) \tag{5-61}$$

式中：eff 是传输率；$u_{s-thres1}$ 是 $\Delta\Gamma/2$ 处风速的阈值，一般取 4；u_1 是当前风速。

考虑到程序的执行效率，我们可以采用一个更为简单的处理方法：当局部的风达到阈值，它以概率 $P_{erosion}$ 吹起顶层积雪格点（元胞）中的 $N_{threshold}$ 个雪粒子（雪粒子获得的是垂直速度）。通常，这些被吹起的雪粒子来自状态已变成"坚实"的格点和雪花正在沉积的格点。如果局部风足够大，雪粒子会被风带起，然后根据传输和沉积规则运动。若风力不够大，那么被吹起的雪粒子会落回原来的格点。这样计算量很小，同时也能体现强风引起的明显侵蚀。

5.3.4 风雪场景的实时绘制

根据上述雪花运动的建模方法，我们可进一步进行风雪场景的绘制。

5.3.4.1 雪花造型与风场构造

现实世界中雪花呈现多种形状，十分美丽，图 5-22 就是常见的雪花形状。但考虑到本系统中的雪花可能有成千上万片，为了能够实时模拟雪花的飘动效果，我们采用最简单的几何体来表示雪花，主要有以下两种构造方法。

1) 采用简单的球形。此时球中心的坐标为该雪花的位置，球的颜色灰度从中心到边缘按某一分布逐渐变淡。我们用类似 Metaballs(Wyvill and Trotman，1990)的方法，在球的几何坐标上定义一个场函数，取纵坐标代表灰度，横坐标表示某点与球中心的距离。这里使用的场函数是 Wyvill 和 Trotman(Wyvill and Trotman，1990)提出的：

$$f(r) = \begin{cases} -\dfrac{4}{9}a^6 + \dfrac{17}{9}a^4 - \dfrac{22}{9}a^2 + 1, & r \leqslant R \\ 0, & r > R \end{cases} \quad (5-62)$$

其中 $a = r/R$，r 是球中心到该点的距离，R 是球的半径。

球的半径按照一定的概率来取，即取随机数 r，球的半径 R 取 $r+1$。由于雪花的尺度一般不大于 9mm，故 r 取 $[0,4]$ 内的整数。

图 5-22 雪花形状

2) 采用更加逼真的梅花形。可以将图 5-22 中的梅花形状作为纹理,采用 BillBoard 技术来快速绘制每片雪花。

风没有具体形态,可通过风速和风向来表征。由于风传输机制的复杂性,风速一般情况下不会始终恒定不变,即使同一级别的风也会时大时小,如图 5-23 所示。为此,我们设风速由两个部分组成:平均风速 v_w 和随机风速 v_w,即风速为:$v_w = v_w + v_w$。平均风速可以采用气象学中测得的风速数据,随机风速取值如下:

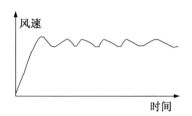

图 5-23 风速随时间的振荡变化

$$v_w = \mu v_w \sin\alpha \qquad \alpha \in [0, \pi] \qquad (5-63)$$

式中:μ 是随机系数,它随着风速的增大而增大,此处取 $\mu = n/20$,n 为风的风级;α 为相位角,为取值在 $[0, 180]$ 内的一个随机数,从而增加了模拟的逼真性。

空间风场一般通过改变空间网格格点处不同方向的风粒子密度来实现。三维风场的建立主要有如下两种方式。

1) 一次性加入,即将风速 v_w 一次性施加到边界格点上,急风场可以采用这种方式建立。具体地,对每一待引入风速的格点,按不同的权因子沿不同运动方向增加沿该方向的风粒子密度;假设该格点某时刻风粒子密度为 ρ,风场的风向为 C_w,此格点每个方向 i 上的风粒子密度改变量为 ΔF_i,$i = 0, 1, \cdots, 14$(见图 5-17),则可取 $\Delta F_i = \lambda_i \varepsilon_i \rho V_w$,其中取 $\lambda_i = \begin{cases} 1/4, & \Delta c_i = 0 \\ 1/16, & \Delta c_i \in (0, \pi/2), \\ 0, & \Delta c_i = \pi/2 \end{cases}$ $\varepsilon_i = \begin{cases} 1, & \Delta c_i \in [0, \pi/2] \\ -1, & \Delta c_i \in (\pi/2, \pi] \end{cases}$,此为闭区间,这里 Δc_i 为 c_i 与 C_w 的夹角,c_i 为图 5-17 中的 15 个离散速度方向。由图 5-17 可知,每个格点处与风向 C_w 一致的离散方向有 1 个,与风向夹角在 $(0, \pi/2)$ 内的方向有 4 个,再加上它们的相反方向,而沿其他离散方向的空气粒子的密度和速度不变,则根据密度和动量的计算公式 (5-47),整个格点的速度增加为:

$$\Delta u = \frac{1}{\rho} \sum_{i=0}^{14} c_i \Delta F_i = \frac{1}{\rho} \left(\sum_{i=0}^{14} c_i \lambda_i \varepsilon_i \rho v_w \right)$$

$$= \left[\left(\frac{1}{4} + \frac{1}{16} \times 4 \right) + \left(\frac{1}{4} + \frac{1}{16} \times 4 \right) \right] v_w = v_w;$$

密度增加为：

$$\Delta\rho = \sum_{i=0}^{14} \Delta F_i = \left[\left(\frac{1}{4} + \frac{1}{16} \times 4 \right) - \left(\frac{1}{4} + \frac{1}{16} \times 4 \right) \right]\rho = 0,$$

这样就可在保证质量守恒的情况下将风速 v_w 引入该格点。

② 累进式加入，即以一定的加速度 a，经过时间 t，逐渐将风速 v_w 引入，$v_w = at$，此种方式适用于较缓风场的建立。每经过 Δt 时间，将大小为 $a\Delta t$ 的风速添加到边界格点上，添加方法与第一种方式类似。

5.3.4.2 场景绘制

风雪场景绘制的初始化包括以下几个方面：① 空间网格剖分，按图 5-17 的方式设置坐标系，将空间剖分成 $(N_x \times N_y \times N_z)$ 的网格；② 风场的初始化，每个格点处的初始动量设置为 0，初始风粒子密度按照局部平衡规则设置，即每个方向粒子的密度为 $\omega_i\rho_0$，这里 ω_i 按照式(5.42)取，ρ_0 是风粒子的初始密度；③ 雪粒子的初始化，我们可以设雪粒子从场景空间左边和上面格点处以一定的概率不断地加入，概率分布的统计平均性，保证了雪花在空间分布的均匀性；④ 边界状态设置，按照 5.3.3.1 节的方式设置好各类边界状态。

然后按前述的方法建立风场，随着时间的变化，每个格点处风场的状态将按照 5.3.3.1 节的规则变化，同时每下一时刻，将场景空间最右侧一列格点处吹出边界的风粒子回加到场景空间最左侧一列的边界格点，这样构造一个循环风场，以保证整个风场总的质量和动量平衡；雪花将随着风场的分布按 5.3.3.2 节的规则飘动、沉积，从而模拟出整个风雪场景。

整个模拟过程的伪代码如下：

```
Initialization Procedure:
{
    Divide the 3D space into grids Nx×Ny×Nz;   //剖分三维网格
    Initialize wind particles;                  //初始化风场
    Initialize the configuration of snow particles; //初始化
雪粒子状态
    Set boundary conditions for the wind field;   //设置风场边
界条件
}


Simulation Procedure:
```

```
FOR each simulation step with the correct checksum
    {
        Model the interactions between wind and
snowflakes;//风雪交互作用
        Update the state of wind particles;        //更新风场
        Update the position of snowflakes;    //更新雪粒子位置
        IF (any snow particle touches a solid site) THEN
            Deposit and Erode;                     //沉积并侵蚀
        ELSE IF (any snow particle touches an accumulating
site) THEN
            Accumulate;                            //沉积
        ELSE
            Keep moving in the air;            //继续下落
        END IF
        Render the snowing scene;                //绘制飘雪场景

    }
    END FOR
```

在仿真过程中交互地改变风的大小、风向即可模拟不同条件下的飘雪场景。为了使场景更逼真,我们导入一个三维地面场景,同时采用环境映照的方法绘制天空背景。为了加快绘制速度,我们还采用了 OpenGL 的显示列表来加速运算,同时将图 5-21 中雪粒子沉积的 8 种情况在绘制之前进行预处理,置入一个查找表,在绘制时实时调用。

5.3.5　结　果

我们在 P4 2.5GHz,2.0GB 内存,NVIDIA GeForce FX 5800 显卡的微机上,用此算法绘制风雪场景(网格分辨率取 $600 \times 400 \times 200$),平均绘制帧速达 25 f/s,满足了实时的要求(程序实时生成的 AVI 文件演示见所附光盘)。部分模拟效果见图 5-24～5-29,其中图 5-24 的(a)图为某晴天场景,(b)、(c)、(d)分别为对应不同大小降雪量的飘雪场景。图 5-25 是不同风场下的飘雪场景模拟,包括对不同风速和风向下飘雪效果的模拟。图 5-26 模拟了不同形状及不同大小雪花的飘雪场景,其中雪粒子分别用球形和梅花形绘制,从实时生成的动态画面中可以看到,效果比较逼真。图 5-27 是同一视点不同时刻风雪场景的效果图,图 5-28 为同一时刻不同视角的风雪场景效果图。这两组图也表现了

图 5 - 24　不同降雪量的飘雪场景模拟。(a) 晴天场景；(b) 小雪场
景；(c) 中雪场景；(d) 大雪场景

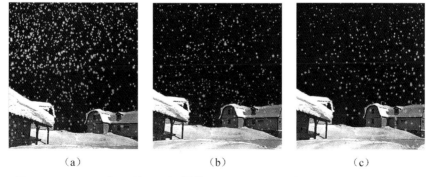

图 5 - 25　不同风场下的飘雪场景模拟。(a) 风向左吹,风速 5 级；(b) 无风；
(c) 风向右吹,风速 3 级

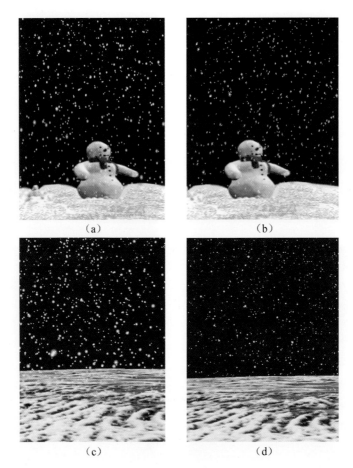

图 5 - 26　不同形状及不同大小雪花的飘雪场景模拟。(a) 球形雪
花;(b) 梅花形雪花;(c) 大雪花;(d) 小雪花

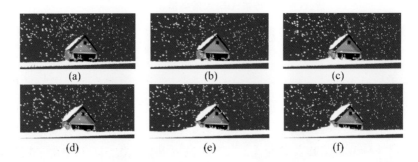

图 5 - 27　同一视点不同时刻风雪场景的效果图。(a) $t=0$;(b) $t=1000$;
(c) $t=2000$;(d) $t=3000$;(e) $t=5000$;(f) $t=7000$

本节算法所模拟的不同时刻雪的沉积侵蚀效果图,此时风是从左向右吹,风速4.5 级;可以看到在房顶的迎风一侧,雪的沉积较多,而在房子左侧的墙角处雪的沉积也较多。这是由于房子的阻挡造成风的回旋而使较多的雪在此处沉积。同样的,在房子右侧由于山坡的阻挡造成风的回旋而沉积了较多的雪。图5-29是没有风的情况,此时两边的积雪情况相同。可见我们提出的风场模型及风雪交互作用规则是合理的,模拟的效果也很逼真。

图 5-28　同一时刻不同视角的效果图

图 5-29　无风时雪的沉积

5.4　龙卷风的模拟

　　龙卷风作为最严重的自然灾害之一,每年给世界各国带来了不计其数的损失。基于物理的龙卷风动态场景的真实感建模与绘制在计算机游戏动画、自然灾害预防与救援、科学计算可视化等领域有着重要的应用价值。如何真实感地模拟龙卷风的动态变化及其与周围物体的交互作用是图形学领域中一项具有挑战性的研究课题。

5.4.1　相关工作
　　龙卷风作为一种小尺度天气系统,往往和对流云相伴出现,表现为具有垂直轴的小范围强烈涡旋。物理学者及气象工作者对这一现象进行了大量的研究。1993 年,Lewellen(Lewellen,1993)综述了前人对龙卷风现象的研究成果,并提出了龙卷风的涡旋理论,从而为这一现象的研究奠定了理论基础。1997 年,Lewellen W S 和 Lewellen D C(Lewellen W S and Lewellen D C,1997)采用 LES(large eddy simulation)方法研究了龙卷风的动力学特性。Nolan 和 Farrel (Nolan and Farrell,1999)研究了轴对称的类龙卷风涡旋场的结构及运动特性。同时他们对中尺度气旋也做了大量的研究工作。强烈的龙卷风会以很高的速度卷起周围的碎屑,从而增加其破坏力。龙卷风与周围小物体的相互作用也是研究的重点之一。2004 年,Xia 等(Xia *et al.*,2003)研究了龙卷风与地面碎片之间的相互作用,并给出了数值模拟的结果。

但上述工作仅仅局限于数学建模和理论分析方面,主要对龙卷风的速度场、压强场等进行理论分析,并不能直观地展示整个龙卷风场景的动态变化。

在可视化领域,也曾提出多种基于实测数据的龙卷风风场可视化的方法。2004 年,Xue 和 Crawfits(Xue and Crawfits,2004)提出了一种基于纹理元的快速体绘制的方法,该方法可以可视化海量数据的龙卷风速度场。2005 年,Weiskopf 等(Weiskopf *et al.*,2005)提出了一种可视化三维不稳定流场的方法,可处理比较真实的光照及纹理信息。可视化的方法可以帮助科研工作者较为直观地理解龙卷风的特性。但是,首先,该类可视化方法依赖于真实的龙卷风风场数据。由于真实的龙卷风风场数据难以获得,从而限制了这些方法的应用。其次,可视化的方法只能对风场结构及运动趋势进行大概的描述,远达不到影视娱乐领域对场景真实感的要求。为了生成逼真的龙卷风场景,我们必须运用计算机图形学的相关技术并结合龙卷风产生的物理学原理对其进行建模和绘制。

迄今为止,在计算机图形学领域中,有关龙卷风现象的真实感建模及绘制工作尚不多见。2004 年,Ding(Ding,2004)采用粒子系统的方法模拟了龙卷风场景。他们通过求解 Navier-Stokes 方程组对气流运动进行建模,再采用粒子系统刻画龙卷风中的尘粒,并求解其在气流场作用下的运动。由于该方法需要大量的粒子,计算量非常大,绘制速度比较慢。另外,该工作也没有考虑光照对场景的影响及龙卷风对物体的破坏作用,绘制效果的真实感不强。

由于龙卷风是一种多相流现象(气流、固相流,甚至液相流),各相之间的相互作用及龙卷风对周围物体的作用机制十分复杂。因此,要真实感地模拟龙卷风现象,必须综合运用物理学及图形学的有关知识,对龙卷风的风场结构、运动规律及其与地面物体的交互作用等方面进行建模。另外,光照效果对于增强场景的真实感也十分重要。

5.4.2 龙卷风运动的建模

龙卷风实际上是气压急剧降低后凝结的水汽和被卷起的地面尘粒等的混和流。此处把尘粒在气流场中的运动近似为一种连续流体。事实上,当粒子较小时这种近似是合理的(Zhu and Robert,2005)。因此,我们把龙卷风视为一种二相流现象。到目前为止,图形学对流体的模拟多局限于单相流现象,如烟雾、水、火焰等。然而,传统的单相流模型难以对龙卷风这种多相流现象进行逼真建模(Fedkiw *et al.*,2001;Enright,2002;Foster and Fedkiw,2001)。在本书中我们提出了一种二相流模型 TFM(two fluid model)对龙卷风的运动进行建模。

5.4.2.1 二相流模型

我们采用不可压缩的 Navier-Stokes 方程组对气流运动进行建模,如下式所示:

$$\rho \frac{\partial \boldsymbol{u}}{\partial t} = -\rho(\boldsymbol{u} \cdot \nabla)\boldsymbol{u} - \nabla p + \upsilon \nabla^2 \boldsymbol{u} + \boldsymbol{f} \qquad (5-64)$$

$$\nabla \cdot \boldsymbol{u} = 0. \qquad (5-65)$$

式中:ρ 表示气流的密度,$\boldsymbol{u}$ 是速度场,$\nabla \cdot$ 和 ∇ 分别是散度算子和梯度算子,$\partial/\partial t$ 表示对时间的微分,p 是压强场,υ 是气流的黏滞系数;$\boldsymbol{f}$ 是作用在气流场上的外力,包括涡旋约束力 $\boldsymbol{f}_{\text{conf}}$(vorticity confinement)及沙粒运动对气流的作用力 $\boldsymbol{F}_d$。$\boldsymbol{F}_d$ 是粒子雷诺数 Re 的函数。涡旋约束力可以弥补 Navier-Stokes 方程组求解过程中产生的数值耗散,从而能够增加龙卷风场的细节信息。该方法是 Steinhoff 和 Underhill(Steinhoff and Underhill,1994)1994 年首次提出的。2001 年,Fedkiw 等(Fedkiw *et al.*,2001)将这种方法引入图形学并用来绘制烟雾场景。其构造方法如下:

$$\boldsymbol{f}_{\text{conf}} = \varepsilon h(\boldsymbol{N} \times \boldsymbol{\omega}) \qquad (5-66)$$

式中:$\varepsilon > 0$,用来控制弥补到流场的细节量;h 表示网格划分的步长;$\boldsymbol{\omega}$ 是速度场的旋度场;$\boldsymbol{N}$ 表示涡旋约束力的法向,其表达式为:

$$\boldsymbol{N} = \boldsymbol{\eta}/|\boldsymbol{\eta}| \qquad (5-67)$$

式中:$\boldsymbol{\eta}$ 表示旋度场的模的梯度场,即:

$$\boldsymbol{\eta} = \nabla|\boldsymbol{\omega}|, \quad \boldsymbol{\omega} = \nabla \times \boldsymbol{u} \qquad (5-68)$$

其他具体细节请参考(Fedkiw *et al.*,2001)。

我们把尘粒看作球形粒子,将尘粒的运动近似为连续流体,采用无黏性的不

可压缩 Navier-Stokes 方程组对其进行建模,如下式所示:

$$\frac{\partial \boldsymbol{u}_d}{\partial t} = -(\boldsymbol{u}_d \cdot \nabla)\boldsymbol{u}_d - \nabla p_d + (\boldsymbol{F}_d + mg) \qquad (5-69)$$

$$\nabla \cdot \boldsymbol{u}_d = 0 \qquad (5-70)$$

式中:ρ_d 表示尘粒的密度,$\boldsymbol{u}_d$ 是尘粒流的速度场,p_d 是尘粒流的压强场,m 是尘粒的质量。

气流和尘粒流之间的相互作用力 $\boldsymbol{F}_d$ 与两者的速度差相关,我们通过下式进行计算:

$$\boldsymbol{F}_d = \rho_d \frac{\boldsymbol{u}_d - \boldsymbol{u}}{\tau_v} \qquad (5-71)$$

$$\tau_v \approx \frac{m}{3\pi d\mu_d} \left(1 + \frac{\mathrm{Re}}{60} + \frac{\mathrm{Re}/4}{1 + \sqrt{\mathrm{Re}}}\right)^{-1} \qquad (5-72)$$

式中:μ_d 表示尘粒的黏度,d 为尘粒的直径,Re 表示雷诺数。

上述式(5-64)、(5-65)、(5-69)及(5-70)组成了龙卷风运动的二相流模型。

5.4.2.2　数值求解方法

在求解偏微分方程的数值方法中,较为常用的是有限差分法(finite difference method)、有限元法(finite element method)、有限体积法(finite volume method)及格子波尔兹曼方法(lattice Boltzmann method)等。这些方法各具优点和缺点。有限差分法是计算机数值模拟最早采用的方法,是一种将微分问题变为代数问题的近似数值解法。这种方法简单易行,处理效率高,发展最早且较为成熟,也是目前应用最为广泛的数值求解算法。我们采用的是有限差分法,其基本思想是把求解区域离散,然后用一组离散点上的变量值来近似连续分布的变量值,导数用离散值的差分来近似,从而把偏微分方程变为一组代数方程。图 5-30(a)是把三维求解区域离散后的示意图。

5.4.2.3　求解区域的离散

有限差分方法中,求解区域可定义为交错网格或非交错网格。交错网格方法通常把速度等矢量定义在网格的表面上,把标量如压强、密度等参数定义在网格中心点。非中心网格方法则把所有矢量和标量都定义在网格的中心点。我们采用的是交错网格方法,如图 5-30 所示,其中 5-30(b)中 u、v、w 表示速度 $\boldsymbol{u}$ 的三个分量。

常用的差分格式有前向差分、后向差分及中心差分。前两种差分格式具有一阶精度,中心差分格式具有二阶精度。我们采用中心差分格式对二相流模型进行离散。二相流模型中含有三个算子运算符,即:散度 $\nabla \boldsymbol{u}$、梯度 ∇p 和拉普拉斯算子 $\nabla^2 p$。有了上述三个算子的差分格式,将其代入原方程组,即可得到方程组的差分方程。下面我们主要介绍上述三个算子的中心差分方法。为了简单起见,以二维情况为例。记 Δx、Δy 分别是二维平面中 x 方向和 y 方向的步长,那么对于散度算子,$\nabla \boldsymbol{u} = \dfrac{\partial u}{\partial t} + \dfrac{\partial v}{\partial t}$,由于:

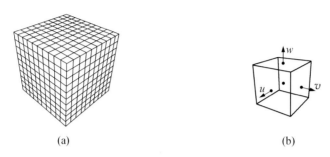

图 5-30　求解区域的离散。(a) 求解区域的离散;(b) 交错网格的定义格式

$$\frac{\partial u}{\partial t} = \frac{u_{i+1,j} - u_{i-1,j}}{2\Delta x}, \frac{\partial v}{\partial t} = \frac{v_{i,j+1} - v_{i,j-1}}{2\Delta y} \tag{5-73}$$

可得:
$$\nabla \boldsymbol{u} = \frac{u_{i+1,j} - u_{i-1,j}}{2\Delta x} + \frac{v_{i,j+1} - v_{i,j-1}}{2\Delta y} \tag{5-74}$$

同理可得:
$$\nabla p = \left(\frac{\partial p}{\partial x}, \frac{\partial p}{\partial y} \right) = \left(\frac{p_{i+1,j} - p_{i-1,j}}{2\Delta x}, \frac{p_{i,j+1} - p_{i,j-1}}{2\Delta y} \right) \tag{5-75}$$

$$\nabla^2 p = \frac{\partial^2 p}{\partial x^2} + \frac{\partial^2 p}{\partial y^2} = \frac{p_{i+1,j} - 2p_{i,j} + p_{i-1,j}}{(\Delta x)^2} + \frac{p_{i,j+1} - 2p_{i,j} + p_{i,j-1}}{(\Delta y)^2} \tag{5-76}$$

这里的 i 和 j 分别代表了网格在 x 方向和 y 方向的下标。如果求解区域定义在一正方形网格上,那么 $\Delta x = \Delta y$,我们对拉普拉斯算子做如下的简化:

$$\nabla^2 p = \frac{p_{i+1,j} + p_{i-1,j} + p_{i,j+1} + p_{i,j-1} - 4p_{i,j}}{(\Delta x)^2} \tag{5-77}$$

将上述算子代入 5.4.2.1 节中的方程组后,可以得到其差分方程形式。求解时,涉及对泊松方程(Poisson equation)的求解。泊松方程的求解方法很多,如高斯消去法(Gaussian elimination)、雅克比松弛迭代法(Jacobi relaxation iteration)、共轭梯度法(conjugate gradient)、多重网格法(multi-grid)等。我们选择使用雅克比松弛迭代法,因为它比较简单,并且易于在 GPU 中实现。但是

这种方法的收敛速度较慢,往往需要多次迭代才能得到足够准确的结果,而多次迭代会在一定程度上降低 GPU 的处理效率。

为了达到快速计算,二相流模型的差分方程的求解应完全在 GPU 上实现。此外,我们还设计了一个二相流模型求解器,进一步提高计算速度。

5.4.2.4 龙卷风旋转上升运动的建模

求解 Navier-Stokes 方程组需要设置一定的初始条件和边界条件。初始条件主要是指速度场、压强场及密度场的初始值。边界条件是指速度场、压强场在边界网格处的状态值。比如为了让流体到达某边界后静止下来,可以设定该边界网格处的速度为零;如果让流体沿边界上升而不穿透边界,可以设定边界网格处的法向速度为零并且切向速度不为零。也就是说,边界条件的设定将影响流体的运动形态。我们通过控制二相流模型的边界条件来刻画龙卷风运动的旋转上升特征。我们采用的边界条件类型如下:

(1)静止边界:流体在这类边界点处的切向速度和法向速度均为零。即:

$$\boldsymbol{\varphi}_n(x,y,z) = \mathbf{0}, \qquad \boldsymbol{\varphi}_t(x,y,z) = \mathbf{0} \tag{5-78}$$

其中 $\boldsymbol{\varphi}_n(x,y,z)$ 和 $\boldsymbol{\varphi}_t(x,y,z)$ 为空间点 (x,y,z) 处的法向速度和切向速度。

(2)自由边界:法向速度为零并且切向速度的法向分量为零,即:

$$\boldsymbol{\varphi}_n(x,y,z) = \mathbf{0}, \qquad \frac{\partial \boldsymbol{\varphi}_t(x,y,z)}{\partial n} = \mathbf{0} \tag{5-79}$$

(3)可流入边界:流体的法向速度和切向速度均为指定,是随时间改变的变量,即:

$$\boldsymbol{\varphi}_n(x,y,z) = \varphi_n^0, \qquad \boldsymbol{\varphi}_t(x,y,z) = \varphi_t^0 \tag{5-80}$$

其中 φ_n^0 和 φ_t^0 为指定的法向速度和切向速度值,可以随时间变化。

(4)可流出边界:流体的法向速度的法向分量和切向速度的法向分量均为零,即:

$$\frac{\partial \boldsymbol{\varphi}_n(x,y,z)}{\partial n} = \mathbf{0}, \qquad \frac{\partial \boldsymbol{\varphi}_t(x,y,z)}{\partial n} = \mathbf{0} \tag{5-81}$$

表 5-3 是我们用到的龙卷风物理模型的边界条件。利用表中的边界条件,可以计算得到具有旋转上升特性的龙卷风速度场。图 5-31 展示的是龙卷风速度场的某一水平截面和竖直截面示意图。从图中可以看出龙卷风速度场的旋转上升特性。

表 5 - 3　龙卷风物理模型的边界条件

顶部边界	底部边界	四周垂直边界
u 和 v 分量为自由边界条件；w 为可流出边界条件	u、v、w 均为静止边界条件	u 为可流入边界条件，v、w 均为自由边界条件

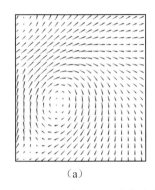 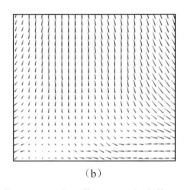

　　　　　（a）　　　　　　　　　　　　（b）

图 5 - 31　龙卷风运动的速度场截面。(a) 水平截面；(b) 竖直截面

5.4.3　基于 GPU 的二相流模型求解器

　　本节提出的龙卷风物理模型中包含两个 Navier-Stokes 方程组，再考虑到两种流体之间的相互作用力，求解复杂度比单一流体系统的大两倍。因此，如果采用传统的流体求解方法对两个 Navier-Stokes 方程组串行计算的话，求解速度将非常慢。为了实现快速求解，我们设计了一个基于 GPU 的二相流模型并行求解算法，其基本思想是对数据进行重新组织封装，将两个流场的纹理数据合并到一张纹理中，以便于 GPU 并行处理。具体地，首先对计算所需的两种流体的纹理数据包括速度纹理、压强纹理、密度纹理、边界条件纹理等按其深度值采样构成一系列二维纹理切片，然后把这些二维纹理分别按顺序封装在一张纹理中。图 5 - 32 中 y 坐标大于 0.5 的部分和小于 0.5 的部分分别表示两种流体的三维纹理数据展平后的结果，其中的 0～7 数字表示二维纹理切片在三维空间中的深度排列顺序，采样面片尺度一般为 16、32 或者 64。接下来，再把两种流体的二维展平纹理重新封装组织为一张纹理。如图 5 - 32 所示，把纹理 y 坐标大于 0.5 的部分记作尘粒流场的纹理，把 y 坐标小于 0.5 的部分记作气流场的纹理。经过上

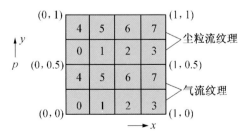

图 5 - 32　二相流模型的数据结构

述纹理数据结构的重新组织以后,两个流体系统的计算数据被封装在同一张纹理中,同时传输到 GPU,可在一个计算过程中得到同步更新,计算效率大大提高。

同时,我们还利用 GPU 的一些新特性进一步提高运算速度,如 OpenGL 的最新扩展 GL_EXT_FRAMEBUFFER_OBJECT 等。数据从主存到纹理内存的传输是 GPU 运算的最主要的瓶颈,传统的方法是采用 Pbuffer 技术,这种方式有以下不足之处:

1) 每个 Pbuffer 都必须拥有各自独立的 OpenGL 环境,导致各个 Pbuffer 之间或者 Pbuffer 和帧缓存之间的切换非常耗时。

2) 从 Pbuffer 的颜色缓存或深度缓存到主存的数据传输必须经过 glReadPixels 或者 glGetTexImage 等函数的回调操作,同样很耗时。

3) 数据从 Pbuffer 传输到纹理内存,需采用 CTT(copy to texture)机制,这种方式也很耗时。

我们采用 OpenGL 的最近扩展,避开 Pbuffer 对象非常耗时的操作。通过创建 FBO(frame buffer object)和 RBO(render buffer object)来完全代替 Pbuffer 对象,有以下优点:

1) 只需要一个 OpenGL 环境,无需环境之间的切换。

2) 通过 RBO 可以加速数据从帧缓存到主存的传输。

3) FBO 直接将纹理内存作为绘制的目标帧缓存,可以很方便地实现 RTT (render to texture)和 MRT(multiple render targets)。

基于上述数据纹理格式及 GPU 的特性,我们可以实现对两个流体系统的并行计算。整个计算流程如图 5 - 33 所示,图中阴影部分表示进行纹理计算操作,白色部分表示不进行纹理计算操作,我们可以在一个计算步骤内对两个流场的纹理数据同时进行更新。具体地,首先设置两个流体方程的初始条件及边界条件,包括速度场、压强场、密度场的初始值等。然后对各自速度场施加外力,包括两相流体之间的相互作用力、对尘粒流施加重力、对气流施加剪切力,再求解各自的对流项 $[(\boldsymbol{u} \cdot \nabla)\boldsymbol{u}, (\boldsymbol{u}_d \cdot \nabla)\boldsymbol{u}_d]$。接下来求解气流的扩散项($v \nabla^2 \boldsymbol{u}$)。为了减少数值扩散,我们还计算了气流的漩涡约束力(voticity confinement)。为了保证求解的稳定性,对于上述两步的计算,我们采用了文献(Stam,1999)中的隐式求解方法。最后计算各自的投影算子,使得速度场的散度处处为 B$_2$。计算上述各步后,把计算结果传输到绘制程序。以上完成了对纹理数据的一次更新。按时间步长不断地重复上述流程操作,就可以计算得到龙卷风运动的速度场的变化。

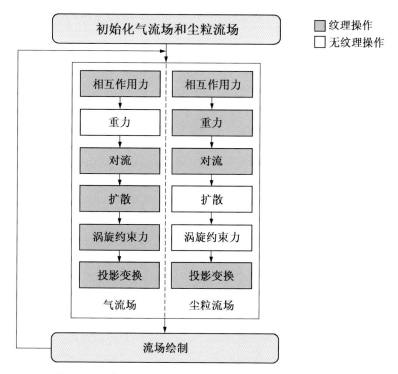

图 5-33 基于 *GPU* 的二相流模型求解流程

5.4.4 龙卷风场景光照效果的真实感模拟

由于龙卷风场景中尘粒对太阳光的散射,龙卷风的光照效果随着光照环境的改变而变化,比如上午时刻的龙卷风和黄昏时刻的龙卷风场景的光照效果,因尘粒的散射而有所不同。光照的真实感模拟对于龙卷风场景的逼真呈现非常重要,然而,采用传统的方法难以实现快速计算。为此,我们提出了一种基于简化及硬件加速的快速计算龙卷风场景光照的方法。

如图 5-34 所示,首先计算沿方向 l 到达风场中任一点 P 处的入射光强 $I(P,l)$,其中包括沿方向 l 直接到达 P 点的光强及从其他微粒经多次散射到达 P 点的光强。为了提高绘制效率,此处只考虑了二次散射。由于龙卷风场景中很

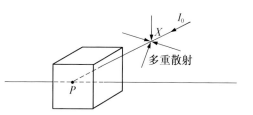

图 5-34 龙卷风场景中多次散射的计算

少涉及高反射率的物体,所以二次散射的逼近是合理的,绘制效果也验证了这一点。从 P 点入射沿 ω 方向散射出的光强为:

$$I(P,\omega) = I_0(\omega) \cdot \mathrm{e}^{-\int_0^{D_P} \tau(t)\mathrm{d}t} + \int_0^{D_P} g(s,\omega)\mathrm{e}^{-\int_s^{D_P} \tau(t)\mathrm{d}t}\mathrm{d}s, \quad (5-82)$$

$$g(x,\omega) = \int_{4\pi} r(x,\omega,\omega')I(x,\omega')\mathrm{d}\omega', \quad\quad (5-83)$$

式中：$I_0(\omega)$ 为 P 点的光强，D_P 表示 P 点沿光线入射方向到光源的距离，$\tau(t)$ 是衰减系数，$g(x,\omega)$ 表示从任意方向 ω' 入射到路径上任一点 x 后沿 ω 方向出射的光强；$r(x,\omega,\omega')$ 是双向散射函数，用来确定沿 ω' 方向入射到 x 点的光强沿 ω 方向出射的百分比。

$$r(x,\omega,\omega') = a(x) \cdot \tau(x) \cdot p(\omega,\omega') \quad\quad (5-84)$$

式中：$a(x)$ 表示 x 点处的反射率，$p(\omega,\omega')$ 是相函数。沿光线入射方向进行离散采样，将式(5-82)转化为黎曼和的形式，即：

$$I_P = I_0 \cdot \prod_{j=1}^{N} \mathrm{e}^{-\tau_j} + \sum_{j=1}^{N} g_k \prod_{k=j+1}^{N} \mathrm{e}^{-\tau_k} \quad\quad (5-85)$$

式中：I_0 是到达龙卷风风场边界的光强，g_k 是 $g(x,\omega)$ 的离散形式。为了便于硬件实现，将上式转换为迭代形式：

$$I_k = \begin{cases} g_{k-1} + T_{k-1} \cdot I_{k-1}, & 2 \leqslant k \leqslant N \\ I_0, & k = 1 \end{cases} \quad\quad (5-86)$$

式中：$T_{k-1} = \mathrm{e}^{-\tau_{k-1}}$ 为粒子 P_k 处的透过率，I_k 为光线方向上第 k 个粒子的出射光强。这使得绘制效率大大提高。风场中任一点散射到视线方向的光强包括沿视线方向直接入射到视点的光强 $T_k E_{k-1}$ 和沿视线方向散射到视点的光强 S_k 两部分，可以表示为：

$$E_k = S_k + T_k E_{k-1}, \quad 1 \leqslant k \leqslant N \quad\quad (5-87)$$

式中：$S_k = a_k \cdot \tau_k p(\omega, -l) I_k / 4\pi$。这里，$\omega$ 表示视线方向，T_k 为透过率。

图 5-35 所示为计算得到的龙卷风的一部分光照纹理。我们把龙卷风场景

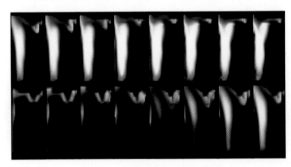

图 5-35　龙卷风的光照纹理

的三维光照纹理展平为二维纹理,图 5 - 35 是取了其中的 16 个截面展平后的结果。龙卷风场景中光照的强度与尘粒的浓度相关,也就是说尘粒浓度越大,散射的光强度也越大。从图中可以看到,光照纹理具有类似龙卷风的倒漏斗形状,并且强度大小不均匀,这与实际龙卷风中尘粒的密度分布相吻合。

5.4.5　龙卷风破坏作用的模拟

龙卷风的破坏力巨大,这主要体现在它对周围物体的颠覆和摧毁上。因此,龙卷风与周围物体的交互作用是真实感龙卷风场景模拟必不可少的组成部分。但该交互作用所涉及的物理机制非常复杂,很难定量地描述。为此,我们提出了一种近似的物理方法来模拟龙卷风对周围物体如轿车、房屋等的破坏作用,并取得了较为逼真的视觉效果。

我们的基本思想是建模时把物体模型表示为一系列体元(如三角面片、长方体、圆柱体等)的集合,并且定义体元与体元之间的链接关系。如果存在链接关系,则定义其最大承受力的值。断开其中若干体元链接关系即可模拟模型的破裂。再将龙卷风的压强场和速度场转换为力场,计算断裂开来的体元在风场中的受力,进而模拟其运动。具体实现时,我们用 3D MAX 软件对物体进行建模,将物体表示为三角面片、长方体、圆柱体等一些简单的体元;然后设定体元与体元之间的链接信息,为了便于查找,把这些链接信息存为一张图的形式。图中的每一个结点代表一个体元,结点之间的连线表示体元之间的链接关系,如图 5 - 36 所示。图 5 - 36(a)表示初始的物体模型,黑色圆圈表示体元,黑色线段和虚线段表示链接关系,其中虚线段表示可能会断裂的链接关系;图 5 - 36(b)表示 5 - 36(a)中虚线链接关系断裂后的物体模型,其中线框表示链接在一起的体

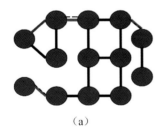 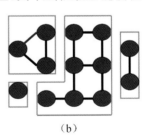

(a)　　　　　　　　　　　　(b)

图 5 - 36　模型的链接关系及其断开。(a) 原始模型;(b) 断裂后的模型

元,它们将作为一个整体在风场中受力。表 5 - 4 描述了我们所用物理模型的体元数目及最大承受力的大致范围。对不同的模型设定链接关系的最大承受力 $f_{\text{fracture\_max}}(i)$($i$ 表示序号),当外部作用力大于 $f_{\text{fracture\_max}}(i)$时,该链接关系将断开。为了增加真实性,我们引入了一个随机值,即当作用力和平均承受力之差为

某一随机范围值 Rand(i)时(通过随机函数产生这一数值,如表 5 - 4 所示),该链接关系就会断裂开来,即断裂的条件为:

$$f > f_{\text{fracture\_max}}(i) + \text{Rand}(i) \tag{5-88}$$

其中 f 为外部作用力。断裂后的体元会在龙卷风风场的作用下独立运动。

我们将风场转化为力和力矩,施加到物体上,以计算物体在风场中的运动。其中压强场与力场的转换如下式所示:

$$\boldsymbol{F} = p(t) \cdot A \frac{\boldsymbol{R}}{\|\boldsymbol{R}\|} \tag{5-89}$$

式中:$p(t)$ 表示 t 时刻龙卷风的压强场,$\boldsymbol{R}$ 表示龙卷风风场中指向受力物体中心的向量,A 表示垂直于 $\boldsymbol{R}$ 方向的投影面积。假设物体在风场中做自由落体运动,为了模拟物体在运动过程中朝向的改变,我们还计算了它承受的力矩 $\boldsymbol{T}$,即:

$$\boldsymbol{T} = \boldsymbol{r} \times \boldsymbol{F}, \tag{5-90}$$

式中:r 表示力臂。由于用包围盒逼近受力的物体,从而大大简化了计算量。

表 5 - 4   龙卷风中物体模型的表示

物体模型	体元数目	最大受力范围	随机值范围
轿车(图 5 - 40)	120	0.35~0.72	Rand(0.05,0.15)
小木屋(图 5 - 41)	510	0.20~0.86	Rand(0.10,0.20)

上述模型仅仅模拟了龙卷风对物体的破坏,没有考虑物体运动对龙卷风风场产生的反作用力。事实上,这种反作用力和龙卷风的破坏力相比是可以忽略的。

5.4.6   绘制结果

根据上述模型,我们在配置为 Pentium Ⅳ/2.8G、2G 内存,NVIDIA GeForce 6800GT 显卡的微机上绘制了不同的动态龙卷风场景图。我们将空间离散为均匀的网格,离散精度高时绘制效果好,但是绘制速度慢;反之,离散精度低时绘制速度快,但是绘制效果会有所下降。另外,泊松方程的求解过程占用较多的计算时间,其迭代次数也会影响绘制效果和绘制速度。当网格离散精度为 $64 \times 64 \times 64$,泊松方程求解的迭代次数为 50 次时,龙卷风运动场景的平均绘制速度为 4~6f/s。但考虑龙卷风与周围物体相互作用后,平均绘制速度会降低。

图 5 - 37 表示远处移动的龙卷风的运动序列图(自左到右,自上而下),从图中可以看到远处的龙卷风犹如一个巨大的倒漏斗在场景中自左向右运动,它的形状也在不断变化。图 5 - 38 是黄昏时刻龙卷风的绘制效果图。由于黄昏的太

阳光的光谱分布不同于白天,龙卷风中尘粒的散射强度也会随之变化,光照效果的绘制较为逼真。图 5 - 39 是近距离观察到的龙卷风生成序列图,从图中可以清楚看到龙卷风生成并慢慢向观察者移动的过程,龙卷风表面的漩涡细节较为真实。图 5 - 40 表示龙卷风将一辆行驶中的轿车卷到空中的动画序列,从图中可以看到轿车被卷起时在空中的整个运动过程。图 5 - 41 模拟了龙卷风摧毁野外一个小木屋的过程,小木屋四周的栅栏被从木屋后方吹来的龙卷风摧毁。

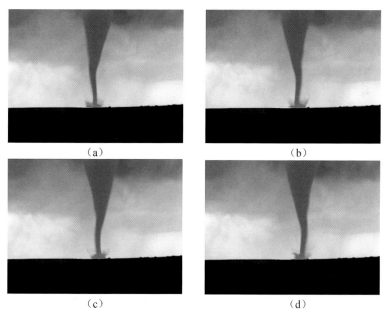

(a) (b)

(c) (d)

图 5 - 37　远处运动的龙卷风场景。(a)~(d) 表示不同时刻的龙卷风形态

图 5 - 38　黄昏时刻的龙卷风场景

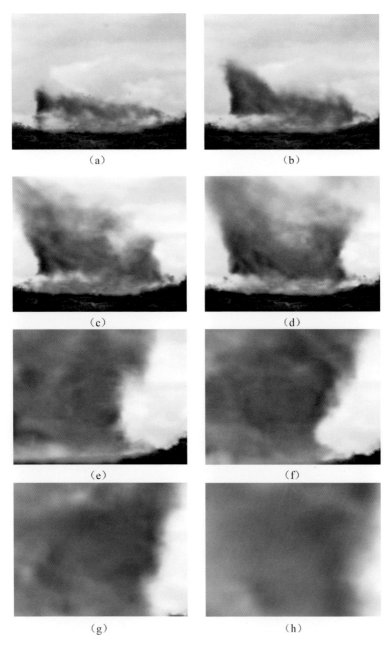

图 5 - 39　近处龙卷风运动的动画序列。(a)～(h) 表示不同时刻的龙卷风形态

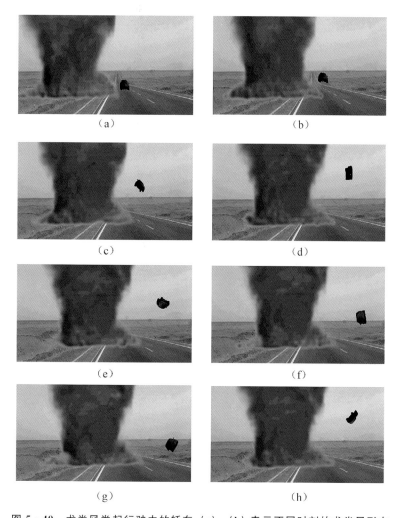

图 5 - 40 龙卷风卷起行驶中的轿车，(a)～(h) 表示不同时刻的龙卷风形态

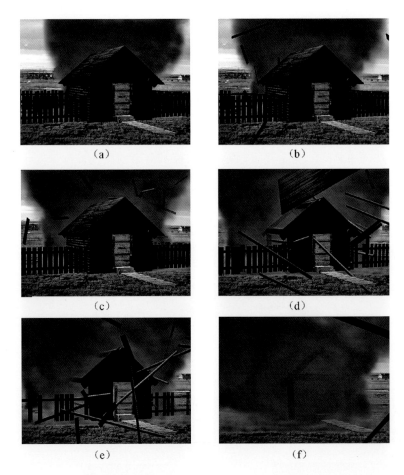

图 5-41　龙卷风摧毁野外的小木屋。(a)~(f)木屋四周的栅栏被龙卷风摧毁序列

5.5　沙尘暴的模拟

　　沙尘暴是一种发生在沙漠及邻近地区的灾难性气象。沙尘暴在移动过程中携带大量沙尘,致使环境能见度降低,甚至导致交通的瘫痪,引发人们的呼吸系统疾病。物理学家和气象学家对沙尘暴的模拟进行了研究,但大多侧重于精确的数值分析,而且所采用的模型过于复杂,不适用于虚拟现实领域。我们提出了一种沙尘暴真实感模拟的新方法,可以用于计算机游戏、影视制作、战场仿真、环境评估等领域。

5.5.1　沙尘暴场景的建模

　　沙尘暴可认为是由风、沙及尘埃粒子组成的多相流体。下面将对它们的运动及其之间的相互作用力分别进行建模。

5.5.1.1 风场模型

沙尘暴通常是由不稳定的空气流动造成的。考虑大气湍流的影响,我们采
用雷诺平均 Navier-Stokes 方程建立风场模型:

$$\rho \frac{\partial \boldsymbol{u}}{\partial t} = -\rho(\boldsymbol{u} \cdot \nabla)\boldsymbol{u} - \nabla P + \mu \nabla^2 \boldsymbol{u} + \nabla \cdot \boldsymbol{\tau} + \boldsymbol{f} \qquad (5-91)$$

式中: $\boldsymbol{u}$ 是风场速度, ρ 为密度, P 和 v 分别表示压力和空气黏度, $\boldsymbol{\tau}$ 为雷诺剪应
力, $\boldsymbol{f}$ 是外力。

5.5.1.2 沙尘粒子流模型

不同类型的沙尘暴中所裹挟的沙粒(大尺寸)和尘埃粒子(小尺寸)的比率是
不同的。沙尘粒子的整体运动服从统计分布,可以近似视为非黏性、不可压缩的
流体运动。我们采用如下方程组对其进行建模:

$$\frac{\partial \boldsymbol{u}_d}{\partial t} = -(\boldsymbol{u}_d \cdot \nabla)\boldsymbol{u}_d - \nabla P_d + \boldsymbol{f}_d,$$

$$\nabla \cdot \boldsymbol{u}_d = 0 \qquad (5-92)$$

式中: $\boldsymbol{u}_d$ 是沙粒流的速度, p_d 为压力, $\boldsymbol{f}_d$ 为作用于沙粒流的外力。 $\boldsymbol{f}_d$ 包括沙粒
在空气中的有效重力 W_d 及拖曳力 $\boldsymbol{F}_d$ 。接下来分析外力的计算方法。

假设沙尘颗粒为质量 m_d 、直径和密度分别为 D_d 和 ρ_d 的球形粒子。为方便
起见,假设粒子在 XOY 平面上移动。图 5-42 为沙粒在风场中的受力示意图。

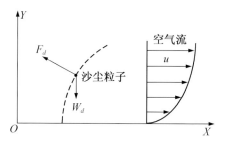

图 5-42 沙粒在风场中的受力

在风场中,沙粒或尘埃粒子的有效重力表示为:

$$W_d = \frac{1}{6}\pi D_d^3 (\rho_d - \rho)g \qquad (5-93)$$

上式中减去的一部分是沙粒在空气流中的浮力, ρ 和 g 分别表示空气密度
和重力加速度。拖曳力表示为:

$$\boldsymbol{F}_d = C_D \pi \mu D_d (\boldsymbol{u}_d - \boldsymbol{u}) \tag{5-94}$$

式中：$\boldsymbol{u}_d$ 为沙粒的速度，μ 为空气的黏度；C_D 为阻力系数，可由以下经验公式计算：

$$C_D = \frac{24}{\mathrm{Re}} + \frac{6}{(1+\mathrm{Re})^{1/2}} + 0.4 \tag{5-95}$$

式中：Re 是雷诺数，它可以表征不同的空气流运动。一般来说，Re 低于 2000 时表示空气层流；Re 为 4000 以上时表示空气湍流；Re 介于 2000 和 4000 之间时，表示空气处于中间的运动状态。我们可以选择不同的 Re 值来模拟不同类型的沙尘暴。

5.5.1.3 风场与沙尘粒子流之间的交互作用模型

在沙尘暴中，风场与沙尘粒子流之间的相互作用力主要是由它们之间的速度差造成的。我们把单位立方体内的沙尘粒子视为一个整体，它们对风场的作用力等价于在风场上施加一外力。

根据上节分析，单一粒子在风场中的受力为 $C_D \pi \mu D_d (\boldsymbol{u}_d - \boldsymbol{u})$。在单位立方体中，沙尘颗粒的直径（$D_p$）分布与沙尘暴的类型有关，可采用以下公式计算：

$$n(D_p) = N_0 \frac{1}{\sqrt{2\pi}\eta D_p} \exp\left(-\frac{(\ln D_p - \delta)^2}{2\eta^2}\right) \tag{5-96}$$

式中：η 和 δ 为 $\ln D_p$ 的均值和标准方差，N_0 为在单位立方体中的沙粒总数。因此，在单位立方体内风场与沙尘粒子流之间的相互作用力可表示为：

$$\boldsymbol{F}_{Dp} = \int n(D_p) \cdot C_D \pi \mu D_p (\boldsymbol{u}_d - \boldsymbol{u}) \mathrm{d}D_p \tag{5-97}$$

5.5.2 沙尘暴场景的模拟效果

我们采用上述沙尘暴模型，在配置为奔腾 IV 处理器、1GB 内存和 NVIDIA GeForce FX 6800 GT 显卡的微机上进行了绘制实验。图 5-43 显示了沙尘暴的渲染结果与实拍照片的对比。图 5-44 为沙漠地区的动态沙尘暴的模拟效果。图 5-44(a)至 5-44(d)展示了沙尘暴由远及近的运动过程。图 5-45 表示在城市街道中的沙尘暴模拟结果。

（a）　　　　　　　　　　（b）

图 5 - 43　沙尘暴的渲染结果与实拍照片的对比。（a）我们的绘制
　　　　　结果；（b）实拍沙尘暴照片

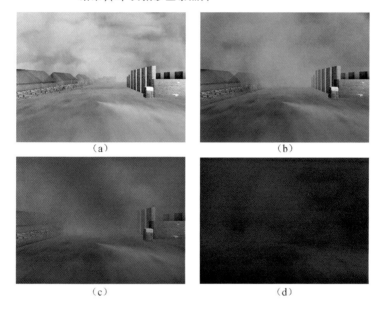

（a）　　　　　　　　　　（b）

（c）　　　　　　　　　　（d）

图 5 - 44　沙漠中沙尘暴的动态模拟效果。（a）～（d）表示不同时刻
　　　　　的沙尘暴景象

图 5 - 45　城市中沙尘暴的模拟效果

5.6 小　　结

本章提出了一系列模拟气象景观的方法,包括对雨、雪、龙卷风和沙尘暴的模拟。针对动态雨场景,提出了一种基于物理的雨场景建模与绘制方法:① 根据雨滴的具体物理特性构建了雨滴的几何及运动模型;② 提出了雨雾天气条件下天空光的多粒子散射模型,给出了各向异性光源散射光强的解析计算方法,首次实时实现了雨雾中各向异性光源的大气散射效果;③ 全面考虑雨点与路面、水面等的交互作用,实现了动态雨场景的真实感实时漫游。

对于雪场景的模拟,首先采用经典的 Boltzmann 方程构造离散三维风场,然后根据风雪的交互规律,建立雪的飘动、沉积、侵蚀等变化规则,最后绘制出不同大小、不同风速下的风雪场景。由于考虑了风场的空气动力学性质和风雪的物理性质,绘制出的风雪场景较为逼真。在绘制时,我们采用一系列离散简化和加速方法,实现了飘雪场景的实时绘制。

对于龙卷风场景的模拟,提出一种二相流模型对龙卷风的运动进行建模,并设计了相应的快速求解方法。与前人方法不同,我们考虑了龙卷风中尘粒的散射,生成了较为逼真的光照效果。在真实的龙卷风场景中,龙卷风对周围物体常形成巨大的破坏作用。为了获得更为逼真的效果,我们还模拟了龙卷风吹起行驶中的轿车、摧毁野外的小木屋等景象。

此外,本章还提出一种沙尘暴运动及光照真实感模拟的新方法。将沙尘暴视为由风、沙以及尘埃粒子组成的多相流体,并分别对它们的运动及它们之间的相互作用力进行建模。通过考虑沙尘暴中粒子的浓度及其与光线的相互作用,我们模拟生成了不同能见度沙尘暴的真实感光照效果。

进一步的工作包括:考虑雨与路面物质的吸收等相互作用,进一步改进路面的湿润效果;改进和完善风雪的物理模型,提供直观方便的交互手段;进一步考虑雪花的碰撞及雪花对风的作用,增强场景真实感;采用 GPU 加速技术,研究多分辨率条件下风雪造型及显示的方法,加快场景的绘制速度等;进一步改进龙卷风与物体之间的相互作用的物理模型,模拟龙卷风与周围物体的双向作用,并结合气象数据等对龙卷风风场进行精确建模,以便在龙卷风的灾害防治等领域发挥作用。对于沙尘暴的模拟,可结合流体模拟中基于粒子的方法进一步增强模拟细节。

【参考文献】

[1] Bang B，Nielesen A，Sundsb P A，Wiik T. 1994. Computer simulation of wind speed，wind pressure and snow accumulation around buildings (SNOW-SIM)[J]. Energy and Buildings，21：235－243.

[2] Best A C. 1950. The size distribution of raindrops[J]. Quarterly Journal of the Royal Meteorological Society，76(327)：16－36.

[3] Bhatnagar P L，Gross E P，Krook M. 1991. A model for collision process in gases I：Small amplitude processes in charged and neutral one-component systems[J]. Physical Review，94：511－525.

[4] Catalfamo R. 1997. Dynamic modelind of speed skiind[J]. Am. Jounal Phys.，65(12)：1－150.

[5] Chapman S，Cowling T G. 1970. The Mathematical Theory of Non-uniform Gases[M]. Cambridge：Cambridge Univ. Press：480－488.

[6] Chen S，Doolen G D. 1998. Lattice Boltzmann method for fluid flows[J]. Annual Review of Fluid Mechanics，30：329－364.

[7] Chen Q，Deng J，Chen F. 2001. Water animation with disturbance model [C]//Proceedings of Computer Graphics International'2001.

[8] Chopard B，Masselot A，Dupuis A. 2000. A lattice gas model for erosion and particles transport in a fluid[J]. Computer Physics Communications，129(1－3)：167－176.

[9] Clappier A. 1991. Influence des particles en saltation sur lacouche limite turbulente [R]. Technical Report，Ecole Polytechnique Federale de Lausanne，LASEN.

[10] Corripio J G，Durand Y，Guyomarch G，Merindol L，Lecorps D. 2004. Modelling and monitoring snow redistribution by wind[J]. Cold Region Science and Technology，5：63－89.

[11] Ding X. 2004. Physically Based Simulation of Tornadoes[D]. Waterloo：Waterloo University.

[12] Enright D，Marschner S，Fedkiw R. 2002. Animation and rendering of complex water surfaces[J]. ACM Transactions on Graphics，21(3)：736－744.

[13] Fearing P. 2000. Computer modeling of fallen snow[C]//Proceedingds of ACM SIGGRAPH'2000. New Orleans，Louisana：37－46.

[14] Fedkiw R，Stam J，Jensen H W. 2001. Visual simulation of smoke[C]//Proceedings of SIGGRAPH. New York：ACM Press：15－22.

[15] Feldman B E，O'Brien J F. 2002. Modeling the accumulation of wind-driven snow[C]//Technical sketch，ACM SIGGRAPH'2002 Conference Abstracts and Applications. San Antonio.

[16] Flora S. 1953. Tornadoes of the United States[M]. Norman，Oklahoma，USA：University of Oklahoma Press.

[17] Foster N，Fedkiw R. 2001. Practical animation of liquids[C]//Proceedings of SIGGRAPH'2001. New York：ACM Press：23－30.

[18] Frohn A，Roth N，Chisti Y. 2002. Dynamics of droplets. Applied Mechanics Reviews，55：1.

[19] Garg K S K N. 2006. Photorealistic rendering of rain streaks. Comput Graph，25：996－1002.

[20] Garg K，Nayar S. 2004. Detection and removal of rain from videos[C]//Frances T（ed.），Proc. IEEE Computer Society Conference on Computer Vision and Pattern Recognition(CVRR 2004). Washington D C：Springer.

[21] Haglund H，Hast A. 2002. Snow accumulation in real-time[C]//The Proceedings of Sigrad：11－15.

[22] Jackel D，Walter B. 1997. Modeling and rendering of the atmosphere using Mie-scattering[J]. Computer Graphics Forum，16(4)：201－210.

[23] Kaneda K，Okamoto T，Nakamae E，Nishita T. 1991. Photorealistic image synthesis for outdoor scenery under various atmospheric conditions[J]. The Visual Computer，7(5)：247－258.

[24] Kaneda K，Kagawa T，Yamashita H. 1993. Animation of water droplets on a glass plate[C]//Proceedings of Computer Animation'1993：177－189.

[25] Kaneda K，Ikeda S，Yamashita H. 1999. Animation of water droplets moving down a surface[J]. J. Visual. Comput. Anim. ，10：15－26.

[26] Langer M，Zhang L Q. 2003. Rendering falling snow using an inverse Fourier transform[C]//Proceedings of ACM SIGGRAPH：58－64.

[27] Lewellen W S. 1993. Tornado vortes theory[C]//Proceedings of the Tornado：Its Structure，Dynamics，Prediction，and Hazards（Geophysical Monograph 79）：19－39.

[28] Lewellen W S, Lewellen D C. 1997. Large-eddy simulation of a tornado's interaction with the surface[J]. Journal of the Atmospheric Sciences, 54 (5): 581 – 605.

[29] Libbrecht K G. 2001. Morphogenesis on ice: The physics of snow crystals [J]. Engineering and Science, 64: 10 – 19.

[30] Luo J, Du J, Xie S. 2004. Real-time simulation of rain in 3D terrain scene based on particle systems[J]. Journal of Image and Graphics, 9(4): 495 – 500.

[31] Masselot A. 2000. A new numerical approach to snow transport and deposition by wind: A parallel lattice gas model[D]. Geneva: University of Geneva.

[32] Masselot A, Chopard B. 1995. Cellular automata modeling of snow transport by wind[C] // Proceedings of Applied Parallel Computing, Computations in Physics, Chemistry and Engineering Science (PARA): 429 – 435.

[33] Mei R W, Shyy W, Yu D Z. 2000. Lattice Boltzmann method for 3D with curved boundary flows[J]. Journal of Computational Physics, 161: 680 – 699.

[34] Mutchler C K. 1967. Parameters for describing raindrop splash[J]. Jounral Soil and Water Conservation, 22: 22 – 91.

[35] Nakamae E, Kaneda K, Okamoto T, Nishita T. 1990. A lighting model aiming at drive simulators[J]. Computer Graphics, 24(4): 395 – 404.

[36] Nakaya U. 1954. Snow Crystals: Natural and Artificial[M]. Cambridge: Harvard University Press.

[37] Narasimhan S G, Nayar S K. 2003. Interactive (de) weathering of an image using physical models[C] // Proceedings of ICCV Workshop on Color and Photometric Methods in Computer Vision (CPMCV): 1 – 8.

[38] Nishita T, Nakamae E. 1986. Continuous tone representation of three-dimensional objects illuminated by sky light[J]. Computer Graphics, 20(3): 125 – 132.

[39] Nishita T, Miyawaki Y, Nakamae E. 1987. A shading model for atmospheric scattering considering luminous intensity distribution of light sources [J]. Computer Graphics (ACM SIGGRAPH' 1987), 21(4): 303 – 310.

[40] Nishita T, Iwasaki H, Dobashi Y, Nakamae E. 1997. A modeling and

rendering method for snow by using metaballs[J]. Computer Graphics Forum, 16(3): 357 – 364.

[41] Nolan D S, Farrell B F. 1999. The structure and dynamics of tornado-like vortices[J]. Journal of the Atmospheric Sciences, 56: 2908 – 2935.

[42] Ohlsson P. 2004. Real-time rendering of accumulated snow[D]. Sweden: Uppsala University.

[43] Premoze S, Thompson W B, Shirley P. 1999. Geospecific rendering of alpine terrain[C] // Proceedings of the 10th Eurographics Workshop on Rendering. Granada, Spain: 107 – 118.

[44] Rasmussen R, Vivekananda J, Cole J, Karplus E. 1998. Theoretical consideration in the estimation of snowfall rate using visibility[R]. Tech. Report, The National Center for Atmospheric Research.

[45] Revees W T. 1983. Particle systems-a technique for modeling a class of fuzzy objects[C] // ACM Computer Graphics (SIGGRAPH'1983), 17 (3): 359 – 376.

[46] Rousseau P J V D G. 2006. Realistic real-time rain rendering. Comput Graph, 30(4): 507 – 518.

[47] Stam J. 1999. Stable fluids[C] // Proceedings of SIGGRAPH. New York: ACM Press: 121 – 128.

[48] Starik K. Smulation of rain in videos[C] // Proceedings of ICCV'2002: 125 – 130.

[49] Steinhoff J, Underhill D. 1994. Modification of the Euler equations for vorticity confinement: Application to the computation of interacting vortex rings[J]. Physics of Fluids, 6(8): 2738 – 2744.

[50] Sumner R W, O'Brien J F, Hodgins J K. 1999. Animating sand, mud, and snow[J]. Computer Graphics Forum, 18(1): 17 – 26.

[51] Sun B, Ramamoorthi R, Narasimhan S G, Nayar S K. 2005. A practical analytic single scattering model for real time rendering. ACM Transactions on Graphics, 24(3): 1040 – 1049.

[52] Thiis T K. 2003. Large scale studies of development of snowdrifts around buildings[J]. Journal of Wind Engineering and Industrial Aerodynamics, 91(6): 29 – 839.

[53] Wang N, Wade B. 2004. Rendering falling rain and snow[C] // SIGGRAPH 2004 Sketches, 14.

[54] Wei X，Li W，Mueller K，Kaufman A. 2003. The lattice Boltzmann method for gaseous phenomena[J]. IEEE Transactions on Visualization and Computer Graphics，10(2)：164－176.

[55] Weiskopf D，Schafhitzel T，Ertl T. 2005. Real-time advection and volumetric illumination for the visualization of 3D unsteady flow[C]// Proceedings of Eurovis (EG/IEEE VGTC Symposium Visualization)：13－20.

[56] Wejchert J，Haumann D. 1991. Animation aerodynamics[J]. Computer Graphics，25(4)：19－22.

[57] William E U O，Cotton R. 2000. Thermodynamics and microphysics of clouds[D]. Colorado：Colorado State University，2000.

[58] Wolfram S. 1983. Statical mechanics of cellular automata[J]. Review of Modern Physics，55(3)：601－644.

[59] Wylie E B. 1984. Linearized two dimensional fluid transients[J]. Journal of Fluids Engineering，ASME，106：227－232.

[60] Wyvill G，Trotman A. 1990. Ray-tracing soft objects[C]// Proceedings of CG International：439－475.

[61] Xia J，Lewellen W S，Lewellen D C. 2003. Influence of mach number on tornado flow dynamics[J]. Journal of the Atmospheric Sciences，60：2820－2825.

[62] Xue D，Crawfits R. 2004. Fast dynamic flow volume rendering using textured splats on modern graphics hardware[C]// Proceedings of SPIE IS & T Electronic Imaging，SPIE Vol 5295：133－140.

[63] Yu Y J，Jung H Y，Cho H G. 1998. A new rendering technique for water droplet using metaball in the gravitation force[C]// The 6th International Conference in Central Europe on Computer Graphics and Visualization (WSCG'1998)：448－454.

[64] Zhu Y，Robert B. 2005. Animation sand as a fluid[C]// Proceedings of SIGGRAPH'2005：865－972.

[65] 陈彦云，孙汉秋，郭百宁，等. 2006. 自然雪景的构造和绘制[J]. 计算机学报，25(9)：916－922.

[66] 王长波. 2006. 基于物理模型的自然景物真实感绘制[D]. 杭州：浙江大学计算机学院.

山峦时时变化，一会儿山头上现出一座宝塔，一会儿山洼里现出一座城市，……

——《海市》杨朔

奇特
景观

第6章 奇特天空景观的模拟

虚无缥缈的海市蜃楼,绚丽多彩的峨眉宝光……常常令有幸见到这些景观的人欣喜若狂,津津乐道。这些奇特的自然景观展示出大自然的神秘,令人遐想。若能够在计算机上再现这些景观,让更多的人观赏,并认识其科学内涵,将会非常有意义。此外,这类图像在气象学、环境检测、旅游业等领域也有重要的应用价值。

6.1 奇特自然景观的原理介绍

6.1.1 海市蜃楼的成因

"海市蜃楼"是常用来形容虚无缥缈的事物的代名词,其实海市蜃楼是一种客观存在的自然现象。当海面风平浪静时,大气中由于光线的折射,把远处看不见的景物投影到空中或海面,形成亭台楼阁、山峦起伏等种种虚无缥缈的奇异幻象,恍如仙境。海市蜃楼的记载最早见于中国古代的西汉,其后海市蜃楼在全国各地的记载中时有出现,在国外爱琴海等地也常出现海市蜃楼的景观。我国的某些地方,如山东蓬莱,因常出现海市蜃楼的奇妙景观,成为旅游的一大热点。海市蜃楼现象不光发生在海边,还常出现在沙漠中和炙热的柏油马路上。一个旅行者在沙漠中行走,正当饥渴难耐时,忽然看到正前方出现了一汪清水或一片绿洲,然后异常兴奋地奔跑过去,而水及绿洲却不见了,空欢喜一场,这就是沙漠中的蜃景。其实海市蜃楼也存在于我们的日常生活中。在炎热夏日的中午,当我们在马路上行走时,有时会发现正前方马路上有一摊明晃晃的水,并有行驶着的汽车的倒影,但走到近处看则发现原先的路面上滴水全无,与前后路面完全一样,这就是发生在我们身边的蜃景。

6.1.1.1 海市蜃楼的原理分析

海市蜃楼是一种自然现象,但在被充分认识以前,往往被人们神秘化,甚至迷信化。根据中国古籍记载,所谓"海市",即海上神仙的住所;蜃,乃蛟龙之属,能吐气为楼,所以称之为"海市蜃楼"。其实海市蜃楼是光线经过不同密度的空气层时发生显著的折射再加上全内反射,把远处景物显示在空中或地面的一种光学现象。

要明白海市蜃楼的成因,首先要弄清楚为什么光线在空气中会被折射。原来,大气层中温度并不均匀,不同温度的空气有不同的折射率。靠近海面的空气较冷,折射率较大。可以把空气想象为一种多层的介质,而每一层的折射率都不同。光线在空气中行走时,路线便如图 6-1 所示。

当光线以倾斜的角度穿越两个具有不同折射系数的介质时,它会分成两条光线,一条折射,一条反射。根据折射定理:$n_1\sin\theta_1 = n_2\sin\theta_2$;当入射角越来越大,$\theta_1 < \theta_2 < \cdots < \theta_i$,被折射的光线便会越来越贴近分界面,直至入射角大于临界角度,光线便只会被反射,而不会折射出去。这个现象叫做全内反射,如图 6-1中在 O 点发生全反射。

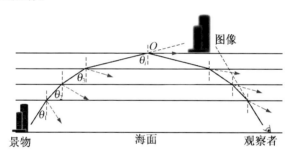

图 6-1　蜃景光线轨迹

海市蜃楼现象多发生于大海和沙漠中。当地面强烈增热或强烈辐射冷却,使得近地空气层的密度上下差异很大,当地面景物的光影在这种密度变化的大气层中传播时,由于大气对光线反射率、折射率的强烈变化使光影沿曲线投射到很远的地方成像。按形成蜃景的地面和气象条件,主要可分为:上现蜃景、下现蜃景、双层蜃景和复杂蜃景四种类型。

(1) 上现蜃景

在气压恒定的情况下,空气密度随温度升高而减小,形成温度梯度分布;在无风的情况下,这种状态可保持相对稳定。此时从远处海面上的轮船等物体发出的光线经空气下层到上层逐次折射时,光线逐渐弯曲。当光线在某一空气层的入射角大于该层的临界角时将发生全反射,投影光线便从这一空气层逐渐反射回海面。站在海边的人接收到这束光线,逆向观察,就会从天空中看到行驶于海面上的船的正立虚像。出现在海边的这种虚幻正像称为"上现蜃景"。

（2）下现蜃景

上现蜃景产生的条件是冷空气在下，热空气在上，而下现蜃景则刚好相反。在沙漠或马路上，正午或午后，局部地区空气下热上冷的现象特别突出，其全反射所产生的景物呈倒像，称为"下现蜃景"，如沙漠蜃景和马路蜃景。此时，蓝色的天空常常被全反射到路面或沙漠上，看起来很像一摊水。当出现下现蜃景时，大气层不太稳定，致使蜃景摇晃，仿佛潮波荡漾，呈现出一片美丽的湖光倒影。

（3）双层蜃景

以上单层蜃景的温度梯度变化基本上是线性的，当温度截面变化曲线分成两段时，光线更加弯曲，常常使得人眼看到两条从物体某处发出的光线，即看到一正一反两个像，从而出现双层蜃景。

（4）复杂蜃景

在近海地区，由于空气温度冷热交织，常常会使近地层空气温度不同并且不断变化，当温度截面变化分成三层甚至更多层时，就可能在海面或地面附近产生多层蜃景，此时显现出来的蜃景形状和强度瞬息万变，有伸长、缩短、歪曲或闪烁不定等，有时也称为"复杂蜃景"。

图6-2是几个比较经典的蜃景实拍照片。

（a）   （b）

（c）   （d）

图6-2　经典的海市蜃楼照片。(a) 海面蜃景（上现蜃景）；(b) 沙漠蜃景（下现蜃景）；(c) 马路蜃景（下现蜃景）；(d) 多层蜃景

6.1.1.2　海市蜃楼的成像基本条件

综上所述,海市蜃楼主要是由于大气温度不均匀,从景物发出的光线穿越大气层时发生折射和全反射而形成的。具体而言,海市蜃楼的形成必须具备一定的条件,即只有地理、气候和水文条件中某种特定的状态同时具备,才能生成海市蜃楼现象,这正是人们不常看到海市蜃楼景观的原因。

海市蜃楼的基本成像条件包括:① 存在上冷下热或上热下冷的较大温差梯度;② 有较稳定、规整的气温分层;③ 天气晴朗,视野开阔;④ 存在可供折射和全反射的合适物体。

6.1.2　峨眉宝光的成因

宝光在佛教上又称为"佛光(Buddha Glory)",原意指释迦牟尼眉宇间放射出的光芒。在四川峨眉山上出现的这种自然奇观,自公元 63 年记载以来,已有 1900 多年的悠久历史,并以世界奇观驰名中外。事实上,这一现象在许多佛教圣地均可观察到。由于这种现象在峨眉山出现频率最高,故被气象学界统一命名为"峨眉宝光(Emei Glory)"。峨眉山传系普贤道场,当在金顶山谷上空云雾宝光中出现摄身光影时,历史上不少僧人及善男信女多附会为普贤菩萨显灵,腾"兜罗锦云"接引信人升天,往往欣然循舍身崖蹈空坠谷,酿成粉身碎骨的惨剧。

据历史记载,位于中国大西北的敦煌莫高窟的修建与宝光现象也有密切联系。公元 366 年的一天傍晚,在中国西北部甘肃省敦煌市附近的一座沙山上,"佛光"的一次偶尔呈现被一个叫乐僔的和尚无意中看到了:"……忽见金光,状有千佛"(赖比星,2004)。看到"佛光"的乐僔当即跪下,并朗声发愿要把他见到"佛光"的地方变成一个令人崇敬的圣洁宝地。受这一信念的感召,经过工匠们千余年断断续续的构筑,终于成就了我们今天看到的这座举世闻名的文化艺术瑰宝——敦煌莫高窟。

中国史书上对宝光现象有如下描述:"七彩光环,幻变之奇,出人意料。人影投入环中,却人动影随,身影自见。虽数人并肩而立,不见他人影,绝妙之处,殊非言语所能形容,亲临目睹,奥妙自知。"

宝光实际上是由于云中或雾中水滴的后向散射产生的一种自然现象。宝光的形成条件非常苛刻,只有当太阳光的入射方向、观察者及具有合适半径的水滴组成的云雾体位于同一条直线时,这种现象才有可能发生,如图 6-3 所示。事实上,宝光中神秘的摄身光影就是观察者自身的影子。这一奇观在我国的其他地区也有出现,如山西五台山、陕西华山、安徽黄山、山东泰山、江西庐山及三清山(称之为"三清神光")、贵州梵净山、四川的大小瓦屋山、西藏拉萨河谷、云南鸡足山等。

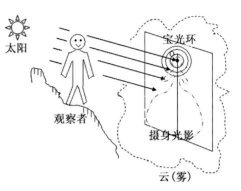

图 6-3　宝光现象的形成条件

在国外,英国维尼斯山、美国亚利桑那大峡谷、南非潘巴马斯山、瑞士北鲁根山、黑海和亚速海之间的罗曼克什山和德国汉茨山的布罗肯峰等地,亦可看到这类现象。因德国哈茨山(Harz)布罗肯(Brocken)峰会经常观察到这一现象,且内有摄身光影,疑为幽灵(见图 6-4),故西方国家将这一现象称为"布罗肯幽灵"(Brocken Spectra)(Greenler,1980)。事实上,如果在晴朗天气下乘飞机飞越云层上部,我们不难看到这一奇观,不过这时的摄身光影是飞机的影子,而不再是"佛影"。

图 6-4　宝光("布罗肯幽灵")的实拍照片

6.1.3　彩虹的形成

彩虹是人们时常看到的一种奇特的自然现象。每当五彩缤纷的彩虹出现时,人们都会情不自禁地驻足观赏这种大自然美景。关于彩虹,有着种种神奇的传说。那么现实中的彩虹是什么? 它又是如何形成的呢?

一说到彩虹,人们常把它跟雨景联系在一起,雨后天空有时会出现彩虹,"赤橙黄绿青蓝紫,谁持彩练当空舞? 雨后复斜阳,关山阵阵苍"。其实在阳光下,喷泉或瀑布的周围也会出现彩虹;夏天,街上奔跑的洒水车的后面,有时也会出现一段彩虹;用喷雾器在空中喷雾也可形成彩虹……

在中学物理课上有个光的色散实验：取一个棱镜，让一束白光穿过狭缝射到棱镜的一侧面，通过棱镜后，光前进方向改变，在白色光屏上形成彩色光带。当空气中飘浮有大量的小水滴时，在太阳光的照射下，一个个的小水滴就像棱镜似地把白光分解成七种单色光。具体而言，当阳光射入小水滴时，发生折射，由于构成白光的各种单色光的折射率不同，光线在小水滴内产生分光现象；各色光在小水滴中继续传播，遇到水滴的另一界面时被反射回来，重新穿过小水滴内部，出来时再一次发生折射，返回到空气中。这样，阳光在小水滴中经过两次折射和一次全反射后，被分解成红、橙、黄、绿、蓝、靛、紫七种单色光（见图 6 - 5）。当空气中的小水滴数量很多时，射出来的光集中在一起，就形成了天空中美丽的彩虹。

图 6 - 5 彩虹的成像

空气里小水滴的大小，决定了彩虹的色彩与宽度。雨滴越大，彩虹带越窄，色彩越鲜明；雨滴越小，彩虹带越宽，色彩越黯淡。当雨滴小到一定程度时，分光和反射不明显，彩虹就消失。这说明彩虹的形成直接与空气中雨滴的存在、多寡、大小有着直接关系（见图 6 - 6）。

(a)   (b)

图 6 - 6 实拍的瀑布旁边的彩虹。(a) 彩虹一；(b) 彩虹二

霓和虹都是阳光被小水珠折射和反射所形成的彩虹现象。光线被水珠折射两次和反射一次叫做虹，光线被水珠折射两次和反射两次叫做霓。一方面，由于霓比虹反射多一次，光线的强度较弱，所以并不常见；另一方面，因为霓与虹的反

射路径不同,所以我们看到霓的七色刚巧与虹的七色上下相反。

6.2 海市蜃楼的模拟

由于海市蜃楼成像条件的特殊性及复杂性,采用传统的图形学方法绘制海市蜃楼难度很大,难以真实地再现海市蜃楼的种种奇妙景观。

6.2.1 相关工作

至今为止,模拟海市蜃楼的研究工作并不太多。1977 年,Khular 等(Khular et al.,1977)和 Fabri 等(Fabri et al.,1982)最早解释了蜃景的物理成因。1985 年,Tape(Tape,1985)研究了海市蜃楼成像时光线的几何拓扑关系,但仅限于上现蜃景。1990 年,Berger 等(Berger et al.,1990)和 Musgrave 和 Berger (Musgrave and Berger,1990)首次提出了采用光线跟踪来模拟上现蜃景,但只给出了一个简单的实例。1996 年,Stam 和 Languenou(Stam and Languenou,1996)对非均匀不连续大气介质进行了研究,模拟了折射系数的连续变化。1998 年,Trönkle(Trönkle,1998)模拟了爱琴海上的海市蜃楼,不过其真实感不强。2000 年,Kosa 和 Palffy-Muhoray(Kosa and Palffy-Muhoray,2000)对海市蜃楼的成因进行了理论研究,在墙上实验模拟海市蜃楼。2001 年,王忠纯(王忠纯,2001)利用线性变折射率模型来解释海市蜃楼现象,导出线性变折射率模型下的光线微分方程,求出光线在线性变折射率大气中的轨迹,并进一步分析蜃景的位置和观察者的关系,但该模型仅适用于单层蜃景的理论建模。2004 年,Shi(Shi,2004)对单层海市蜃楼进行了简单模拟。2005 年,Lintu 等(Lintu et al.,2005)模拟了太阳升起时的蜃景,并给出了简单效果。

上述工作要么侧重于海市蜃楼的理论建模,要么只对某一种简单的蜃景进行模拟,真实感不足,而且都没有模拟出海市蜃楼随时间、大气等变化的动态景观。实际上,海市蜃楼有多种类型,而且会随着时间、大气、温度的波动而时刻变化,虚无缥缈,恍如仙境,这也正是海市蜃楼的奇妙之处。

本节在充分考虑海市蜃楼的具体物理成因的基础上,通过分析不同类型海市蜃楼的成因,建立随大气温度变化的模型,模拟蜃景的光线路径;进而计算光线传播过程中的能量衰减,模拟蜃景的成像颜色;基于大气重力波模型,建立海市蜃楼动态变化模型;然后考虑环境对海市蜃楼的影响,运用 GPU 加速技术对蜃景进行整体绘制;最后实时绘制出不同条件下海市蜃楼的真实感景观,包括海洋、沙漠、马路上的蜃景,并模拟蜃景的产生、变化、消失等动态过程。

6.2.2 海市蜃楼的理论建模

根据以上海市蜃楼的基本成像机理,可以建立海市蜃楼成像的物理模型。蜃景的物理建模包括三个方面:蜃景的光线传播路径建模——决定蜃景的成像位置和形状;蜃景的光线能量衰减建模——决定蜃景的颜色强度;蜃景的动态建模——模拟蜃景的产生、变化、消失过程。

6.2.2.1 蜃景的光线路径建模

（1）单层蜃景的光线传播路径

单层蜃景是最简单且较常见的一种蜃景。大气折射率沿大气层垂直方向变化,传统的建模方法将形成单层蜃景的大气层温度变化简化为线性的,这其实并不合理(王忠纯,2001)。下面我们将建立大气层温度变化的连续模型。

在几何光学中,光的能量沿光线传播,其传输路径主要取决于所穿过介质的折射率分布。以上现蜃景为例,在盛夏的地面(尤其是沙漠戈壁)上方,随着高度的增加,空气温度逐渐增高,折射率不断增大。根据不同天气条件下的温度数据统计(Thyagarajan et $al.$,1977),当出现蜃景时,大气折射率与温度(℃)的关系可以近似地表示为:

$$n^2(y) = n_0{}^2 + n_P{}^2(1 - \mathrm{e}^{-ay}) \tag{6-1}$$

式中:n_0 是地面处空气的折射率,y 为空气层离地面高度,a 为常数(Stavroudis,1972)。其中 n_P 与大气的温度梯度相关,为:$n_P = \dfrac{131.5}{273.15 + T(y)}$。

对于单层蜃景,我们选择温度截面 $T_1(y)$ 为(Gossard and Hooke,1975):

$$T_1(y) = a\exp(-\frac{y}{b}) - cy + d \tag{6-2}$$

式(6-2)右边的第一项代表接近地面处空气温度的快速增加;第二项描述了随着高度的增加大气温度按线性降低;d 与地表温度 $T_1(0)$ 相关,$d = T_1(0) - a$。

对于不同类型的天气条件和地面条件,参数 a,b,c,d 应该取不同的值,见表 6-1。

表 6-1 不同条件下的典型参数取值

天气	地面条件	a	b	c	d
晴	沙地	3.8	0.07	0.54	26
多云	泥滩	2.6	0.12	0.14	23
晴	泥滩	1.3	0.16	0.11	24

对光线路径上的任一点作微分,如图 6 - 7 所示,我们可以得到:

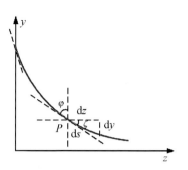

$$\frac{\mathrm{d}y}{\mathrm{d}z} = \left[\left(\frac{\mathrm{d}s}{\mathrm{d}z}\right)^2 - 1\right]^{\frac{1}{2}} = \left[\left(\frac{1}{\cos\zeta}\right)^2 - 1\right]^{\frac{1}{2}}$$

$$= \left[\left(\frac{1}{\sin\varphi}\right)^2 - 1\right]^{\frac{1}{2}} \quad (6-3)$$

式中:ζ 和 φ 为光线偏转角度。

图 6 - 7 光线轨迹微分

由折射定律:$n\sin\varphi = n_1\sin\varphi_1$($n_1$、$\varphi_1$ 分别为物体表面附近空气的折射率和物体光线入射的初始角)和折射率公式,可得:$\mathrm{d}z = $

$$\frac{n_1\sin\varphi_1\mathrm{d}y}{[n_0^2 + n_p^2(1 - \mathrm{e}^{-\alpha y}) - n_1^2\sin^2\varphi_1]^{\frac{1}{2}}}。$$

令 $K = \left(\frac{n_0^2 + n_p^2 - n_1^2\sin^2\varphi_1}{n_p^2}\right)^{\frac{1}{2}}$,$u = K\mathrm{e}^{\frac{\alpha y}{2}}$,则有 $\mathrm{d}z = \frac{2}{K\alpha n_p}\frac{n_1\sin\varphi_1\mathrm{d}u}{\sqrt{u^2 - 1}}$。积分后,可以得到:$z = \frac{2}{K\alpha}\frac{n_1\sin\varphi_1}{n_p}\mathrm{arcosh}u - C$。再令 $\beta = \frac{K\alpha n_p}{2n_1\sin\varphi_1}$,则有:$y(z) = \frac{2}{\alpha}\ln\left[\frac{1}{K}\cosh[\beta(C + z)]\right]$。当 $z = 0$,$y = y_0$ 时,求得:$C = \frac{1}{\beta}\mathrm{arcosh}(K\mathrm{e}^{\frac{\alpha y_0}{2}})$。

根据反函数定理,$\mathrm{arcosh}y = \ln(y \pm \sqrt{y^2 - 1})$。考虑到实际情况,光线应该是往下凸的,因此,我们取其中的一支:$\mathrm{arcosh}y = \ln(y - \sqrt{y^2 - 1})$。

因此,有:

$$y(z) = \frac{2}{\alpha}\ln\left[\frac{1}{K}\cosh[\beta(C + z)]\right] \quad (6-4)$$

其中 $K = \left(\frac{n_0^2 + n_p^2 - n_1^2\sin^2\varphi_1}{n_p^2}\right)^{\frac{1}{2}}$,$\beta = \frac{K\alpha n_p}{2n_1\sin\varphi_1}$,$C = \frac{1}{\beta}\mathrm{arcosh}(K\mathrm{e}^{\frac{\alpha y_0}{2}}) = \frac{1}{\beta}\ln(K\mathrm{e}^{\frac{\alpha y_0}{2}} - \sqrt{K^2\mathrm{e}^{\alpha y_0} - 1})$。式(6 - 4)即为上现蜃景的光线传播方程。

图 6 - 8 给出了 $n_p = 0.45836$,$\alpha = 2.303/\mathrm{m}$ 时,上现蜃景的光线传播图。由图 6 - 8 可见,光线经折射后向下弯曲,有可能形成上现蜃景。根据上面的光线传播方程,求得每一根光线与 Z 轴的交点及斜率,进而可以求得物体的像点。

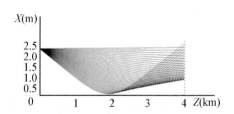

图 6 - 8 上现蜃景的轨迹模拟(横坐标为水平方向的距离,纵坐标为离地面的高度,物体假设处于离地面 2.5m 高度处)

同样,对于下现蜃景,在寒冷的海面上,空气温度较低,密度较大,这样就形成了折射率的梯度,此时折射率变化为:$n^2(y) = n_0^2 e^{-\alpha y}$。同理,可以计算出海面蜃景的光线折射及全反射路径。

(2) 多层蜃景的建模

对于双层海市蜃楼,温度截面一般不会像式(6-2)中 T_1 那样单调变化,必定存在一个拐点。此时地面附近存在一个具有一定厚度的动态稳定的温暖层(Trankle,1998),其温度截面 $T_2(y)$ 可以采用以下公式描述:

$$T_2(y) = T_1(y) + e\left[\frac{1}{\pi}\arctan\left(\frac{y-f}{g}\right) + 0.5\right] \qquad (6-5)$$

式中:f 是该层的厚度,e 表征在该层之上的温度改变,$T_1(y)$ 可用式(6-2)计算。

如图 6-9 所示,P 点为地面上的物体,如果有一人正好站在 P' 点处,就会在 P 点的上部看到两镜像,下面的像为物体的倒影,而上者为物体的正立像,这就是双层蜃景。对于多层蜃景,我们可以采用多层温度梯度来近似模拟。对于三层蜃景,温度梯度 $T_3(y)$ 可以采用公式:

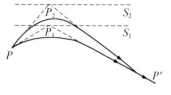

图 6-9 双层蜃景成像

$$T_3(y) = T_1(y) + T_2(y) - p\exp\left[-\frac{(y-q)^2}{2p^2} - 0.4\right] \qquad (6-6)$$

式中:p 是温度下降层的厚度,q 表征下降层的温度改变,$T_1(y)$,$T_2(y)$ 按式(6-2)和(6-5)计算。

6.2.2.2 蜃景的能量建模

我们已经分析了蜃景成像过程中光线传播的路径,但是人们观察到的蜃景常常并不清晰,而显得虚无缥缈和朦朦胧胧。这是因为蜃景中的物体发出的光线经过远距离的折射和全反射后,其能量已经衰减了许多,从而导致呈现在蜃景中的影像模糊。下面具体计算远处物体发来的光线进入人眼之前的能量损失。

(1) 光线传播的能量损失

自然光作为横波,其振动矢量(E 和 H)与传播方向互相垂直,具有偏振现象。分别记 p 和 s 为振动的平行分量和垂直分量。先考虑物体的某条光线穿越当前空气层进入具有不同折射率的下一空气层的情况。

令 i_1、i_1'、i_2 分别表示光线在两相邻空气层界面的入射角、反射角和折射角,以 A_1、A_1'、A_2 依次表示入射波、反射波和折射波的振幅,它们的分量分别记为

A_{p1}、A'_{p1}、A_{p2} 和 A_{s1}、A'_{s1}、A_{s2}。由几何光学的基本知识可以知道：$i_1 = i'_1$。同时，由菲涅耳公式可知(Jenkins, 1976)：

$$\begin{cases} \dfrac{A'_{s1}}{A_{s1}} = -\dfrac{\sin(i_1 - i_2)}{\sin(i_1 + i_2)} \\[2mm] \dfrac{A_{s2}}{A_{s1}} = \dfrac{2\sin i_2 \cos i_1}{\sin(i_1 + i_2)} \\[2mm] \dfrac{A'_{p1}}{A_{p1}} = \dfrac{\tan(i_1 - i_2)}{\tan(i_1 + i_2)} \\[2mm] \dfrac{A_{p2}}{A_{p1}} = \dfrac{2\sin i_2 \cos i_1}{\sin(i_1 + i_2)\cos(i_1 - i_2)} \end{cases} \qquad (6-7)$$

根据能量守恒：$S_1 = S'_1 + S_2$，这里 S_1、S'_1、S_2 分别是入射光能量、反射光能量和折射光能量。对于自然光：

$$A_s^2 = A_p^2 = \frac{1}{2}A^2 \qquad (6-8)$$

这样就有：

$$S'_1 = K(A'_1)^2 n_1 \cos i_1 = K\left[\left(\frac{\sin(i_1 - i_2)}{\sin(i_1 + i_2)}\right)^2 A_{s1}^2 + \left(\frac{\tan(i_1 - i_2)}{\tan(i_1 + i_2)}\right)^2 A_{p1}^2\right] n_1 \cos i_1$$

$$= \frac{1}{2}\left[\left(\frac{\sin(i_1 - i_2)}{\sin(i_1 + i_2)}\right)^2 + \left(\frac{\tan(i_1 - i_2)}{\tan(i_1 + i_2)}\right)^2\right] K A_1^2 n_1 \cos i_1$$

$$= \frac{1}{2}\left[\left(\frac{\sin(i_1 - i_2)}{\sin(i_1 + i_2)}\right)^2 + \left(\frac{\tan(i_1 - i_2)}{\tan(i_1 + i_2)}\right)^2\right] S_1 \qquad (6-9)$$

根据式(6-9)可以得到折射光线的能量：

$$S_2 = S_1 - \left(\frac{n_2 - n_1}{n_2 + n_1}\right)^2 S_1 = \frac{4 n_1 n_2}{(n_2 + n_1)^2} S_1 \qquad (6-10)$$

以上是光线穿越两相邻空气层的能量损失。我们根据折射率将蜃景光线经过的路径分成 k 层，即设置一定的阈值，如果折射率的差值小于该值则将其划为同一层。通过迭代，可得到从物体发出的光线，历经不同空气层折射和全反射后进入人眼的能量 S^{**} 为：

$$S^{**} = S_1 \prod_{p=1}^{l} \frac{4\sqrt{n_0^2 + n_p^2(1 - e^{-b(p-1)\Delta y)}}\sqrt{n_0^2 + n_p^2(1 - e^{-bp\Delta y})}}{\left(\sqrt{n_0^2 + n_p^2(1 - e^{-b(p-1)\Delta y)}} + \sqrt{n_0^2 + n_p^2(1 - e^{-bp\Delta y})}\right)^2}$$

$$\times \prod_{p=l-m+2}^{l}\left[\frac{4\sqrt{n_0^2 + n_p^2(1 - e^{-b(p-1)\Delta y)}}\sqrt{n_0^2 + n_p^2(1 - e^{-bp\Delta y})}}{\left(\sqrt{n_0^2 + n_p^2(1 - e^{-b(p-1)\Delta y)}} + \sqrt{n_0^2 + n_p^2(1 - e^{-bp\Delta y})}\right)^2}\right]$$

$$\times \frac{4\sqrt{n_0^2 + n_p^2(1 - e^{-b(l-m+1)\Delta y})}\sqrt{n_0^2 + n_p^2(1 - e^{-by^*})}}{\left(\sqrt{n_0^2 + n_p^2(1 - e^{-b(l-m+1)\Delta y})} + \sqrt{n_0^2 + n_p^2(1 - e^{-by^*})}\right)^2} \quad (6-11)$$

这里 $n(y) = \sqrt{n_0^2 + n_p^2(1 - e^{-by})}$, $\dfrac{y_0^* - y^*}{\Delta y} = m$。

（2）大气散射效果

由于蜃景常常出现在海面、沙漠或马路上，人们看到的蜃景中的物体，其所发出的光线不仅有能量衰减，而且还受到大气散射的影响。大气散射源于空气中的微小粒子与光线交互作用。由于蜃景大多出现在晴天，此时空气中以小粒子为主，主要表现为 Reighler 散射。

进入人眼的蜃景光线能量主要由两部分组成，即来自物体的光线经衰减后的能量和大气中飘浮的微小粒子对光线的散射能量：$I = S^{**} + I_0$。其中物体光线衰减后的能量 S^{**} 由式（6-11）给出。下面计算大气微粒的散射能量 I_0。

光线散射的基本原理可见本书第 2 章的 2.2 节，可以采用式（2-5）和（2-6）计算 Rayleigh 散射的相位函数，进而求得光线在经过整个路径 PO 后到达人眼的光线强度（Nishita $et~al.$，1993）：

$$I_o(\lambda) = I_s(\lambda)\frac{K}{\lambda^4}\int_{PO} F(\theta, g)\rho(s)\exp[-t(P, S, \lambda) - t(SO, \lambda)]\mathrm{d}S \quad (6-12)$$

其中 $I_s(\lambda)$ 为大气层外的太阳光光谱强度分布，这里取太阳常数 $1367\mathrm{W/m^2}$。路径 PO 即为蜃景中物体光线的折射路径，由式（6-12）可得天空光沿该路径经大气散射后进入人眼的能量。

6.2.2.3　蜃景的动态变化模型

产生蜃景时大气层一般不会呈静态，因而蜃景常常处于不断变化并微微晃动的状态。仔细观察可以发现这种变化有一定的周期性，Gossard 和 Hooke（Gossard and Hooke，1975）认为这种现象可以用大气重力波来解释。首先假设大气是相对稳定的，球面是对称的，而温度截面是倒置的，以符合蜃景的形成条件。此时温度、压强、速度等变化很小，处于基本平衡状态，它们之间的关系可以采用线性方程组来描述。现采用重力波的运动方程进行模拟。重力波一般沿着 $y-z$ 平面传播（y 为竖直方向，z 为视线方向），其方程为（Silvester $et~al.$，1994）：

$$\begin{cases} \dfrac{\partial u}{\partial t} = -\dfrac{1}{\rho_0}\dfrac{\partial p}{\partial x} \\[2mm] \dfrac{\partial w}{\partial t} = -\dfrac{1}{\rho_0}\dfrac{\partial p}{\partial z} - g\dfrac{\rho}{\rho_0} \\[2mm] \dfrac{\partial \rho}{\partial t} + w\dfrac{\partial \rho_0}{\partial z} = 0, \quad \dfrac{\partial u}{\partial x} + \dfrac{\partial \omega}{\partial z} = 0 \end{cases} \quad (6-13)$$

这里，u、w 为 x、z 方向的平衡波动速度，ρ 和 p 分别为密度和压强的波动，ρ_0 为参考密度，g 为重力加速度。

u、w 和 p 的波解，满足该运动方程。特别地，$w = w_z \exp[\mathrm{i}(kz - \omega t)]$，$p = p_z \exp[\mathrm{i}(kz - \omega t)]$，这里 $w_z = \exp\left(\dfrac{1}{2}\alpha y\right)$，$p_z = [A\exp(\mathrm{i}\eta z) + B\exp(-\mathrm{i}\eta z)]$。空间频率 η 与 Vaisala-Brunt 频率 N 相关：

$$\eta^2 = \frac{k^2}{\omega^2}(N^2 - \omega^2) - \Gamma^2 \tag{6-14}$$

N 依赖于温度梯度：

$$N^2 = \frac{g}{T}\left(\frac{g}{c_p} + \frac{\mathrm{d}T}{\mathrm{d}y}\right) \tag{6-15}$$

函数 Γ 可以通过下式给出：$\Gamma = -N^2/2g + g/2c_s^2$。参数 α 由下式得到：$\alpha = -\dfrac{1}{\rho_0}\dfrac{\partial \rho_0}{\partial y}$，该值可以看作一个常数。参考密度 ρ_0 是 y 的幂指数函数，与 $\dfrac{1}{\alpha}$ 成正比。相对于大气的海拔高度（8000m），α 值很小，所以当 $y < 100\mathrm{m}$ 时，它的幂指数基本不变。此外，c_s 是声速，c_p 是标准压强下的空气比热。

具体计算时，根据竖直变化温度截面的值求得空间频率 η，则光线曲率 κ 的变化为（Stavroudis，1972）：

$$\kappa = \frac{\varepsilon\rho}{nT}\left(g\beta + \frac{\mathrm{d}T}{\mathrm{d}z}\right)\cos\varphi \tag{6-16}$$

这里 φ 是光线相对于水平面的倾斜角，ε 和 β 是常数，$\varepsilon = 2.26 \times 10^{-6}$，$\beta = 3.48 \times 10^{-3}$。

大气重力波对蜃景的影响主要有两种：一种是重力波使海市蜃楼形成凹凸不平的效果，此时重力波的周期很短；另一种是重力波导致稳定的海市蜃楼景观形成周期变化，对应重力波的周期较长的情形。我们可以取不同的参数叠加来实现蜃景的动态效果。

6.2.3 海市蜃楼的绘制

6.2.3.1 蜃景的成像

基于上面提出的蜃景成像模型，可以实现海市蜃楼的真实感绘制。若要精确跟踪光线的路径，可以采用光线跟踪的方法。标准光线跟踪算法思想为：从视点出发，通过图像平面上每一个像素中心向场景发出一条光线，若光线与场景中景物无交，则光线将射出画面，跟踪结束；否则，光线与景物有交，求得该光线的交点并继续跟踪下去。

采用光线跟踪算法绘制出的场景真实感较强,但是由于其需要跟踪通过屏幕各像素的每一条光线,并与场景中的景物求交,因此绘制速度较慢。为了能绘制出海市蜃楼的动态景观,这里采用一种改进的快速光线跟踪算法。

该算法的基本思想是:首先沿视线方向将要投影的蜃景物体投影到一个竖直的平面上,对该平面上每一非背景点,根据形成蜃景的光线传播轨迹,反求出同时通过视点和该点的那条光线,求出该光线在视点处与水平面的夹角,从而可以得到该点在屏幕上所成像点的具体位置,进而绘制其像,即蜃景虚像,如图 6-1 所示。

该方法只需对待投影的景物进行跟踪,同时避免了光线与三维空间中景物的复杂求交运算,因此绘制速度较快,完全能够满足快速绘制海市蜃楼的需要。

前面已经讲过,蜃景常常不是完全静止的,为了逼真地模拟蜃景的虚无缥缈及抖动效果,我们在光线跟踪时加入了随机因子,让每条跟踪光线进行较小范围的随机抖动,这时,其所成的像也会微微抖动,时隐时现。

6.2.3.2　GPU 硬件加速绘制

为了满足蜃景实时绘制要求,可采用 GPU 加速绘制。首先对理论建模公式,包括蜃景的折射模型、能量模型以及大气重力波模型进行一定的优化,使其充分利用硬件的特性。具体地,对于蜃景的折射模型采用 vertex shader 对顶点的光线进行折射计算,折射模型将蜃景中顶点坐标变换到成像点坐标。重力波模型亦在 vertex shader 中模拟,对折射模型中传递过来的顶点进行计算,得到蜃景中顶点受大气重力波影响而产生的偏移。能量衰减模型则采用 pixel shader,针对成像点的坐标,得到所形成蜃景中的每个像素点的能量值,然后对其进行混合和模糊,从而生成经过折射、散射以及受重力波影响的蜃景。

我们也采用 GPU 硬件加速方法绘制沙漠、马路和轿车上的高光、热气效应以及场景的深度模糊,在实时绘制的同时增强了场景的真实感。

6.2.3.3　海市蜃楼场景的整体绘制

要使绘制出的蜃景比较逼真,场景中其他景物的绘制也是非常重要的。海市蜃楼主要发生在海面、沙漠和马路上,所以需要绘制较逼真的海洋、沙漠和马路场景。同时由于海市蜃楼的产生与周围环境关系很大,因此模拟时也要求蜃景与其他景物能够无缝拼接,逼真自然。

对于海洋上空呈现的动态景观,绘制海面上连续的波浪是一大难点。目前关于海浪模拟的工作较多,但由于海面区域较大,一般计算量都很大,而此处海浪的模拟不是重点,必须采用很小的代价生成较逼真的海浪。我们采用动态纹理的方法来模拟。动态纹理是指在不同时刻赋予模型上同一点不同的纹理坐标或者纹理本身在不断变化(Doretto and Soatto,2003)。当这种变化是连续的时候,就形成了动画效果。我们通过对一小段真实的海浪视频进行学习,生成连续运动的海浪动画。采用100张海浪的纹理图片进行切换,生成的效果很逼真,同时运算量也非常小。

对于沙漠,我们首先采用高度图的办法生成连绵的沙丘几何外形,然后贴上沙的纹理,由于沙漠幅员辽阔,仅贴一小块纹理来覆盖会很不真实,这里采用纹理合成的方法基于一小块沙丘纹理样本合成一个大块的沙漠纹理。最后绘制沙漠中的树、驮队以增加沙漠场景的真实感。

对于马路场景,同样可以通过高度图生成地面网格,并建立较精细的马路纹理,包括树及小房子,使整个马路场景看起来比较逼真。

在太阳直射下,海面上常常会有一些雾蒙蒙的感觉,我们采用两种方法来实现雾化效果。一种是直接调用 OpenGL 的函数,这种雾可用于海天相接处的雾化处理。对于蜃景虚像周围的雾化效果可由一些具有渐进 alpha 值的面融合而成。对于远处的天空,可以采用环境映照的方式进行绘制。

6.2.3.4 实 现

根据以上叙述,整个算法的具体实现步骤如下:

1) 根据要模拟的蜃景类型,确定光线传播模型,将待投影的物体(船、山、建筑群等)投影到与视线垂直的面上。

2) 待投影物体上的每一个采样点,按 6.2.2.1 节的方法分别求出同时通过视点和该点的光线路径,求得其蜃景虚像的位置。

3) 计算光线沿蜃景传播路径的能量损失和光线散射效果,利用大气重力波理论,建立蜃景的动态变化模型,绘制出整个蜃景虚像。

4) 绘制出海面、沙漠或马路场景,将它们与蜃景进行合成,绘制雾化等效果,从而得到逼真的海市蜃楼景观。

5) 改变温度截面及相关参数,模拟不同蜃景的出现、消失及动态变化。

6.2.4 结 果

我们在浙江大学 CAD&CG 国家重点实验室的 P43.0,1G RAM,NVIDIA Geforce 6600 显卡的高档微机上实现了不同海市蜃楼景观的真实感模拟,绘制速度达到了平均 60f/s。

图 6-10 是模拟各类蜃景的光线轨迹,图 6-10(a)为上现蜃景的光线轨迹,图 6-10(b)为下现蜃景的光线轨迹,图 6-10(c)、(d)为双层蜃景的光线轨迹,

图 6-10(e)为三层蜃景的光线轨迹。

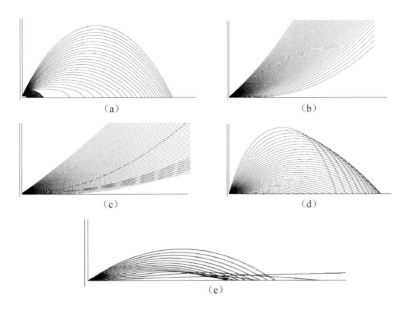

（a） （b） （c） （d） （e）

图 6-10 蜃景的光线轨迹模拟。(a) 上现蜃景的光线轨迹;(b) 下现蜃景的光线轨迹;
(c) 下现双层蜃景的光线轨迹;(d) 上现双层蜃景的光线轨迹;(e) 三层蜃景
的光线轨迹

    图 6-11～6-18 为绘制生成的部分蜃景。其中图 6-11～6-13 分别是
马路蜃景、海面蜃景和沙漠蜃景的模拟结果与实拍照片的比较,从图中可以看
到我们的仿真效果还是十分逼真的。图 6-14 是海面上上现蜃景及其动态变化
的绘制结果,从图中可以看到当温度梯度值变小时,上现蜃景逐渐飘远并消失。
图 6-15 是双层蜃景及其动态变化的绘制结果,可以看到当一艘船在海面上航
行时,会出现一正一倒两艘船,同时由于空气温度梯度震荡变化,蜃景会时而清

（a） （b）

图 6-11 马路蜃景模拟结果与实拍照片的比较。(a) 模拟的马路蜃景;
(b) 实拍的马路蜃景

楚,时而斑驳模糊。图 6-16 是三层蜃景及其动态变化的模拟结果,类似地,随着温度梯度的随机变化,三层蜃景或清楚,或模糊,这是基于大气重力波模型模拟的。同时,当温度梯度值变大或变小时,三层蜃景会随之飘近或飘远。图 6-17、6-18 分别是沙漠蜃景和马路蜃景的模拟及动态变化,随着视点的前进,蜃景渐渐变小、变淡,直到完全消失。

（a）

（b）

图 6-12 海面蜃景的模拟结果与实拍照片的比较。(a) 模拟的海面蜃景;
(b) 实拍的海面蜃景

（a）

（b）

图 6-13 沙漠蜃景的模拟结果与实拍照片的比较。(a) 模拟的沙漠蜃景;(b) 实拍的沙漠蜃景

（a） （b）

图 6 - 14 海面上上现蜃景的模拟及其动态变化。（a）上现蜃景的出现；
（b）上现蜃景的消失

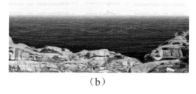

（a） （b）

图 6 - 15 双层蜃景的模拟及其动态变化。（a）和（b）显示不同时刻的蜃景

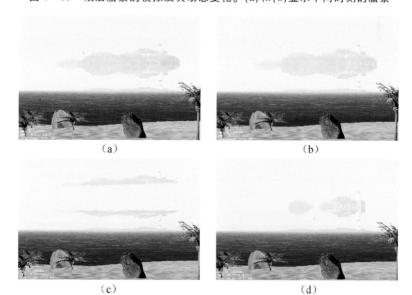

（a） （b）

（c） （d）

图 6 - 16 三层蜃景的模拟及其动态变化。（a）清晰的三层蜃景；（b）模糊的三
层蜃景；（c）飘远的三层蜃景；（d）飘近的三层蜃景

图 6 - 17　沙漠蜃景的模拟及其动态变化。(a) 沙漠蜃景的出现；(b) 沙漠蜃景渐渐变小；(c) 沙漠蜃景完全消失

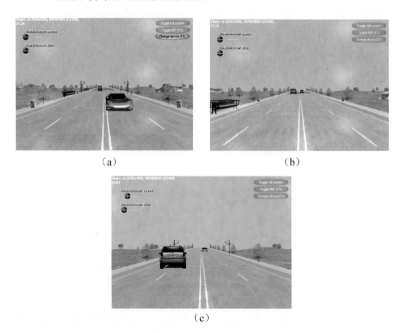

图 6 - 18　马路蜃景的模拟及其动态变化。(a) 马路蜃景的出现；(b) 马路蜃景渐渐变小；(c) 马路蜃景完全消失

6.3　宝光的模拟

6.3.1　相关工作

到目前为止,图形学学者已经模拟了许多大气景观,然而,对于自然界中奇特而又瑰丽的宝光现象,其真实感模拟方面的工作还不多见。2003 年,Gedzelman(Gedzelman,2003)模拟了云中的宝光现象,计算得到了宝光现象中水滴大小与宝光环半径的关系。Laven(Laven,2003)提出了一种基于米氏散射理论计算彩虹、华及宝光光强分布的方法,但其工作局限于宝光环的数值模拟,未涉及宝光场景的真实感绘制。Riley 等(Riley *et al.*,2004)提出了一类大气光学现象如彩虹、光晕、云等的统一绘制框架,但是,对于宝光现象,他们仅模拟了较为简单的云中宝光场景。上述所有模拟方法均未考虑到大气层的衰减作用,从而未能实现宝光场景的整体绘制。他们在算法中均做了一些假设,比如假定云雾中水滴都是均匀大小的,等等。此外他们都没有模拟宝光中的摄身光影,因此其绘制效果不够真实。

综上所述,要真实感地模拟宝光这一奇特的大气景观,就必须基于其产生的物理机制进行建模。对于摄身光影的模拟,则应根据其特点采用新的阴影模型。为了使绘制效果更为逼真,还应当考虑大气层的衰减以及一些物理参数如太阳高度角、水滴的尺寸、分布等因素的影响。

6.3.2　宝光环的建模

宝光环是宝光场景的重要组成部分。本小节中,我们将提出水滴的后向散射模型对宝光环进行建模,并讨论大气的组成成分,然后根据上述模型计算宝光环的光谱分布。

6.3.2.1　后向散射模型

米氏散射理论可以精确地计算大气中水滴及其他颗粒在太阳照射下的散射光强分布。米氏散射是一种前向为主的散射,后向 $180°$ 附近的散射强度相比前向散射显得非常小。再者由于 $180°$ 附近的散射求解不太稳定,人们计算米氏散射光强时往往忽略这部分散射值。但是,宝光现象恰恰是大量水滴的后向散射产生的,本书提出了一种水滴的后向散射模型对宝光环进行建模。下面首先介绍米氏散射的基本理论。

对于距离坐标原点单位长度处的一点 $P(\theta,\varphi)$,其散射光强可以表示为:

$$I_s(\lambda,\theta) = I_0(\lambda)k(\theta,\varphi) \qquad (6-17)$$

式中：$I_0(\lambda)$ 是入射光的光谱分布，$k(\theta,\varphi)$ 是相位函数，其表达式为：

$$k(\theta,\varphi) = \frac{1}{2k^2}(\mid S_1(\theta)\mid^2 + \mid S_2(\theta)\mid^2) \qquad (6-18)$$

这里，$k = 2\pi/\lambda$，λ 是入射光的波长，有关 $S_1(\theta)$ 和 $S_2(\theta)$ 的计算方法可以参考文献（Adam，2002）。

$$\begin{cases} S_1(\theta) = \sum_{n=1}^{\infty} \frac{2n+1}{n(n+1)}[a_n\pi_n(\cos\theta) + b_n\tau_n(\cos\theta)] \\ \\ S_2(\theta) = \sum_{n=1}^{\infty} \frac{2n+1}{n(n+1)}[a_n\tau_n(\cos\theta) + b_n\pi_n(\cos\theta)] \end{cases} \qquad (6-19)$$

式中：a_n 和 b_n 是与水滴半径相关的系数，$\pi_n(\cos\theta)$ 和 $\tau_n(\cos\theta)$ 是和勒让德多项式函数（Legrende polynomial function）一阶形式 $P_n^1(\cos\theta)$ 相关的函数，它们可以由下式表示：

$$\pi_n(\cos\theta) = \frac{P_n^1(\cos\theta)}{\sin\theta}, \quad \tau_n(\cos\theta) = \frac{d}{d\theta}P_n^1(\cos\theta) \qquad (6-20)$$

由方程(6-17)、(6-18)和(6-19)，我们可将任意方向处的散射光强表示为：

$$I(\lambda,\theta) = I_0(\lambda)\frac{(\mid S_1(\theta)\mid^2 + \mid S_2(\theta)\mid^2)}{2k^2} \qquad (6-21)$$

根据宝光的 Van de Hulst 理论（Greenler，1980），宝光环主要是由于云(雾)中水滴的后向散射产生的。如图 6-19 所示，日光在 A 处掠射，折入水滴，然后在 B 处内反射；在 C 处，一部分折射光返回大气，另外又激发出水滴表面波；这种表面波行进到 D 处，发生了"次级散射后向电磁波"，即后向散射，沿入射光的相反方向传播。不同波长的入射光具有不同的折射率，因此它们的出射方向也会略有不同。

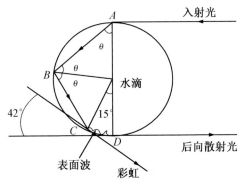

图 6-19　单个水滴的后向散射机制

在这种条件下,我们把振幅函数 $S_1(\theta)$ 和 $S_2(\theta)$ 表达为如下形式:

$$S_1(180°) = -S_2(180°) = \sum_{n=1}^{\infty} \frac{1}{2}(2n+1)(-1)^n(b_n - a_n),\text{定义:}$$

$$c_1 = \sum_n (2n+1)(-1)^n b_n, c_2 = \sum_n (2n+1)(-1)^{n-1} a_n \quad (6-22)$$

对于一很小的偏转角 γ,这两个振幅函数则可以表示为:

$$\begin{cases} S_1(180° - \gamma) = \frac{1}{2}c_2[J_0(u) + J_2(u)] + \frac{1}{2}c_1[J_0(u) - J_2(u)], \\[2mm] S_2(180° - \gamma) = \frac{1}{2}c_1[J_0(u) + J_2(u)] + \frac{1}{2}c_2[J_0(u) - J_2(u)] \end{cases} \quad (6-23)$$

式中:$J_0(u)$ 和 $J_2(u)$ 分别是 0 阶和 2 阶球面贝塞尔函数(spherical Bessel function),$u = m\gamma$,m 是水滴的折射率,它是波长、温度、水气压等的函数。这样,单个水滴在后向 180°附近的散射光强度为:

$$I(\lambda, 180° - \gamma) = I_0(\lambda)\frac{[S_1(180° - \gamma)]^2 + [S_2(180° - \gamma)]^2}{2k^2} \quad (6-24)$$

图 6-20 是用上述模型计算得到的单个水滴在后向 180°附近不同角度处的散射光强度分布示意图,其中 $\lambda = 380\text{nm}$,$m = 1.3354$,$a = 10\mu\text{m}$。我们假定太阳光谱 $I_0(\lambda)$ 的分布等同于温度为 5700K 的黑体产生辐射的光谱分布。

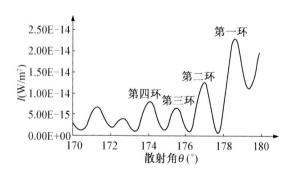

图 6-20 单个水滴的后向散射强度

6.3.2.2 大气组成成分

假定大气主要由以下成分组成,即:气体分子、雾中(云中)的水滴及其他一些固体大颗粒。每一种颗粒的高度及半径分布范围见表6-2(Greenler,1980)。在表6-2中,$r_{\min}$ 和 $r_{\max}$ 分别表示粒子的最小和最大半径,$H_{\min}$ 和 $H_{\max}$ 分别表示该类型粒子在空中分布的最低和最高海拔高度。假定每一种粒子的密度 ρ 分布与海拔高度 h 呈指数关系,即:

$$\rho = \exp\left(\frac{-h}{H_0}\right) \qquad (6-25)$$

其中,H_0 是标高,对同一种粒子来说是常量。

表6-2　大气中不同种类颗粒的相关参数

类型		$r_{\min}(\mu m)$	$r_{\max}(\mu m)$	$H_{\max}(km)$	$H_{\min}(km)$
固体颗粒	尘埃	0.05	2.0	5	0
	烟粒子	0.02	1.8	5	0
	黑炭	0.001	0.5	2	0
	硫黄	0.007	0.7	10	0
	海盐粒子	1.0	20.0	2	0
雾中水滴		0.1	80	0.8	0
云中水滴		0.5	100	2.0	1.0

6.3.2.3　宝光环光谱强度的计算

绚丽的宝光环实际上是由大量不同半径的水滴的后向散射引起的。为了生成较为逼真的模拟效果,我们将位于同一局部空间的不同半径的粒子的集合作为一散射体,而不是逐个粒子考察各自的散射情况。假设大气空间充满单位球,每一个单位球内含有若干不同半径、不同分布的颗粒,我们称这样的单位球为粒子球,如图6-21所示。可根据粒子球内粒子的分布函数计算粒子球在不同入射光时的散射

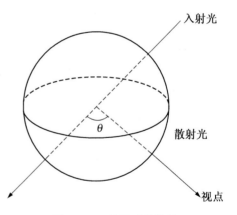

图6-21　粒子球的散射

强度。采用粒子球有两个优点:一是绘制效果比考虑单个粒子要好;二是可以减少计算量,提高绘制速度。

对于粒子球中水滴的分布,我们采用下式表示:

$$n(r) = \frac{N}{\Gamma(\alpha)}\left(\frac{r}{r_c}\right)^{\alpha-1}\exp(-r/r_c), \qquad (6-26)$$

式中:N 是粒子球中水滴的总个数,r_c 是每一种粒子的平均半径,α 是分布的方差,Γ 为伽马函数(Gamma function)。这样,粒子球中水滴的后向散射强度只需

按其半径分布做积分,即:

$$I_{\text{back-scattering}} = \frac{2\pi I_0}{3k^2} \int_{r_{\min}}^{r_{\max}} \left(\left[S_1 (180^\circ - \gamma) \right]^2 + \left[S_2 (180^\circ - \gamma) \right]^2 \right) n(r) \mathrm{d}r,$$

$$(6-27)$$

式中:$k = 2\pi/\lambda$,$r_{\min}$ 和 $r_{\max}$ 是粒子球中水滴的最小及最大半径。举例说明,假设入射光波长 $\lambda = 380\text{nm}$,粒子的最小半径和最大半径分别为 $r_{\min} = 0.1\mu\text{m}$ 和 $r_{\max} = 200\mu\text{m}$,按式(6-27)计算得到的粒子球的后向散射光强分布如图6-22所示。粒子球方法实际上计算的是不同粒子的平均散射效果,在后向 180° 附近可看到三个明显的散射强度高峰,分别对应于宝光环的前三环,更符合实际情况。

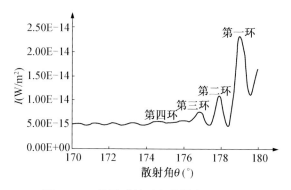

图 6 - 22 粒子球的后向散射光强度分布

当粒子的尺寸 $x = 2\pi a/\lambda$ 的取值位于 10 与 300 之间时,其后向散射最为明显,此时宝光环最鲜艳(Laven,2003)。当粒子的半径小于 $1\mu\text{m}$ 时,后向散射的强度会减弱,直至最后消失。宝光环的半径与粒子的尺寸成反比(Gedzelman,2003),即 $\Delta r \propto 1/x$。我们的计算结果和上述结论相吻合。显然,大多数的气溶胶粒子不会产生宝光,而几乎所有雾(云)中的水滴均可能产生宝光。随着粒子半径的增大,宝光环会变得越来越小,颜色也越来越暗淡。

6.3.2.4 大气的衰减作用

以上我们介绍了宝光环强度的计算方法,为了模拟逼真的宝光场景,还必须考虑粒子散射光强到达视点途中沿传播路径的衰减。太阳光进入大气层后,由于大气中粒子的散射和吸收作用,其光强被衰减。空气分子引起的散射,可根据 Rayleigh 散射理论计算(Nishita $et\ al.$,1993)。气溶胶及其他大颗粒引起的散射一般根据 Mie 散射理论计算。粒子球中气溶胶颗粒的半径分布为:

$$n(r) = \sum_i \frac{N_i}{\sqrt{2\pi} \ln(\sigma_i) r} \exp\left(-\frac{\ln(r/r_{0,i})^2}{2\ln(\sigma_i)^2} \right) \qquad (6-28)$$

式中：N_i 是第 i 种颗粒的总数目，$r_{0,i}$ 是第 i 种颗粒的平均半径，σ_i 是第 i 种颗粒半径的标准差。由此可以计算得到气溶胶颗粒的散射强度：

$$I_{\text{aerosol-scattering}} = \frac{2\pi I_0}{3k^2} \int_{r_{\min}}^{r_{\max}} [(S_1(r)]^2 + [S_2(r)]^2) n(r) \mathrm{d}r \qquad (6-29)$$

其中 $S_1(r)$ 和 $S_2(r)$ 的计算方法已在公式(6-19)中给出。由空气分子引起的散射表示为：

$$I_{\text{Rayleigh-scattering}} = I_0 \frac{6\pi^5}{\lambda^4 N_a} \left(\frac{m^2-1}{m^2+2}\right)^2 (1+\cos^2\theta) \qquad (6-30)$$

式中：N_a 是粒子球中大气分子的总个数，m 是大气分子的折射率。这样粒子球的总散射强度可以表示为：

$$I_{\text{total}} = I_{\text{Rayleigh-scattering}} + I_{\text{aerosol-scattering}} + I_{\text{back-scattering}} \qquad (6-31)$$

假设光线沿 l 距离路径的平均衰减系数为 γ，则到达观察者的实际光强为：

$$I' = I_{\text{total}} \exp(-\gamma l) \qquad (6-32)$$

为了模拟光线穿越大气到达观察者的衰减效果，我们采用了路径散射积分的方法(Nishita *et al.*,1993)，对场景进行整体绘制。

6.3.3　宝光中摄身光影的建模

大气光象中呈现彩环的现象有很多，如晕、华、虹等，它们虽然令人瞩目，但均不如宝光令人痴迷入魔，这与宝光中摄身光影的存在有关。当宝光中出现摄身光影时，信教徒们多附会为普贤菩萨显灵，"兜罗锦云"接引信众升天。实际上，宝光中神秘的光影是观察者自身的影子。由于云雾中水滴复杂的多次反射及散射，很难精确地计算摄身光影的形状及其光强度。为了简化计算，我们作如下假设。

1) 太阳是一面光源，这样可以方便地计算观察者在太阳光下的本影和半影区域。

2) 太阳的高度角不同时，采用不同的投影平面对阴影进行绘制。根据太阳高度角及云雾的位置，我们把成像平面分为三类。当太阳高度角很大($>60°$)，且云雾位于观察者下方时，成像平面如图6-23(a)所示，图中 O 点表示宝光环的中心点，我们称其为对日点，它实际上是太阳与观察者视点的连线在成像平面上的投影点。虚线部分表示云雾的分布位置，双划虚线部分表示摄身光影的位置。当太阳高度角较大(介于 $30°$ 和 $60°$ 之间)，且云雾位置位于观察者的前方时，成像平面如图6-23(b)所示。当太阳高度角较小($<30°$)，且云雾位置位于观察

者的前方和下方时,成像平面如图 6 - 23(c)所示。通过不同的成像平面的组合,即可绘制得到摄身光影看似扭曲的变形效果。

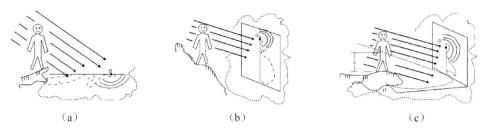

(a)   (b)   (c)

图 6 - 23 宝光中摄身光影的成像面。(a) 太阳高度角很大;(b) 太阳高度角较大;(c) 太阳高度角较小

依据上述假设,绘制摄身光影的步骤如下。

1) 利用建模软件 3D MAX 构建场景,包括山峰、观察者等,将建好的模型导入绘制程序,根据云雾位置、太阳位置等调整观察者的方位并确定成像平面的位置。

2) 根据太阳及成像平面的位置,把观察者的三维模型投影到成像平面上。这里我们采用侧影轮廓线的投影,即在观察者侧影轮廓线上取若干采样点,将其投影到成像平面,并连接成封闭的多边形,多边形内部区域作为观察者人体在成像平面上的投影。

3) 再根据太阳的高度角即太阳的位置确定出观察者在成像平面上的本影和半影区域。对于不同的太阳高度角,采用不同的投影面以产生光影的扭曲效果。投影面的种类即选取方法如图 6 - 23 所示。

4) 最后,根据当时太阳光及天空光的分布,并考虑到大气的衰减效应,计算本影和半影区域的光强。

6.3.4 绘制及结果讨论

整个绘制过程分三步:首先,计算得到宝光环及摄身光影的光强分布;然后根据路径散射计算大气的衰减效应;最后将光强转换为 RGB 显示。下面介绍有关颜色光谱转换的方法。

6.3.4.1 颜色光谱转换

为了在显示器上真实地显示绘制结果,需要把计算得到的光谱强度转换为 RGB 颜色表示。CIE 颜色系统是国际照明委员会表达和测量颜色的理论和方法,包括 1931 年 CIE-RGB 标准色度系统和 1931 年 CIE-XYZ 标准色度系统以及所规定的一套颜色测量原理、术语和计算方法(王之江,1987)。这个系统以三原色定律及色匹配实验为基础。三原色定律指出,任何一种颜色 C^* 都能用线性无关的三个原色适当地加以混合来与之匹配,也就是说任何一个颜色刺激都能由线性无关的三个参照刺激 X(红原色)、Y(绿原色)、Z(蓝原色)的代数和来实现。它可由公式

$$C^* = X(R) + Y(G) + Z(B) \qquad (6-33)$$

来表示,X,Y,Z 是与颜色 C^* 相匹配所需要的三个原色的刺激量,称为颜色 C^* 的三刺激值。而

$$x = \frac{X}{X+Y+Z}, \quad y = \frac{Y}{X+Y+Z}, \quad z = \frac{Z}{X+Y+Z} \qquad (6-34)$$

称为颜色 C^* 的色度坐标,即匹配颜色 C^* 的三个原色的比例,它们都与光波长 λ 相关。

宝光环的颜色转换分为两个步骤。首先,根据 CIE 颜色系统确定三刺激值 $x(\lambda)$,$y(\lambda)$ 和 $z(\lambda)$,将光谱强度分布转换到 XYZ 颜色坐标系:

$$X = \int_{380nm}^{780nm} x(\lambda) I(\lambda) \mathrm{d}\lambda \approx \sum_{i=0}^{n} x(\lambda_i) I(\lambda_i)$$

$$Y = \int_{380nm}^{780nm} y(\lambda) I(\lambda) \mathrm{d}\lambda \approx \sum_{i=0}^{n} y(\lambda_i) I(\lambda_i) \qquad (6-35)$$

$$Z = \int_{380nm}^{780nm} z(\lambda) I(\lambda) \mathrm{d}\lambda \approx \sum_{i=0}^{n} z(\lambda_i) I(\lambda_i)$$

式中:n 是采样的波长的数目,$x(\lambda)$,$y(\lambda)$ 和 $z(\lambda)$ 是 CIE 颜色系统中的三刺激函数,$I(\lambda)$ 表示宝光环的光谱强度。然后,通过一线性系统如(6-36)所示把 XYZ 颜色坐标系转换到 RGB 颜色坐标系:

$$\begin{bmatrix} R \\ G \\ B \end{bmatrix} = \begin{bmatrix} 3.065 & -1.394 & -0.476 \\ -0.969 & 1.876 & 0.042 \\ 0.068 & -0.229 & 1.070 \end{bmatrix} \begin{bmatrix} X \\ Y \\ Z \end{bmatrix} \qquad (6-36)$$

6.3.4.2 绘制结果

根据上述模型,我们在浙江大学 CAD&CG 国家重点实验室配置为 Pentium IV/2.0G、512MB 内存的微机上绘制了不同大气条件下的宝光场景。图 6-24 是单个水滴和粒子球的后向散射的光谱分布比较。这里没有考虑到大气的衰减作用。可以看到,利用粒子球的方法计算得到的宝光环的前三环很明显,这与实际上人们最多看到宝光环的第四环的事实是吻合的。图 6-25 是我

们模拟的结果与实拍照片的比较。由于大气环境的不同,实拍照片中宝光环的亮度及半径稍有不同,但仍可看出我们的模拟结果是令人满意的。图 6-26~图 6-28 是大气环境参数变化时,宝光环的强度分布及摄身光影变化的绘制效果图。图 6-26 表示不同浓度的雾产生的宝光场景图。从图中可以看出,当雾的浓度变淡时,宝光环的半径会变大,颜色更为鲜艳。图 6-27 是太阳高度角变化时的宝光场景图。在环境的其他参数不变的情况下,当太阳的高度角越大,摄身光影的变形会越大。图 6-28 是飞机上看到的投影面不同时的宝光场景图。由于云(雾)中水滴的半径及分布均不同,可以看到宝光环在云雾交界处发生扭曲,宝光环的半径和亮度有所变化。

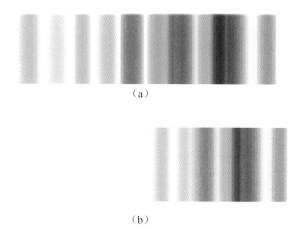

(a)

(b)

图 6-24 单个水滴和粒子球的后向散射的光谱分布比较。
(a) 单个水滴的后向散射光谱分布;(b) 粒子球的后向散射光谱分布

(a)   (b)

图 6-25 模拟效果与实拍照片的比较。(a) 实拍照片;(b) 模拟效果

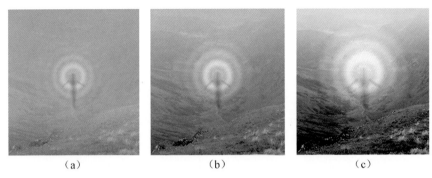

图 6-26　不同浓度雾中的宝光场景图。(a)～(c) 依次是浓雾、中雾、小雾时的场景

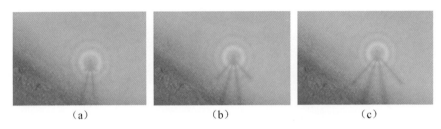

图 6-27　不同太阳高度角时的宝光场景图。(a) 太阳高度角很大；(b) 太阳高度角较大；(c) 太阳高度角较小

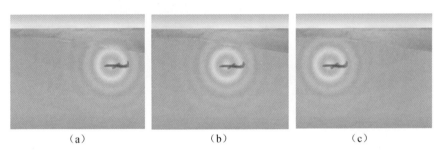

图 6-28　飞机上看到的穿越云雾边界的宝光场景。(a)～(c) 为不同时刻的宝光场景

6.4　彩虹的模拟

　　当大气中悬浮着大量的水滴时,大气中的水滴粒子对太阳光形成 Mie 散射。Mie 散射在不同的散射角度,其不同波长的光呈现不同散射强度分布,在散射角为 138° 和 129° 时,太阳光中不同波长的光线依次出现峰值,形成虹和霓两个彩色带。虹和霓之间的区域散射强度出现的低谷为亚历山大黑带。

　　由于彩虹是由于光线与雨滴(或空气的大分子)发生二次折射和反射造成

的,因此基于 Monte Carlo 的几何光学的方法可以用来模拟彩虹的光线反射路径。1997 年 Jackel 和 Walter(Jackel and Walter,1997)采用 Mie 散射理论来模拟包括彩虹在内的大气散射现象。目前彩虹的仿真主要有下面两种模型。

6.4.1 基于 Airy 积分的彩虹模型

彩虹产生时的光线传播如图 6-29 所示,通过 Airy 积分可将沿不同方向射入水滴的光线进行叠加积分,最后求得出射的光线强度。

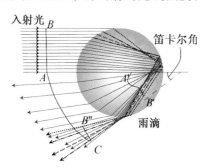

图 6-29 彩虹产生时光线的路径

设某一水滴的半径是 a,出射光线的角度为 β,Airy 彩虹积分可以表示为:

$$A_\lambda = 2k \int_0^\infty \left(\frac{3a^2\lambda}{4h\cos\beta}\right)^{\frac{1}{3}} \cos\frac{\pi}{2}(u^3 - zu)\mathrm{d}u \qquad (6-37)$$

这里,A_λ 为光线的振幅,λ 是波长,h 是与折射率相关的一个系数,k 为常数。上式可分解成下列两个方程:

$$f(z) = \int_0^\infty \cos\frac{\pi}{2}(u^3 - zu)\mathrm{d}u, \qquad M_\lambda = 2\mathrm{k}\left(\frac{3a^2\lambda}{4h\cos\beta}\right)^{\frac{1}{3}} \qquad (6-38)$$

则出射光线的强度为:

$$I_\lambda = M_\lambda^2 f^2(z) \qquad (6-39)$$

这里,z 是与笛卡尔光线之间的距离,z 一般与 β 成正比。如果某条出射光线包含笛卡尔光线,那么 $z=0$。$f(z)$ 是 z 的函数,其取值见图 6-30。图 6-30 中第一个波峰正好对应虹,第二个波峰对应霓。

可以将彩虹中的不同颜色按

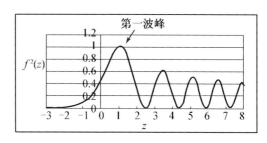

图 6-30 f(z)函数的取值

照这个积分计算成一个查找表,在绘制时直接进行合成即可。

6.4.2　考虑波长及雨滴半径的彩虹模型

如 6.1.3 节所述,虹与霓的色彩及宽度与降雨的大小有关,可采用类似于 5.2.3 节的方法进行模拟。这里入射光为平行的太阳光,考虑雨量和彩虹色彩宽度的关联性,粒子分布参数 $p_{i,j}(s_v)$ 由雨粒子分布中所提到的分布特性决定 (Jackel and Walter,1997)。将式(5-18)化为:

$$I_s^j = I_a^j \frac{1 - \exp\left[-(s_{j+1} - s_j)\sum_{i=0}^{N_s-1} p_{i,j}\gamma_i\right]}{\sum_{i=0}^{N_s-1} p_{i,j}\gamma_i} \cdot \sum_{i=0}^{N_s-1} p_{i,j}D_i[\lambda,\theta] \qquad (6-40)$$

这里 I_a^j 表示入射的太阳光强度,θ 表示太阳光与采样段粒子交互散射朝视点的相位角。通过调整粒子分布参数 $p_{i,j}(s_v)$,可以得到不同降雨量后的彩虹效果。

相位角 θ 与光线的波长和雨滴的粒子半径 a 有关,可表示为:

$$\theta \approx \left(\frac{h\lambda^2}{6}\right)^{\frac{1}{3}} \frac{1}{2a^{\frac{2}{3}}}z \qquad (6-41)$$

从式(6-41)可以看出,彩虹的最上边界和最下边界对应的角度与 $\left(\frac{\lambda}{a}\right)^{\frac{2}{3}}$ 成正比,也就是说,雨滴的半径越大,彩虹的宽度越窄。进一步,彩虹的亮度随着雨滴半径的增大而变大。在实际观测中,光线的强度与 $\left(\frac{a^2}{\lambda}\right)^{\frac{1}{3}}$ 成正比关系。这是由于雨滴并不是标准的球形,而是椭球形。彩虹的光谱强度分布如下:

$$M_\lambda = 2k\left(\frac{3a^2}{4h\lambda\cos\theta}\right)^{\frac{1}{3}} \qquad (6-42)$$

由于雨水对大气的洗涤,雨后大气中尘埃等悬浮颗粒相对较少,因此我们主要考虑大气中的水滴对光线的散射。粒子对光线的散射特性与其自身的粒度密切相关,显然,对大气中的水滴半径进行精细采样能提高绘制效果,但这需要大量的计算时间。为在绘制效果和性能间取得平衡,我们对散射角为 138° 和 129° 的虹霓带边缘处采用较精细的采样,这样既能很好地实现彩虹与天空背景的无缝拼接,又能提高绘制速度。同时,通过调整大气中水滴粒子的浓度值来模拟水滴受太阳光照而逐渐减少的过程,从而真实地模拟了雨后彩虹由出现到消失的动态过程。

6.4.3 彩虹模拟效果

我们在配置为 Pentium Ⅳ 处理器、1GB 内存和 NVIDIA GeForce FX 6800 GT 显卡的微机上对上述彩虹模型进行了绘制。图 6-31 是采用 6.4.1 节中的基于 Airy 积分的彩虹模型模拟的雨后彩虹效果图,图(a)是彩虹刚刚出现时的效果,图(b)的彩虹则更加鲜亮。通过动画可以模拟彩虹从出现到消失的整个过程。

(a)   (b)

图 6-31　模拟的雨后彩虹效果。(a) 刚刚出现的雨后彩虹;(b) 鲜亮的雨后彩虹

6.5　小　　结

本章提出了对几种奇特天气景观模拟的方法。对于蜃景,首先分析不同类型海市蜃楼的成因,进行基于物理的建模,包括建立不同的大气温度变化模型,模拟蜃景的光线路径;计算光线传播过程中的能量衰减,模拟蜃景的成像颜色;基于大气重力波模型,模拟海市蜃楼的动态变化。然后,综合周边环境,运用 GPU 加速技术对蜃景进行整体绘制。首次实时绘制出海洋、沙漠、马路上在不同条件下海市蜃楼的逼真场景,并模拟了海市蜃楼的产生、变化、消失等动态景观。

本章还提出了一种基于物理的宝光现象建模与绘制的新方法,首次运用图形学的方法再现了这一神秘而又瑰丽的大气现象。首先提出了水滴的后向散射模型,计算宝光环的光谱分布,通过把光谱转换为颜色分布,模拟了宝光环的色彩分布,进而提出了宝光环中摄身光影的建模方法。然后基于上述模型,通过变换不同的参数可模拟不同大气条件下的宝光场景(如不同浓度的云、雾等),对照实拍照片,绘制效果令人满意。

最后,本章在分析彩虹形成原理的基础上,论述了基于 Airy 积分的彩虹模型和考虑波长及雨滴半径的彩虹模型,并成功模拟了雨后彩虹从出现到消失的整个过程。

大自然的其他景观还包括闪电、极光等,这些景观的模拟有待于进一步研究。

【参考文献】

[1] Adam J A. 2002. Mathematical physics of rainbows and glories. Physics Reports, vol. 356: 229 - 365.

[2] Berger M, Trout T, Levit N. 1990. Raytracing mirages [J]. IEEE Computer Graphics and Applications, 1990, 10(3): 36 - 41.

[3] Doretto G, Soatto S. 2003. Editable dynamic textures[J]. Proceedings of the 2003 IEEE Computer Society Conference on Computer Vision and Pattern Recognition (CVPR'03), 2(2): 137 - 142.

[4] Fabri E, Fiorio G, Lazzeri L, Violino P. 1982. Mirage in the laboratory [J]. American Journal of Physics, 50(6): 517 - 528.

[5] Gedzelman S D. 2003. Simulating glories and cloudbows in color[J]. Applied Optics, 42(3): 429 - 435.

[6] Gossard E E, Hooke W H. 1975. Waves in the Atmosphere[M]. New York: Elsevier: 75 - 77.

[7] Greenler R. 1980. Rainbows, Halos, and Glories [M]. Cambridge: Cambridge University Press.

[8] Jackel D, Walter B. 1997. Modeling and rendering of the atmosphere using Mie-scattering[J]. Computer Graphics Forum, 16(4): 201 - 210.

[9] Jenkins F A, White H E. 1976. Fundamentals of Optics[M]. 4th Ed. New York: MeGraw-Hill.

[10] Khular E, Thyagarajan K, Ghatak A. 1977. A note on mirage formation [J]. American Journal of Physics, 45(1): 90 - 92.

[11] Kosa T, Palffy-Muhoray P. 2000. Mirage mirror on the wall[J]. American Journal of Physics, 68(12): 1120 - 1122.

[12] Laven P. 2003. Simulation of rainbows, coronas, and glories by use of Mie theory [J]. Applied Optics, 42(3): 436 - 444.

[13] Lintu A, Haber J, Magnor M. 2005. Realistic solar disc rendering[C]// Proceedings of WSCG 2005: 79 - 86.

[14] Musgrave F K, Berger M. 1990. A note on ray tracing mirages[J]. IEEE

Computer Graphics and Applications，10(6)：10 - 12.

［15］Nishita T，Takao S，Tadamura K，Tadamura K，Nakamae E. 1993. Display of the earth taking into account atmospheric scattering［J］. Computer Graphics (ACM SIGRAPH' 1993)，27(4)：175 - 182.

［16］Riley K，Ebert D，Kraus M，Tessendorf J，Hansen C. 2004. Efficient rendering of atmospheric phenomena［C］// Proceedings of Eurographics Symposium on Rendering 2004. Norrköping，Sweden：375 - 386.

［17］Shi K. 2004. Ray tracing mirage［C］// Seminar of Light and Color in the Nature：1 - 7.

［18］Stam J，Languenou E. 1996. Ray tracing in non-constant media［C］// Proceedings of the 7ᵗʰ Eurographics Workshop on Rendering Techniques' 1996，Porto，Portugal：225 - 234.

［19］Silvester W K，Lehn W H，Fraser D M. 1994. Mirages with atmospheric gravity waves［J］. Applied Optics，33：4639 - 4643.

［20］Stavroudis O N. 1972. The Optics of Rays，Wavefronts，and Caustics ［M］. New York：Academic：38 - 42.

［21］Tape W. 1985. The topology of mirages［J］. Scientific American：125 - 130.

［22］Thyagarajan K，Khular E，Ghatak A. 1977. A note on mirage formation ［J］. American Journal of Physics，45(1)：90 - 92.

［23］Trönkle E. 1998. Simulation of inferior mirages observed at the Halligen Sea［J］. Applied Optics，37(9)：1495 - 1505.

［24］赖比星. 2004. 对乐傅"忽见金光，状有千佛"的考证［J］. 敦煌研究：480 - 484.

［25］王之江. 1987. 实用光学技术手册［M］. 北京：机械工业出版社.

［26］王忠纯. 2001. 用线性变折射率模型解释海市蜃楼［J］. 大学物理，20(9)：25 - 28.

第7章 常用的自然景观模拟软件系统

前面各章分别介绍了自然景观真实感模拟的各种技术,本章将介绍一些常用的自然景观真实感模拟的软件系统和工具。

7.1 常用的图形绘制引擎介绍

7.1.1 OGRE 介绍

OGRE 是一款开源的图形绘制引擎,其全名为 Object-Oriented Graphics Rendering Engine,是用 C++开发的面向对象且使用灵活的 3D 引擎,目的是让开发者能更方便和更直接地开发基于 3D 硬件设备的应用程序或游戏。引擎中的类库对更底层的系统库(如 Direct3D 和 OpenGL)的全部使用细节进行了抽象,并提供了基于现实世界对象的接口和其他的类(OGRE 使用指南)。

7.1.1.1 OGRE 中的模块

OGRE 由很多模块组成,每个模块互相配合,共同实现 OGRE 的强大功能和优秀特性。OGRE 的模块基本结构如下,这也是 OGRE 工程文件的结构:

OgreMain

PlatformManagers

    SDL

    Win32

Plugins

    BspSceneManager

    FileSystem

    GuiElements

    OctreeSceneManager

ParticleFX

RenderSystems

Direct3D7

Direct3D8

SDL

Tools

3ds2oof

3dsMaxExport

BitmapFontBuilderTool

MilkshapeExport

PythonInterface

XMLConverter

7.1.1.2　OGRE 的特点

OGRE 简单、易用的面向对象接口设计使程序员能更容易地渲染 3D 场景，并使得渲染产品独立于渲染 API（如 Direct3D/OpenGL/Glide 等）。OGRE 支持 Direct3D 和 OpenGL，并支持 Windows 平台和 Linux 平台。OGRE 能够从 PNG、JPEG 或 TGA 这几种文件中加载纹理，并自动产生 MipMap 及自动调整纹理大小以满足硬件需求。

OGRE 拥有高效的网格数据格式，提供插件支持从 Milkshape3D 导出 OGRE本身的 .mesh 和 .skeleton 文件格式，同时也支持骨骼动画及用贝塞尔样条实现的曲面。OGRE 还拥有高效率和高度可配置性的资源管理器，并且支持多种场景类型。它提供的 BspSceneManager 插件是快速的室内渲染器，支持加载 Quake3 关卡和 shader 脚本分析。

7.1.1.3　OGRE 支持的特效

1）粒子系统，包括可以通过编写插件来扩展的粒子发射器（emitter）和粒子特效影响器（affector）。通过脚本语言不用重新编译即可设置和更改粒子属性，支持并自动管理粒子池，从而提升粒子系统的性能。

2）支持天空盒、天空面和天空圆顶。

3）支持公告板（billboard）技术。

4）能够自动管理透明物体。

OGRE 主页网址为：http：//www.ogre3d.org/。

7.1.2　OSG 介绍

OSG（OpenSceneGraph）是一款高性能的 3D 图形开发库，广泛应用于可视化仿真、游戏、虚拟现实、高端技术研发、建模等领域。它采用标准的 C＋＋和 OpenGL 编写而成，可以运行在 Windows 系列、OSX、GNU/Linux、IRIX、Solaris、HP-Ux、AIX 以及 FreeBSD 等操作系统上。

OSG 是一套基于 C＋＋平台的应用程序接口（API）。OpenGL 技术为图形元素（如多边形、线、点等）和状态（如光照、材质、阴影等）的编程提供了标准化的接口。OSG 开发的主要意义在于将 3D 场景定义为空间中一系列连续的对象，以进行三维世界的管理。基于场景及其参数化定义的特点，通过状态转换、绘图管道和自定制等操作，OSG 还可以用于优化渲染性能。

OSG 主要包括场景图形核心、Producer 库、OpenThread 库以及用户插件四个部分。目前，部分高性能的软件已经使用了 OSG 来渲染复杂的 2D 和 3D 场景。虽然大部分基于 OSG 的软件更适用于可视化设计和工业仿真，但是在使用 3D 图形的每个领域，都有 OSG 的身影。其中包括地理信息系统（GIS）、计算机辅助设计（CAD）、建模和数字内容创作（DCC）、数据库开发、虚拟现实、动画、游戏和娱乐业等。OSG 的开发及免费下载网址为：http://www. openscenegraph. org/。

7.2 树木仿真软件 SpeedTree 介绍

SpeedTree 是一个专业的树木仿真软件，其最大的特点是仅使用很少量的多边形即可构建出高度逼真的树木和植物，并且可以模拟不同的风速效果，使得这些植物能随着风的吹动而真实感地摇曳。图形开发者可以直接在特定地形上生成整个森林，而无需将树一棵一棵地设置在相应地点上，大大提高了场景建模效率。

7.2.1 SpeedTree 的特点

SpeedTree 与 API 无关，它本身只是数据结构和逻辑架构，没有任何渲染语句。因此为了把它应用到用户自己的引擎里，需要添加相关的渲染语句，并为之搭建中间架构，用来联系 SpeedTree 与自己的引擎。其优点在于，当 SpeedTree 更新版本的时候，用户无需修改自己的引擎，而只需修改相对简单而且稳定的中间架构。

7.2.2 SpeedTree 的特性

7.2.2.1 树的基本渲染

一棵树分为三部分绘制：树干和大树枝（branches）、小树枝（fronds）及树叶（leaves）。其中，branches 使用模型来绘制；为了节省三角形面片的数目，fronds

使用两个十字交叉的面模拟;leaves 则使用 billboard 技术绘制。

7.2.2.2　树的阴影系统

树的阴影包括两方面:树干上的阴影和整棵树投在地面上的阴影。树干的自阴影(self shadow)是预先生成的,而整棵树投在地面上的阴影,则使用阴影贴图方式生成。

7.2.2.3　树的动画

树的三部分动画方式各不相同。风较弱时,或树离视点比较远的时候,树枝可以不动,而只是树叶动。其中,树叶的动画通过其 billboard 的平移以及它本身绕视点坐标系 Z 轴的转动来实现。树枝的动画则通过计算得到的运动矩阵进行绘制。渲染动画时,系统提供了基于 CPU 和 GPU 的方法。前者的基本思想是:首先,创建顶点缓冲区,并使用 D3DUSAGE_DYNAMIC｜D3DUSAGE_WRITEONLY 标记(这种方法能提高 CPU 修改和更新该缓冲的速度);然后,在渲染时实时更新顶点的位置。后者的基本思想是:通过自定义的顶点 shader 程序进行绘制,在更新动画时,向 shader 传递常量数组。

7.2.2.4　树的光照

系统可以打开和关闭实时光照。对于实时光照,树干部分又分两种情况:对于没有法向映射的树干,使用 per-vertex 的光照;而对于有法向映射的,则使用 per-pixcel 光照。对于树叶的渲染,根据树叶 billboard 的位置来确定其亮度。若把整棵树当成一个球来分析,每个 billboard 的位置就相当于球上的一点,结合光线的方向,可以计算出该点的亮度。

7.2.2.5　细节层(Levels of Detail,LOD)

软件强大的 LOD 系统为实现大规模的植被场景的绘制提供了有力的支持。这里的 LOD 分三方面:顶点的 LOD、纹理的 LOD 和动画的 LOD。

1) 顶点 LOD:首先是针对树干,树干的外形采用贝塞尔曲线来描述,贝塞尔曲线的描述方式无疑给即时高效率的 LOD 计算提供了可行性。树枝的建模也可同样处理,位于一定距离之外的小树枝就不必渲染了。在远距离时,整棵树亦可作为一个 billboard 来处理。

2) 纹理 LOD:在最高精度的时候树干上保存有三套纹理,分别是基本纹理、光照贴图和法向映射。当表面纹理层次细节逐渐简化时,可以依次取消法向映射、光照贴图和树干基本纹理映射,最后只为树干渲染一种颜色即可。

3) 动画 LOD:现在有三种动画方式,分别为大树枝(模型)的动画、小树枝(两个交叉面)的动画,以及树叶的动画。随着 LOD 的进行,依次取消大树枝的动画、小树枝的动画,最后是树叶的动画。这也是符合视觉效果的。

7.2.2.6 文件系统

一个场景实际上是一个.stf文件(Speed Tree Forest)。该文件描述了每棵树的相关属性,而一棵树是通过一个.spt(Speed Tree)文件来描述的。用文本编辑器打开该文件,即可看到里面记录的该树的所有信息,并可对该树进行编辑和浏览。

7.2.3 SpeedTree 的使用方法

SpeedTree 提供给用户的一个最主要的类是CSpeedTreeRT,这是它对外界的接口。从 SpeedTreeRT. h 中可以看到,这个类其实是包括了该插件的核心类。使用该软件均需通过这个接口。譬如 CSpeedTreeRT:: SetCamera(eye,viewDir),通知它现在的摄像机的信息,它就会根据这些信息计算出正确的billboard。加载一棵树时,只需使用 CSpeedTreeRT:: LoadTree(const char *treefile)输入一个". spt"文件,然后设置光照和风动效果,如 CSpeedTreeRT::SetBranchWindMethod, SetFrondWindMethod, SetBranchLightingMethod,SetLeafLightingMethod,SetLodLimits 等,接着执行 CSpeedTreeRT:: Compute(),进行相关计算,最后我们就可以获取其几何数据(CspeedTreeRT::GetGeometry)进行渲染。获取之前还可以手动设置 LOD 级别 CSpeedTreeRT::SetLodLevel。图 7 - 1 为 SpeedTree 的软件界面及绘制效果。

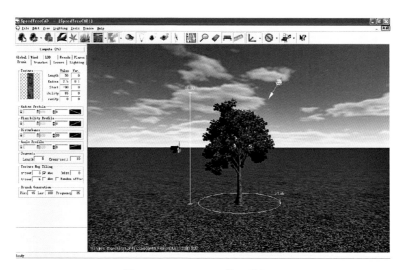

图 7 - 1 SpeedTree 的系统界面

7.3 粒子系统特效软件 ParticleIllusion 介绍

幻影粒子系统(ParticleIllusion)是一套独立执行的软件,它可以方便而且快速地生成许多基于粒子系统的特效,如爆破、烟尘、火焰、烟火等。

7.3.1 ParticleIllusion 的特点

1) 快速:ParticleIllusion 使用 OpenGL 实时预览所有的特效,并且提供高速着色的运算,着色速度达到每秒数帧画面。

2) 便捷:用户只需要使用鼠标点选,就可以从上千的分子特效库中为影片加入特效。此外,用户也可以更改这些分子特效的参数,使特效更为瞩目(如尺寸、数量、颜色、形态等)。

3) 强大:如同设定关键帧动画,分子的参数可以选在不同的关键帧进行调整,以生成动态变化的效果,创造出丰富多彩的特效。

7.3.2 ParticleIllusion 的特效

ParticleIllusion 拥有庞大的数据库,超过数千组的分子特效可应用在 SE 版,并且这些特效每月更新。ParticleIllusion 的特效形态包含爆破、火焰、烟尘、雾气、瀑布、烟火、下雨、下雪、岩浆、泡泡、流水、喷泉、彩虹、光晕等。这些特效可随时调用,且可以融合在用户的影片中。

此外,ParticleIllusion 可根据用户的需求加以定制,其中所有的效果都可以重新设置,如分子的尺寸、形态、数量、颜色等,从而构建一组用户专属的特效。图 7-2 是用 ParticleIllusion 制作的粒子特效。

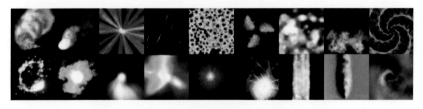

图 7-2 用 ParticleIllusion 制作的粒子特效

7.3.3 ParticleIllusion 与其他编辑工具的结合

用户可将 ParticleIllusion 与任何影片编辑或剪辑软件结合,撷取一段影片或动画至 ParticleIllusion 内作为背景,加入用户所需要的特效,然后配合时间的变化、影片的移动等实现不同的编辑效果。常用的合成方式有以下两类。

1) 直接在 ParticleIllusion 内导入影片或是连续编号的图片,然后将已经添加上特效的影片取代原先的影片。

2）从 ParticleIllusion 内导入带有 alpha channel（透明色层）的连续编号档案，然后再利用影片剪辑软件合成。

图 7 - 3 展示了 ParticleIllusion 特效与影片合成的效果。

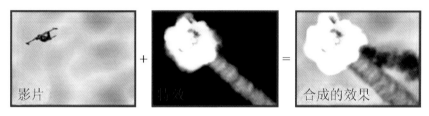

图 7 - 3   ParticleIllusion 的合成效果

7.4   3DS MAX 的 DreamScape 插件

幻景（DreamScape）是外挂在 3DS MAX 上的创建动态自然环境的集成软件包，可以创建各种环境下的天空、云彩、海洋、地形等。软件包的组成部分有 DreamScape 天空景观、DreamScape 子表面大气、阳光、海洋表面贴图、海洋材质、地形贴图、地形对象、噪波贴图、合成贴图，拥有友好的用户界面，能更及时地给用户带来反馈信息。它由 3DS MAX 的重要插件开发商 Sitni Sat 开发，至今在世界范围内被广泛采用。

7.4.1   DreamScape 的特性

1）DreamScape atmospherics 可以模拟日光、天空、2D/3D 云、彩虹等。

2）DreamScape 表面下的 atmospherics 可以模拟水下真实的场景。

3）自带的日光系统可以模拟 raytrace 阴影、area 阴影等。

4）利用 texmap 能快速生成地表外观，并拥有一套独特的编辑器。

5）可以生成逼真的海水场景，其中包括海体网格生成器、先进的波浪动力学生成器、泡沫生成器、海体材质等。

7.4.2   DreamScape 的基本要素

基本要素包括灯光、摄影机、云彩、光景、山地编辑器和海浪。

1）灯光：DreamScape 系统必须选用系统内设的灯光对场景进行照明。单击 Create 建立面板下的 Light 灯光选项卡，单击下拉菜单选择 DreamScape 专用的 DreamScape 日光灯，拖动建立一盏灯。

2）摄影机：单击 Create 建立面板下的 Cameras 摄影机选项卡，拖动建立一架 TargetCameras 目标摄影机。

3) 云彩：在天空中制作云彩时，可以勾选 Clouds 栏中 Use 按钮，这样天空中会出现很多云彩。我们可以通过右面的窗口来选云。窗口中的黑白图可以看成一张 Alpha 通道图，白色部分的云厚重，黑色部分云彩透明，通过拖曳鼠标左键来选择云。选好之后再调整云层密度（cloud density），云层密度取值越小，云彩越亮越稀薄，反之就越厚重。也可以添加多层云，通过 Add 钮增加云层，调整 Altitude（海拔高度），控制每一层云的高度，各层云之间亮度叠加，云层越高云越小。然后把 Color 右边的数值调低一些。

4) 光晕：天空中设有太阳的光晕，可以通过调整 Sky Glow 这个参数来调整光晕的虚实。随着 Sky Glow 值的增加，太阳的光晕随之增加，该值取为 0 时则无光晕。

5) 山体地形编辑器：DreamScape 可根据黑白通道贴图生成高低起伏的网格表面，再配合基本的地形材质和山体复合材质，最终产生照片级真实感的山体（见图 7 - 4）。

图 7 - 4   DreamScape 制作的山体

6) 海浪：DreamScape 的海浪材质属性包括高光、反射、折射、凹凸纹理、泡沫、海面颜色、海底颜色等。"波浪"参数用来创造海的类型，平静的海面或巨浪滔天的暴风雨海面都可以通过调整这些参数来实现。其中"风速"用来控制波浪位移的变化;"高度比例"用来控制波浪的起伏高度,值越大表示起伏越剧烈;"起伏的波浪"用来产生锐利的波浪,适合模拟剧烈暴风雨下的海面;"方向性"用于生成平稳的海浪;"光滑"容许去掉一些细小的波纹,适合表现平静的海面。

此外,DreamScape 2.0 还新增了海浪的泡沫生成器、海水动力学特效等,从而能够简易、快速地产生涟漪、波浪划破等效果。

7.5　小　结

本章介绍了几种常用的自然景观真实感模拟的软件系统和工具,包括常用的图形绘制引擎 OGRE 和 OSG、树木仿真软件 SpeedTree、粒子系统特效软件 ParticleIllusion 及 3DS MAX 的 DreamScape 插件。

近年来,也涌现了一些其他自然景观绘制的插件和算法,为自然景观的模拟提供了工具平台,这里不一一列举。

索 引